湖南省示范性(骨干)高等职业院校建设项目规划教材
湖南水利水电职业技术学院课程改革系列教材

电气二次回路安装检修与设计

主　编　杨亚军
副主编　朱雪雄
主　审　胡文花

U0364600

黄河水利出版社
·郑州·

内 容 提 要

本书是湖南省示范性(骨干)高等职业院校建设项目规划教材、湖南水利水电职业技术学院课程改革系列教材之一,根据高职高专教育电气二次回路安装检修与设计课程标准及理实一体化教学要求编写完成。本书从我国水利水电建设和管理实际出发,以水电站电气二次回路安装检修与设计的职业能力训练为主线,系统地介绍了水电站常见二次回路、断路器控制回路、信号回路、备用电源自动投入装置、输电线路自动重合闸装置、同步发电机手动/自动并列装置、同步发电机励磁自动调节装置、水轮发电机组的辅助设备(油、气、水系统)自动控制系统、机组的自动控制系统及水电站操作电源的基本理论知识和基本技能,突出了专项技能训练的任务和所需要的专业知识的应用。

本书可以作为高职高专院校水利水电工程相关专业电气二次回路安装检修与设计课程的教材,同时可供水利水电工程安装、施工、设计、监理等工程技术人员参考阅读。

图书在版编目(CIP)数据

电气二次回路安装检修与设计/杨亚军主编.—郑州:
黄河水利出版社,2017.12 (2023.1 重印)
湖南省示范性(骨干)高等职业院校建设项目规划教材
ISBN 978-7-5509-1632-6

Ⅰ.①电… Ⅱ.①杨… Ⅲ.①电气回路-二次系统-高等
职业教育-教材 Ⅳ.①TM645.2

中国版本图书馆 CIP 数据核字(2016)第 319140 号

组稿编辑:简 群 电话:0371-66026749 E-mail:931945687@qq.com

出 版 社:黄河水利出版社
地址:河南省郑州市顺河路黄委会综合楼 14 层 邮政编码:450003
发行单位:黄河水利出版社
发行部电话:0371-66026940、66020550、66028024、66022620(传真)
E-mail:hhslcbs@126.com
承印单位:河南承创印务有限公司
开本:787 mm×1 092 mm 1/16
印张:14.25
字数:330 千字 印数:3 001—4 500
版次:2017 年 12 月第 1 版 印次:2023 年 1 月第 3 次印刷

定价:33.00 元

前 言

　　按照"湖南省示范性(骨干)高等职业院校建设项目"建设要求,水电站及电力网专业是该项目的重点建设专业之一,由湖南水利水电职业技术学院负责组织实施。按照专业建设方案和任务书,通过广泛深入行业,与行业、企业专家共同研讨,创新了"两贯穿、三递进、五对接、多学段""订单式"人才培养模式,完善了"以水利工程项目为载体,以设计→施工→管理工作过程为主线"的课程体系,进行优质核心课程的建设。为了固化示范性(骨干)建设成果,进一步将其应用到教学中,最终实现让学生受益,经学院审核,决定正式出版系列课程改革教材。

　　随着能源开发与应用的快速发展,电厂的增效扩容、小水电代燃料及水电新农村电气化建设的发展需要,发电设备的容量不断增大,系统的运行方式越来越频繁,为了更好地保证水电站的安全稳定运行、保证电能质量、提高经济效益,必须借助于水电站二次回路及自动装置来实现,从而促进了水电站自动控制技术的不断发展。

　　为了满足水电改革的需要,对相关技术技能型人才培养和服务能力提出了新要求,要求提供灵活且技术含量高、综合能力强的专业人才。为了适应教学改革的需求,结合网络课程的建设,本书采用项目化教学和任务驱动实施的方法进行编写。全书共分九个项目,项目一介绍了断路器操作回路的安装检修与设计,项目二介绍了中央音响信号回路的安装检修与设计,项目三介绍了备用电源自动投入装置的安装检修与设计,项目四介绍了输电线路自动重合闸装置的安装检修与设计,项目五介绍了同步发电机手动、自动准同期装置的安装检修与设计,项目六介绍了同步发电机自动调节励磁装置的安装检修与设计,项目七、八介绍了水轮发电机组的辅助设备(油、气、水系统)自动控制系统、机组自动装置的安装检修与设计,项目九介绍了发电厂的操作电源。

　　本教材由湖南水利水电职业技术学院杨亚军担任主编,朱雪雄担任副主编,杨明、杨思斯、刘茜参与编写,本教材由杨亚军、杨明统稿,由胡文花担任主审。

　　本教材力求反映水电站电气二次回路的原理及应用,反映该领域的先进技术,培养学生对二次回路的安装检修与设计能力,力求使学生在具有一定的理论知识的基础上同时具有一定的分析问题、解决问题和综合应用的能力。

　　由于时间仓促,水平有限,书中难免出现错误和欠妥之处,敬请读者批评指正,谢谢!

作 者
2017 年 2 月

教学课件　　　　　电子教案　　　　　教学视频

目 录

项目一　断路器操作回路的安装检修与设计

知识目标

掌握电气二次回路图的识读方法和编制方法,熟悉电磁操作机构断路器的控制回路安装检修与设计技能,熟练程度要求达到"简单应用"层次。

情景导思

在水电站中,电气设备除一次设备外还有大量的二次设备。对电气一次设备、水力机械、水工设施和其他机械设备进行监测、控制、保护、信号及自动调节等功能的辅助电气设备,称为二次设备。它包括控制设备、继电保护和安全自动装置、测量仪表、信号设备等。

由二次设备按一定顺序相互连接构成,以实现某种技术要求的电气回路称为二次回路。二次回路的故障常会直接影响和破坏电力生产的正常进行。因此,它对确保水电站的安全、稳定、经济运行起着十分重要的作用。为此要求水电站技术人员必须熟悉和掌握二次回路的有关知识,并在实践中不断总结和提高。其中断路器的操作回路是我们首先应该了解和熟悉的最基本的二次回路。

【教材知识点解析】

知识点一　常见电气二次回路的分类及作用

由于二次设备的使用范围广、元件多、安装分散,而且元件之间都是用导线(或控制电缆)连接成回路再使用的,为了管理和使用上的方便,对二次回路进行以下分类。

一、按二次回路电源的性质分类

(1)交流电流回路:由电流互感器(TA)二次侧供电给测量仪表及继电器的电流线圈等所有电流元件的全部回路。

(2)交流电压回路:由电压互感器(TV)二次侧及三相五柱电压互感器开口三角构成的全部回路,经升压变压器转换为220 V供电给测量仪表及继电器等所有电压线圈以及信号电源等。

(3)直流回路:使用经厂用变压器输出经变压、整流后的直流电源或蓄电池。蓄电池适用于大中型变、配电所,投资成本高,占地面积大。

二、按二次回路用途分类

(1)控制回路:由各种控制器具、控制对象和控制网络构成。其作用是对一次开关设备进行"合""分"操作,以满足改变电力系统运行方式及处理故障的要求。

(2)信号回路:由信号发送机构、接收显示元件及其网络构成。其作用是准确、及时地显示出相应一次设备的工作状态,为运行人员提供操作、调节和处理故障的可靠依据。

(3)调节回路:是指调节型自动装置。如由 VQC 系统对主变进行有载调压、对电容器进行投切的装置,发电机的励磁调节装置。它是由测量机构、传送机构、调节器和执行机构组成的。其作用是根据一次设备运行参数的变化,实时在线调节一次设备的工作状态,以满足运行要求。

(4)继电保护和自动装置回路:由测量回路、比较部分、逻辑部分和执行部分等组成。其作用是根据一次设备和系统的运行状态,当其发生故障或异常时,自动发出跳闸命令有选择性地切除故障,并发出相应的信号,当故障或异常消失后,快速投入有关断路器(重合闸及备用电源自动投入装置),恢复系统的正常运行。

(5)测量回路:由各种测量仪表、监测装置、切换开关及其网络构成。其作用是指示或记录一次设备和系统的运行参数,以便生产调度和运行人员掌握一次系统的运行情况,同时也是分析电能质量、计算经济指标、了解系统潮流和主设备运行工况的主要依据。

(6)操作电源系统:由电源设备和供电网络组成,包括直流电源系统和交流电源系统。其作用主要是给控制、保护、信号等设备提供工作电源、操作电源及其他主要设备的事故电源,确保发电厂与变电所所有设备的正常工作。

三、按发展阶段分类

(1)就地分散控制:对每一个被控制对象设置独立的控制回路,在设备安装处一对一地控制。这种控制方式简便易行,但不便于各机组、设备间的协调配合,适用于小型发电厂及变电所。

(2)集中控制:在发电厂或变电所内设置一个中央控制室(又称主控制室),对全厂(所)的主要电气设备(如同步发电机、主变压器、高压厂用变压器、35 kV 及其以上电压的输电线路等)实行远方集中控制。采用集中控制时,相应的继电保护、自动装置也安装在中央控制室内,不但可以节省控制电缆,便于调试维护,而且会提高运行的安全性。

(3)单元控制:单机容量在 200 MW 及其以上发电机采用的控制方式。单元控制时,炉、机、电按单元制运行,设置数个单元控制室和一个网络控制室。每个单元控制室包括发电机或发电机 – 双绕组变压器组、高压厂用工作变压器和备用变压器及其他需要集中控制的设备。在网络控制室控制三绕组及自耦变压器、高压母线设备和 110 kV 及其以上高压输电线路。运行实践表明,采用单元控制有利于运行人员协调配合,便于炉、机、电的统一指挥调度和事故处理,并可大大改善炉、机值班人员的工作条件,是目前我国大型发电厂主要采用的控制方式。

(4)综合控制:以电子计算机为核心,同时完成发电厂及变电所的控制、监察、保护、测量、调节、分析计算、计划决策等功能,实现最优化运行。综合控制是电力生产过程自动化水平高度发展的重要标志。

知识点二　电气二次回路图的识读方法和编制方法

一、二次回路图的分类

按用途和绘制方法的不同,二次回路图一般分为原理图、布置图、安装图和解释性图四类。

(1)原理图:二次接线的原始图纸,用以表述二次回路的构成、相互动作顺序和工作原理。通常又分为归总式和展开式两种形式。

归总式原理接线图:简称原理图,它以整体的形式表示各二次设备之间的电气连接,一般与一次回路的有关部分画在一起,设备的接点与线圈是集中画在一起的,能综合体现出交流电压、电流回路和直流回路间的联系,使读图者对二次回路的构成及动作过程有一个明确的整体概念。过电流保护归总式原理图如图1-1所示。

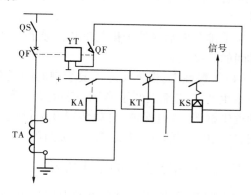

图1-1　过电流保护归总式原理图

展开式原理接线图以分散的形式表示二次设备之间的连接。展开图中二次设备的接点与线圈分散布置,交流电压回路、交流电流回路、直流回路分别绘制。这种绘制方式容易跟踪回路的动作顺序,便于二次回路的设计,也容易在读图时发现回路中的错误。过电流保护展开式原理图如图1-2所示。

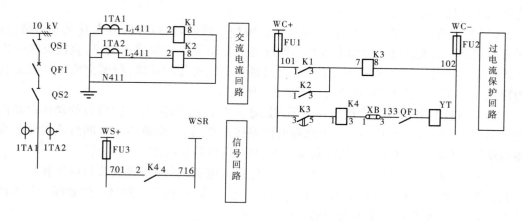

图1-2　过电流保护展开式原理图

(2)布置图:二次接线的布置图有控制室的平面布置图、控制与保护屏的屏面布置图、配电装置的小母线布置图等数种。这些都是二次接线施工设计中不可缺少的内容。GC5－10 开关柜布置图如图 1-3 所示。

（3）安装图：控制、保护等屏（台）制造厂生产加工和现场安装施工用的图纸，也是运行试验、检修等的主要参考图纸，是根据展开式原理接线图绘制的。包括屏面布置图、屏后接线图、端子排图等。过电流保护安装接线图如图 1-4 所示。

屏面布置图表示二次设备在屏面（及屏后、屏顶）的安装位置，一般按实际尺寸的一定比例绘制。

屏后接线图表示屏内二次设备间的电气连接关系。

端子排图表示屏端子排与屏内二次设备及屏外电缆间的连接关系。

（4）解释性图：根据实际需要绘制的图。常用的有表示生产工艺流程的示意图，表示操作及动作过程的逻辑框图，继电保护、自动装置及测量仪表的配置图，二次电缆联系图以及二次系统图等。

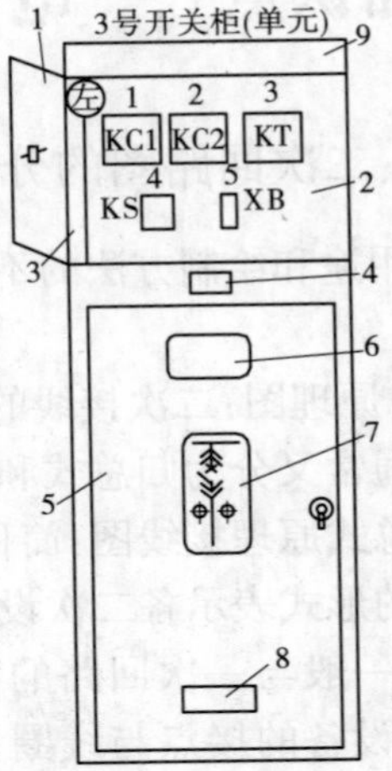

1—仪表门；2—继电器室；3—室左侧端子板；
4—出厂标牌；5—小车室；6—视察窗；
7—模拟接线；8—厂铭牌；9—小母线室

图 1-3 GC5－10 开关柜布置图

二、二次回路读图的基本方法

二次回路图的逻辑性强，在绘制时遵循一定的规律，读图时应按一定顺序和规律进行才容易看懂。看图的基本方法可以归纳如下：

（1）先一次，后二次。当图中一次接线和二次接线同时存在时，应先看一次部分，了解一次设备的功能及常用的保护方式，如变压器一般需要装过电流保护、电流速断保护、过负荷保护等，掌握各种保护的基本原理；再查找一、二次设备的转换、传递元件，一次变化对二次变化的影响等。

（2）先交流、后直流。当图中交流和直流两种回路同时存在时，应先看交流回路，再看直流回路。交流回路一般由电流互感器或电压互感器的二次绕组引出，直接反映一次接线的运行状况。而直流回路则是对交流回路各参数变化的反映，根据交流电气量变化的特点，由交流量的"因"查找出直流回路的"果"。

（3）先电源、后接线。不论是在交流回路还是在直流回路中，二次设备的动作都是由电源驱动的，所以应先找电源，再由此顺着回路接线往后看，交流沿闭合回路依次分析设备的动作，直流从正电源沿接线找到负电源，并分析设备的动作。

（4）先线圈、后接点，每个接点都查清。先找继电器的线圈，再找其相应的接点。因为只有线圈通电并达到其动作值，其相应接点才会动作，根据每一对接点的通断来分析回路的变化，进一步分析整个回路的动作过程。

（5）先上后下，先左后右，屏外设备不能掉。主要是针对端子排图和屏后安装图而言，安装图纸一定要结合展开图来看。

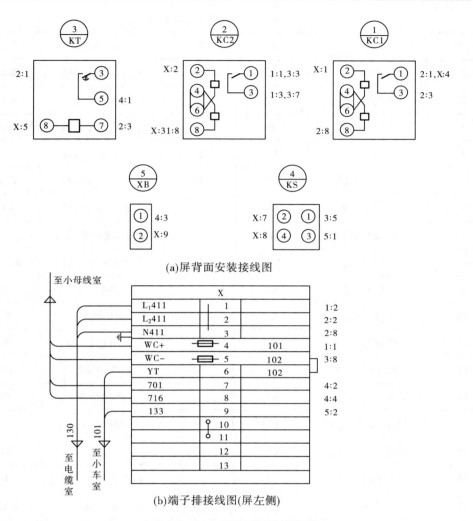

(a)屏背面安装接线图

(b)端子排接线图(屏左侧)

图1-4　过电流保护安装接线图

三、二次回路图的编制方法

二次回路图中的元件和设备,都应使用国家统一规定的图形符号表示。需要时可用简化外形来表示,元件和设备的布置可不符合实际位置。图形符号的旁边应标注项目代号,一般标注项目种类代号。项目种类代号用一个英文字母或两个英文字母表示,在字母前加前缀"－",在不致引起混淆的情况下,前缀可以省略(本书二次电路图中均省略)。

元件符号包括图形符号与文字符号。常见的二次元件文字符号如表1-1所示。二次回路图常用的图形符号如表1-2所示。

电气二次回路安装检修与设计

表 1-1 常见的二次元件文字符号

序号	元件名称	符号	序号	元件名称	符号
1	继电器	K	21	预告信号小母线	WAS
2	电流继电器	KA	22	事故音响小母线	WFA
3	电压继电器	KV	23	信号电源小母线	WS
4	时间继电器	KT	24	控制电源小母线	WC
5	差动继电器	KD	25	合闸电源小母线	WON
6	中间继电器	KM	26	闪光电源小母线	WFL
7	信号继电器	KS	27	掉牌未复归小母线	WSR
8	脉冲继电器	KPU	28	闪光信号小母线	WFL +
9	热继电器	KR	29	合闸线圈	YC
10	瓦斯继电器	KG	30	跳闸线圈	YT
11	阻抗继电器	KR	31	白灯	HWh
12	频率继电器	KF	32	声响指示器	HA
13	功率方向继电器	KW	33	按钮开关	SB
14	负序电压继电器	KNV	34	控制开关	SA
15	负序电流继电器	KNA	35	连接片	XB
16	闪光继电器	KH	36	自动重合闸装置	ARE
17	防跳继电器	KCF	37	备用电自投装置	AATS
18	出口继电器	KCO	38	跳闸信号灯（绿灯）	HLT（HG）
19	跳闸位置继电器	KTP	39	合闸信号灯（红灯）	HLC（HR）
20	合闸位置继电器	KCP	40	极化继电器	KP

（一）原理图的编制方法

原理图也叫电路图。它是用国家统一规定的图形符号及相应的文字符号和数字序号绘制而成的，并按照工作顺序排列，详细表示电路、设备或成套装置的全部基本组成和连接关系，而不考虑其实际位置的一种图。其目的是便于详细地理解作用原理，分析和计算电路特性，其表示方法也较多。

原理图中的元件和设备的可动部分按规定应表示非激励或不工作的状态或位置，即继电器和接触器在非激励状态，断路器和隔离开关在断开位置，控制开关在零位或图中特定的位置，机械行程的开关在非工作的状态（或位置）等。

· 6 ·

表1-2　二次回路图常用的图形符号

序号	名称	图形	序号	名称	图形
1	操作器件一般符号		12	继电器电流线圈	
2	动合触点		13	延时断开的动合触点	
3	动断触点		14	延时断开的动断触点	
4	熔断器		15	按钮开关（常闭）	
5	电阻		16	信号灯一般符号	
6	电容		17	蜂鸣器	
7	断路器		18	电铃	
8	行程开关动合触点		19	按钮开关（常开）	
9	行程开关动断触点		20	接触器常开触点	
10	电压表		21	电流表	
11	继电器电压线圈		22	电度表	

二次原理图的表示方法主要可以分为集中表示法、半集中表示法和分开表示法三种，并允许将半集中表示法与分开表示法结合使用。

（1）集中表示法。把设备或成套装置中一个项目各组成部分的图形符号及其连接关系编制在一起的方法，如图1-5（a）所示。

（2）半集中表示法。为了使设备和装置的电路布局清晰，易于识别，把一个项目中某些部分的图形符号在图上分开布置，并用机械连接符号（虚线）表示它们之间关系的方法，称半集中表示法。如图1-5（b）中的断路器（主、辅触点和线圈分开表示，用虚线相连）和继电器（线圈和触点分开，用虚线相连）的表示方法。表示机械连接的虚线在半集中表示法中可以折弯、分支和交叉。

（3）分开表示法。集中、半集中表示法的整体概念性强，但当原理图复杂时，编制和阅读都比较困难，这时可采用分开表示法，如图1-5（c）所示。它将同一图中的交流部分与直流部分分别编制，并将同一设备（或元件）的线圈与触点按其连接关系分别画入有关图中，用项目代号取代了机械连接符号。为了便于理解，分开后的文字符号允许重复标注和插图，如控制开关触点通断图等。在原理图上应附设备表（见表1-3），为位置图、接线图提供尺寸、型号等信息。

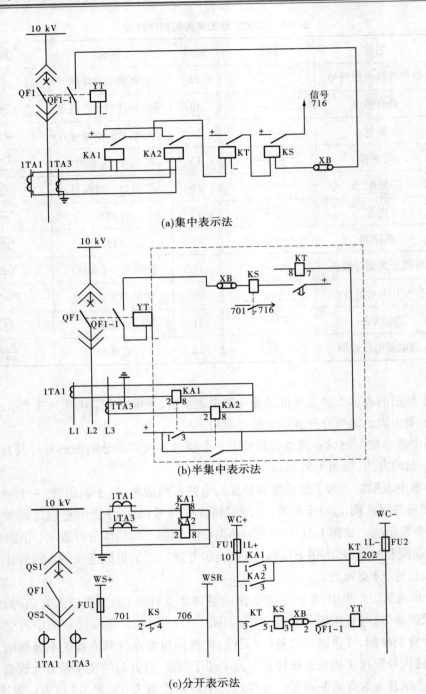

(a)集中表示法

(b)半集中表示法

(c)分开表示法

图 1-5   10 kV 过电流保护原理图

表1-3　设备表

符号	名称	型号	数量	备注
KA1、KA2	电流继电器	DL－11/10	2	装屏面
KT	时间继电器	DS－112/220	1	
KS	信号继电器	DX－11/1	1	
XB	连接片	YY1－D	1	
FU1、FU2	熔断器		2	装屏侧

集中式、半集中式原理图是表示二次回路构成原理的最基本的图纸之一,在图中所有的仪表和继电器都以整体形式的设备图形符号表示,其中有机械连接关系的部分,用虚线表示,不画出设备(或元器件)的内部接线,而只画出其接点,以及线圈、触点的连接关系,并将二次部分的交流电流回路、交流电压回路、直流回路和一次回路图绘制在一起。这种原理图的特点是,能使读图人对整个装置的构成有一个整体概念,并可清楚地了解二次回路各设备间的电气联系和动作原理。但是图中线条较多,尤其是当二次回路比较复杂时,接线错综复杂,读图就比较困难,缺陷和差错也不易发现和寻找,实际工作中查对接线、查找错误都比较困难。因此,这种原理图多用于继电保护和自动装置的原理分析,并作为二次回路设计的原始依据。

分开表示法是原理图的另一种形式。这种原理图的特点如下所述:

(1)把二次回路中的设备(或元器件)分开表示,即分成交流电流回路、交流电压回路、直流(测量、保护、控制)回路和信号回路等几部分。

(2)将同一设备(或元器件)分成线圈和触点两个部分,并将线圈和触点分别画在所属不同回路中;属于同一回路的不同设备(或元器件)的线圈和触点,按照电流通过的顺序依次从左至右连接,形成各条独立的电路。特别是直流回路的部分,各独立回路分别从电源的正极到负极,自左至右,按动作先后顺序连接成"行",各行又按照设备动作的先后顺序,自上而下排列。阅读图纸时也遵循这样的原则:各行自左至右阅读,整个电路从上到下阅读。

(3)对于同一个设备(或元器件)的线圈和触点采用相同的文字和符号表示。如果在同一个分开式表示原理图中,同样的设备(或元器件)不止一个,还需加上数字序号,以示区别。同一设备(或元器件)的线圈和触点虽然画在所属的不同回路中,但必须用相同的文字符号和数字序号表示,切不可混淆。

(4)在分开式表示原理图右侧加以简短的"文字说明",以说明该回路的性质和用途,这样可以帮助阅读图纸,使读者能更好地理解图纸的含义、各部分的作用。

采用分开表示法绘制的二次回路图称为展开式原理图。分开式原理图线条清晰,便于阅读和了解整个装置的动作程序和工作原理,尤其在复杂电路中更为突出,故得到广泛应用。

(二)项目代号

在原理图中,除用图形符号表示各元器件及其相互连接关系外,还需要表示各元器件的名称、功能、状态、特征、相互关系、安装位置等,这就要借助于文字符号或项目代号。

所谓项目是指用图形符号和文字符号表示的基本部件、组件、功能单元、设备、系统等,其种类如组件或部件(A)、线路(W)、继电器(K)、开关电器(Q)、控制开关或按钮(S)、变压器(T)及端子(X)等。在原理图中,根据需要,在各项目的图形符号旁应注明不同层次的代号,用以识别图、表格中和设备上的项目种类,并提供项目的层次关系、实际位置等信息,这就是项目代号。项目代号用文字和数字描述项目的一种特定的代码。

一个信息完整的项目代号由4个代号段组成,并以前缀符号区分各段,详见图1-6(a)。针对图1-5(b)中虚线框图和10 kV线路过电流保护原理图中线路开关柜继电器室内的2号继电器(L3相的电流继电器),图1-6(b)将其项目代号的结构形式进行了分解说明。由于该继电器K2位于水电站的第二部分的1号线路开关柜内,则第1段高层代号表示为"=S2W1";该1号线路开关柜布置在10 kV开关室的第3号间隔,而该继电器安装在开关柜上编号为2的部件A2内(继电器室内的2号继电器),故它的第2段位置代号表示为"+322";因该继电器K2位于继电器室(A2)内,则由第3段种类代号"-A2K2"表示;要进一步表示继电器K2的2号端子,则由第4段端子代号":2"表示。这样L3相电流继电器K2的2号端子在图中完整的复合项目代号应为"=S2W1+322-A2K2:2"。

根据需要,在一张图上的某一项目代号不一定都具有4个代号段,如图1-5(b)中不需要了解设备的实际安装位置时,则可省掉位置代号;由于图中所有项目的高层代号都为"S2W1",还可以省掉高层代号,并加以说明。此时,复合项目代号可简化为-A2K2:2。原理图中标注项目代号的优点,在于根据原理图可以很方便地进行安装、检修、分析与查找事故,故国家标准把它规定在电气工程图纸的编制方法中。本书主要在于阐述原理,为了减少篇幅,突出重点,使图纸更加简洁、清晰,将项目代号进一步简化为仅在图形符号旁标注文字符号和数字(该元器件的接线端子号)。

(三)回路编号

在原理图中,还要对各个回路进行编号(标号),即用一定的编号来表示二次设备(或元器件)间的某一连接。编号的目的:①便于了解该回路的性质和用途;②根据回路编号能进行正确的接线,以便于安装、施工和运行、检修;③回路标号也为区分回路功能带来很多方便。对回路编号的要求是简单、易记、通俗、清晰。

二次回路常采用回路编号法、相对编号法两种。

(1)回路编号法:按"等电位"原则标注,即:①在电气回路中,凡交于一点的全部导线都用同一个数码表示;②由线圈、电阻、电容、连接片、触点等降压元件所间隔的线段,要看成不同电位的线段,应标注不同的数字标号。

(2)相对编号法:按接线对侧的设备名称编号,如KTP-1为位置继电器的1脚,I3-7为第一安装单元第三个元件的7脚。这种编号法便于查找该连线的趋向,常用于安装图中。

回路编号一般由3位或3位以下数字组成,对于交流回路,需要标明回路的相别或某些主要特征时,可在数字标号的前面(或后面)增注文字符号,如表1-4所示。

项目代号

段号	第1段	第2段	第3段	第4段
前缀	高层代号	位置代号	种类代号	端子代号
	=	+	-	:

(a)项目代号及前缀符号

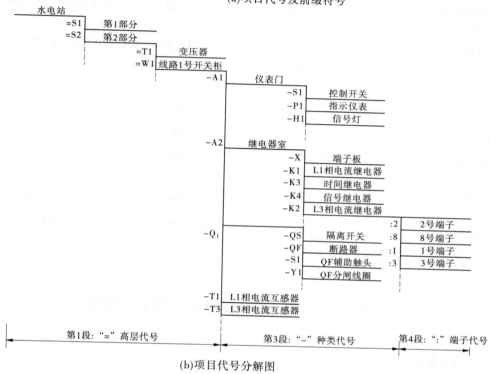

(b)项目代号分解图

图1-6　项目代号结构及前缀符号技巧分解图

表1-4　交流回路的文字标号

类别	相别					
	A 相	B 相	C 相	中性	零	开口三角
文字符号	L1(U)	L2(V)	L3(W)	N	Z	X
角注标号	u	v	w	n	z	x

对于不同用途和不同回路类别,规定了编号数字的范围。回路编号应遵循一定的规则,主要有以下几点:

(1)对不同用途的直流回路,使用不同的数字范围,如控制与保护回路用 1～399(401～599),励磁回路用 601～699。

(2)控制与保护回路使用的数字按熔断器(或小开关)分组,每一百为一组,如 101～199、301～399 等,其中正极性回路编为单数,由小至大,负极性回路编为双数,由大至小。

（3）信号回路的数字编号，按事故、位置、预告、指挥信号进行分组，按数字大小进行排列。

（4）开关设备、控制回路的数字编号组，应按开关设备的数字序号选取。如 1KK 所在的回路选 101~199,3KK 所在的回路选 301~399。

（5）对接点、开关、按钮等两侧，虽然闭合时为等电位，应不同编号，但只改变编号大小而不改变单、双数（极性）。经过回路中主要降压元件（如线圈、电阻等）后改变其单、双数（极性）。

某些回路形成了特定编号，不能随意挪作他用。如正负电源的 101、102,红绿灯回路的 135、105 等。数字编号的分配如表 1-5 所示。

表 1-5　数字编号的分配

回路类别		标号范围	备注
直流回路	控制与保护	1~399	
	发电机励磁回路	601~699	
	信号及其他回路	701~999	
交流回路	电流互感器回路	401~599	母差 300~399 前加文字
	电压互感器回路	601~799	前面加文字
	控制保护及信号回路	1~399	

知识点三　断路器的基本控制回路

一、断路器控制回路的分类

断路器是用来连接电网、控制电网设备与线路的通断、送出或断开负荷电流、切除故障的重要设备,其控制回路是二次回路的重要组成部分。由于断路器的种类和型号多种多样,故控制回路的接线方式也很多,但其基本原理与要求是相似的。

断路器的控制回路按其操作方式可分为按对象操作和选线操作;按跳合闸回路监视方式可分为灯光监视和音响监视。此外,还有以下几种分类方法。

（一）按控制地点分类

（1）集中控制。在主控制室的控制台上,用控制开关或按钮通过控制电缆去接通或断开断路器的跳、合闸线圈,对断路器进行控制。一般对发电机、主变压器、母线、断路器、厂用变压器、35 kV 以上线路等主要设备都采用集中控制。

（2）就地（分散）控制。在断路器安装地点（配电现场）就地对断路器进行跳、合闸操作（可电动或手动）。一般对 10 kV 线路以及厂用电动机等采用就地控制,可大大减少主控制室的占地面积和控制电缆数。

（二）按控制电源电压分类

（1）强电控制。从断路器的控制开关到其操作机构的工作电压均为直流 110 V 或

220 V。

（2）弱电控制。控制开关的工作电压是弱电（直流48 V），而断路器的操作机构的电压是220 V。目前，在500 kV变电所二次设备分散布置时，在主控室常采用弱电一对一控制。

（三）按控制电源的性质分类

（1）直流操作：一般采用蓄电池组（硅整流电能储能）供电。

（2）交流操作：由电流、电压互感器或所用变压器提供电源。

二、断路器控制回路的组成

为了实现对断路器的控制，断路器控制回路必须由发出分、合闸命令的控制机构，如控制开关、按钮等，执行分、合闸命令的断路器的操作机构，以及传递分、合闸命令到执行机构的中间传送机构，如继电器、接触器的触点、控制电缆等组成。

（一）控制元件

控制元件由手动操作的控制开关SA和自动操作的自动装置与继电保护装置的相应继电器触点构成。控制开关是控制回路的主要元件，运行人员利用控制开关，发出操作命令，对断路器进行手动合闸和分闸的操作。目前，强电控制的通常采用LW2系列组合式万能转换开关，它的主要优点是在分、合闸操作之前都有一个预备位置，当控制开关转到预备位置时，信号灯发出闪光，提醒运行人员检查所操作的设备是否正确，以减少误操作的机会。

LW2系列控制开关主要有LW2 – Z和LW2 – YZ两种形式。图1-7为LW2 – Z – 1a，4，6a，40，20，20/F8型控制开关的外形图。图中控制开关正面是一个面板和操作手柄，安装在屏正面，与操作手柄轴相连的有数个触点盒，安装在屏后。每个触点盒有四个定触点和两个动触点，由于动触点的凸轮和簧片形状的不同，手柄转动时，每个触点盒内定触点接通与断开的状态各不相同，每对定触点随手柄转动在不同位置时的工作状态，可采用控制开关的触点表示出来。

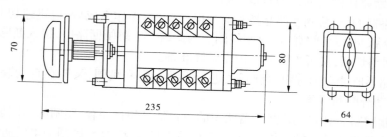

图1-7   LW2 – Z – 1a，4，6a，40，20，20/F8型控制开关的外形图

LW2系列控制开关手柄转动档数一般为六挡，其工作状况如表1-6所示。其分闸和合闸的操作都分两步完成，可以防止误操作。表中"×"表示手柄在该位置时，对应的定触点是接通的，"–"表示断开。

表 1-6 　 LW2 − Z − 1a,4,6a,40,20,20/F8 控制开关触点的工作状态

触点号	1 − 3	2 − 4	5 − 8	6 − 7	9 − 10	9 − 12	10 − 11	13 − 14	14 − 15	13 − 16	17 − 19	17 − 18	18 − 20
跳闸后	−	×	−	−	−	−	×	−	×	−	−	−	×
预备合闸	×	−	−	−	×	−	−	×	−	−	−	×	−
合闸	−	−	×	−	−	−	−	−	−	×	×	−	−
合闸后	×	−	−	−	−	−	−	−	−	×	×	−	−
预备跳闸	−	×	−	−	−	−	−	−	×	−	−	×	−
跳闸	−	−	×	−	−	−	−	−	×	−	−	−	×

（二）中间环节

中间环节指连接由控制、信号、保护、自动装置、执行和电源等元件所组成的控制电路。根据操作机构和控制距离的不同,控制电路的组成不尽相同。

（三）操作机构

断路器的操作机构主要类型有电磁型操作机构、弹簧储能型操作机构、液压型操作机构等,目前用得最多的是电磁型操作机构。

操作机构的跳闸线圈通常取用不大的电流(不超过 10 A),因此进行断路器跳闸操作时,可利用控制开关触点直接接通跳闸回路,发出跳闸命令。但电磁操作机构合闸线圈取用电流很大(35 ~ 250 A),因此具有电磁操作机构的断路器进行合闸操作时,不能用控制开关触点直接接通合闸线圈回路,而必须通过中间接触器进行。弹簧储能型及液压型操作机构合闸时取用的电流不大,故可利用控制开关触点直接接通合闸回路,发出合闸命令。

三、断路器基本控制回路

断路器的控制回路随断路器型式、操作机构类型、操作电源类型、运行要求等的不同而不同,但其基本电路是相似的,而这些基本电路又是依据对断路器控制电源的基本要求而设置的。

（一）对断路器控制回路的基本要求

(1)断路器的合、跳闸回路是按短时通电设计的,操作完成后,应迅速切断合、跳闸回路,解除命令脉冲,以免烧坏合、跳闸线圈。为此,在合、跳闸回路中,接入断路器的辅助触点,既可将回路切断,又可为下一步操作做好准备。

(2)断路器既能在远方由控制开关进行手动合闸和跳闸,又能在自动装置和继电保护作用下自动合闸和跳闸。

(3)控制回路应具有反映断路器状态的位置信号和自动合、跳闸的不同显示信号。

(4)无论断路器是否带有机械闭锁,都应具有防止多次合、跳闸的电气防跳措施。

(5)对控制回路及其电源是否完好,应能进行监视。

(6)对于采用气压、液压和弹簧操作的断路器,应有压力是否正常,弹簧是否拉紧到位的监视回路和闭锁回路。

(7)接线应简单可靠,使用电缆芯数应尽量少。

（二）断路器的分闸与合闸回路

断路器操作机构的合闸线圈与分闸线圈均按短时通电设计,因此断路器的分、合闸电

路只允许短时接通,操作完毕后应立即切断。为此,在分闸电路与合闸电路中分别串入了断路器的辅助触点 1QF1、1QF2。图 1-8 为断路器的分闸电路与合闸电路图,图中 WC＋、WC－是正、负控制小母线,由直流系统供给的控制电源,它通过熔断器 1FU、2FU 供本断路器的控制电源;YC 为断路器的合闸线圈,YT 为断路器的分闸线圈;QF 接点为断路器的辅助接点;SAC 为断路器控制开关,运行人员通过操作该开关来实现对断路器的控制。

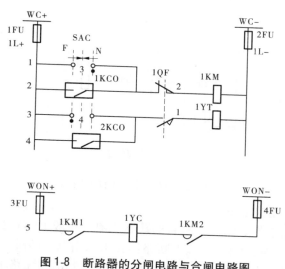

图 1-8　断路器的分闸电路与合闸电路图

（1）手动分、合闸回路:断路器的动断辅助触点 1QF2 在分闸后是闭合的,若要手动合闸,此时只需将控制开关 SAC 的手柄旋至"合闸"位置（N）,回路 1 中的 SAC3 接点接通,合闸接触器 1KM 线圈励磁,其动合触点 1KM1、1KM2 同时闭合,合闸线圈 1YC 励磁动作（回路 5）,断路器进行合闸操作。当断路器合闸过程完成后,与 1QF 传动轴联动的动断辅助触点 1QF2 立即断开,自动切断了 1KM 线圈中的电流。同理,动合辅助触点 1QF1 在 1QF 合闸后是闭合的,若要手动分闸,将 SAC 旋至"分闸"位置（F）,相应的 SAC4 接点接通回路 3,断路器的分闸线圈 1YT 励磁动作,实现了 1QF 的分闸操作。当断路器的分闸操作完成后,与 1QF 传动轴联动的动合辅助触点 1QF1 立即断开,自动切断了 1YT 线圈中的电流。同时,动断辅助触点 1QF2 又闭合,为断路器的下一次合闸操作做好准备。

（2）自动分、合闸回路:如图 1-8 回路 2、4 所示,为了实现断路器的自动合闸与分闸,只要将自动合闸装置（如备用电源的自动合闸）和继电保护装置的出口继电器动合触点 1KCO、2KCO 分别并于相应的控制开关触点 SAC3、SAC4 上即可。

（3）并列闭锁电路:对于不允许两个电源并列运行的断路器控制回路,应有防止误并列的简单闭锁装置,即并列闭锁。这种闭锁方式多用于厂用电系统,在有两路不同的厂用电源的场合。如图 1-9（a）所示的主接线中,不允许 1QF、2QF 同时合上,为此在各自的断路器合闸电路中串入另一电源断路器的动断辅助触点,如图 1-9（b）所示,在 1QF 的合闸电路中串入了另一电源断路器 2QF 的动断辅助触点 2QF3。进行 1QF 合闸操作时,若 2QF 已合上（2QF3 断开）,1QF 的合闸回路即被闭锁。在触点上并联连接片 XB 的作用在于使投、切并列闭锁电路灵活些。当 XB 接通时,并列闭锁退出;当 XB 断开时,并列闭锁投入。

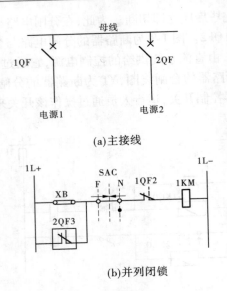

(a)主接线

(b)并列闭锁

图 1-9　断路器的并列闭锁电路图

(三)电气"防跳"闭锁电路

"防跳"即防止断路器发生连续跳、合的跳跃现象。一般 10 kV 及以下电压等级的断路器多采用机械防跳装置,35 kV 及以上断路器要求采用电气防跳。电气"防跳"闭锁电路如图 1-10 所示。当断路器手动或自动合闸于永久性故障线路上时,继电保护动作(2KCO)将断路器分闸;此时若手动操作控制开关 SAC 尚未返回或自动合闸装置出口继电器 1KCO 的触点因某种原因未断开,断路器再次合闸。由于故障仍然存在,接着继电保护装置又使断路器跳闸,如此循环,在短时间内使断路器多次分合闸,形成断路器的"跳跃"现象。断路器跳跃使断流容量严重下降,长时间跳跃会加速损坏断路器并冲击电力系统,扩大事故范围。

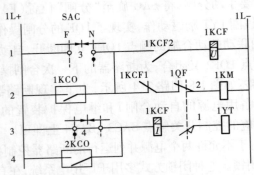

图 1-10　断路器的电气"防跳"闭锁电路图

断路器的"防跳",要求每次合闸操作时只允许一次合闸,跳闸后只要手柄在合闸位置(或保护装置的触点在闭合状态),则应对合闸操作回路进行闭锁,保证不再进行第二次合闸。我们主要介绍装有跳跃闭锁继电器进行"防跳"的控制电路。

跳跃闭锁继电器简称防跳继电器,具有两个线圈,一个是供启动用的电流线圈,串联在跳闸回路中;另一个是自保持用的电压线圈,通过本身的动合触点串联后再与电路的合闸接触器线圈并联,另一对动断触点与 KM 线圈串联后接入合闸回路。

当手动合闸于故障线路上时,继电保护动作将断路器分闸。此时串入分闸回路 3 的 1KCF 因电流启动线圈通电而动作。若控制开关 SAC3 触点未复归,则 1KCF 的电压保持线圈通电而自保持,而串入合闸电路 2 中的动断触点 1KCF1 维持在断开状态,合闸电路被闭锁住,从而防止了断路器的跳跃。待控制开关触点 SAC3 复归后,1KCF 的电压保持线圈断电,电路才恢复到原来状态。

在有些断路器中已经考虑了防跳回路,它一般是由电压型继电器来完成防跳功能的,但操作箱中的防跳回路与断路器中的防跳回路一般不能同时使用,如果同时使用,断路器中的防跳继电器可能会因"寄生"回路而自保持,无法返回。至于是拆除操作箱中的防跳回路,还是拆除断路器的防跳回路,要视操作箱与断路器中的具体接线而定。

(四)灯光信号监视电路

为了使值班人员实时了解断路器的运行情况,在控制屏(或台)上设有指示断路器正常手动分闸与合闸、事故自动分闸与自动合闸以及监视控制电路与电源完整性的明显信号。常用的断路器信号有红、绿、白灯灯光信号和音响信号两种。

1. 平光信号电路

图 1-11(a)电路中 6、7 为断路器的平光信号监视电路,两电路具有对偶性,分别接入合闸信号灯 HLC(红灯 HRd)和跳闸信号灯 HLT(绿灯 HGn)。绿灯串入断路器的合闸电路,构成电路 6(注意与前述电路 1 的区别)。当断路器与控制开关均处于分闸位置时,其触点 1QF2 与 SAC9 接通,则绿灯亮平光。只要合理选择灯具的阻值,合闸接触器 1KM 是不会启动的。若断路器处于合闸位置,该电路切断,绿灯熄灭。显然,绿灯亮平光表示:①断路器处于分闸位置;②断路器合闸回路完好;③操作电源完好(含熔断器 1FU、2FU)。同样,红灯串入分闸回路构成电路 7,在断路器与控制开关均处于合闸位置时,红灯亮平光,表示:①断路器处于合闸位置;②断路器分闸电路完好;③操作电源完好。归纳起来,红、绿灯亮平光是利用断路器与控制开关位置相对应关系来实现的,即红灯亮平光,1QF 处于合闸位置→SAC 指示"合闸位置 N";绿灯亮平光,1QF 处于分闸位置→SAC 指示"分闸位置 F"。

2. 闪光信号电路

图 1-11(a)中的电路 8、9 为闪光启动电路,将该部分与闪光电源合并画出图 1-11(b),成为完整的闪光信号电路。故障时,它能向值班人员快速而准确地指出分闸的断路器。

1)闪光启动电路

闪光电路是利用故障时断路器与控制开关位置"不对应"关系而启动的。闪光信号电源由闪光继电器通过闪光辅助小母线 WFL+ 提供。电路 8 启动绿灯闪光的过程如下:断路器 1QF 处于正常合闸状态时,电路 7 接通,红灯亮平光;而电路 8 中,虽然触点 SAC8 接通,但触点 1QF2 是断开的,电路未通。断路器故障分闸时,其动合辅助触点 1QF1 断开,红灯熄灭;动断辅助触点闭合,由于控制开关仍在合闸位置,SAC8 接通,1QF 与 SAC

电气二次回路安装检修与设计

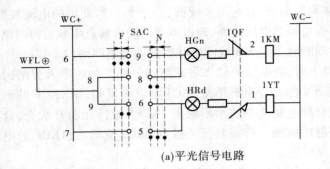

(a)平光信号电路

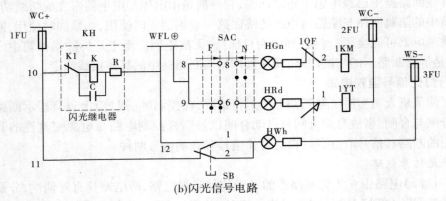

(b)闪光信号电路

图 1-11　断路器的灯光信号监视电路图

的位置不对应,电路 8 接通,绿灯闪光。值班人员只要将 SAC 旋至分闸位置,使之与断路器相对应,即切断电路 8,接通电路 6,闪光即可解除,绿灯亮平光。如果断路器自动合闸,由于控制开关 SAC 仍在分闸位置,这时断路器已处于合闸位置,SAC 与 1QF 的位置不对应,电路 9 接通,红灯闪光。归纳起来,红灯闪光,SAC 指示"分闸位置 F"→ 1QF 自动合闸;绿灯闪光,SAC 指示"合闸位置 N"→ 1QF 故障分闸。将 SAC 旋至与 1QF 的对应位置则闪光解除。

2) 闪光原理

目前大多采用接线简单、可靠的 DX – 3 型闪光继电器 KH 获得闪光电源,闪光继电器的接线如图 1-11(b)中虚线框所示。正常时由于闪光继电器动断触点 K1 是闭合的,控制小母线 WC 的"＋"电位通过电路 10 引至闪光辅助小母线 WFL 而使其为"＋"电位。当断路器故障分闸或自动合闸时,闪光启动电路 8 或 9 接通,控制电源 WC ＋ 与 WC － 通过 WFL ＋ 沟通,一方面绿灯或红灯亮,另一方面并于闪光继电器线圈 K 上的电容 C 开始充电,当电容电压升高至继电器的动作值时,继电器动作,其动断触点 K1 断开,信号灯熄灭;此时电容 C 向线圈 K 放电,当电容端电压降至继电器 K 的返回值时,闪光继电器复归,动断触点 K1 复归,信号灯又重新亮。这样,闪光继电器动断触点 K1 周期性地断—合(每分钟 50 次为宜),而使信号灯获得周期性的间断脉冲电流,发出闪光信号。因此,闪光小母线 WFL 的极性也以"＋"表示。

3）白灯 HWh 的作用

在中央信号屏上装有一个白灯 HWh 和试验按钮 SB 供值班人员监视信号电源和试验闪光装置时用。正常情况下按钮动断触点 SB2 闭合，通过白灯沟通 WC＋和 WS－，电路 11 接通，白灯亮平光，此时表示信号电源完好；试验时按下 SB，动合触点 SB1 闭合，电路 12 接通，闪光继电器启动，白灯闪光，此时表示闪光装置完好。

知识点四　电磁操作机构的断路器控制回路

电磁操作机构是利用电磁线圈通过直流电流驱动电磁铁来接通或分断断路器的。目前小型水电站采用的断路器控制回路，根据监视断路器控制回路完整性的不同，可分为灯光监视和音响监视两种。

一、灯光监视的断路器控制回路

图 1-12 为电磁操作机构的灯光监视断路器控制回路，这是目前小型水电站中断路器控制广泛采用的电路图之一。图中，1KCO 代表自动合闸装置出口继电器，2KCO 代表继电保护装置出口继电器。

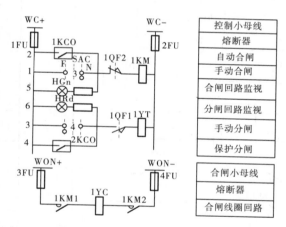

图 1-12　电磁操作机构的灯光监视断路器控制回路

此图由前述基本电路演变或组合而成，因此具有如下功能：①能在值班室进行断路器分合闸操作；②能由自动装置控制自动合上断路器，在故障时能由继电保护动作于自动跳开断路器；③有相应的断路器位置指示信号灯兼控制回路完整性的监护。

监视分、合闸回路是否完好的是红、绿信号灯。在图 1-12 中，当断路器在合闸位置时，合闸信号灯 HLC（红灯 HRd）和跳闸线圈 1YT 中流过电流，红灯亮。但此时并不会导致断路器跳闸，因为信号灯及其附加电阻的电阻值比跳闸线圈的电阻值大很多，加在跳闸线圈上的电压不足以使其动作；而跳闸线圈的电阻对信号灯的亮度不会产生较大的影响。若这时红灯不亮，表示分闸回路断线或熔断器 1FU、2FU 熔断，达到了监视控制电源及分闸回路完好性的目的。操作 SAC 跳闸时，触点 SAC4 接通；保护动作时，2KCO 动合触点闭合。将红灯及其附加电阻短接掉，全部电压都加在跳闸线圈 1YT 上，使断路器能可靠分闸。同理,绿灯亮,表明合闸回路完好,断路器处于分闸状态。绿灯不亮,表示断路器合闸回路断线或控制回路熔断器熔断。

二、音响监视的断路器控制回路

如图 1-13 所示为音响监视的断路器控制回路。这种接线方式是利用中间继电器 KTP(称为跳闸位置继电器)和 KCP(称为合闸位置继电器),来实现回路完好性监视。例如,在图中的合闸回路中,当断路器在分闸位置时,断路器的动断辅助触点 1QF2 接通,KTP 线圈带电,所以 KTP 的动断触点 KTP2 断开;同时,断路器的动合辅助触点 1QF1 断开,KCP 线圈失电,其动断触点 KCP2 闭合。这时,如果合闸回路断线(或熔断器 1FU、2FU 有熔断),则 KTP 线圈失电,其动断触点 KTP2 返回到闭合状态,接通音响信号回路,发出音响信号。同理,跳闸回路断线时,KCP 线圈失电,同样会发出音响信号。可见,KTP 和 KCP 经常监视下一次操作回路的完好性。

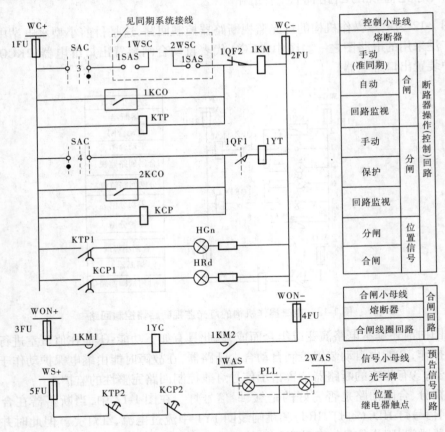

图 1-13 电磁操作机构的音响监视断路器控制回路

操作回路的电源监视由 KTP、KCP 的动断触点(延时闭合)KTP2 和 KCP2 相串联来实现。当操作电源消失时,KTP 和 KCP 线圈都失电,其动断触点同时闭合,接通预告音响信号小母线 1WAS 和 2WAS,发出音响信号。

当机组容量较大时，接线比较复杂，断路器的辅助触点往往不够用，有了 KTP 和 KCP 继电器，可以代替一部分断路器的辅助触点，同时可以节省配电装置到控制室的控制电缆芯数。

在图 1-12 和图 1-13 中，SAC 是控制开关，装在控制屏或控制台上，一般选用 LW₂－W－2/F6 型。这种控制开关有自复机构，可顺时针（或逆时针）扳 45°位置，使断路器合闸（或分闸），当操作完毕后，手柄自动返回到中间位置。

根据图 1-13，介绍读图方法。先了解图中图形符号和文字符号的含义，以及图右侧的文字说明。

（一）手动合闸（或手动准同期合闸）操作

当不需要同期合闸的断路器时，图 1-13 中虚线框内部分可以取消，SAC 和 1QF2 直接相连。当需要进行同期合闸的断路器时，应采用图 1-13 所示的合闸回路。图中 1SAS 为同期开关，1WSC 和 2WSC 为准同期合闸闭锁小母线，需通过同期检查继电器触点或同期闭锁开关来接通（待同期回路中作介绍）。

当操作 SAC 进行合闸操作时，合闸回路的触点 SAC3 接通（当需要同期合闸时，须先将同期开关手柄插入同期开关 SAS 中，并打到投入位置，这时 SAS 的两对触点同时接通，当达到准同期条件时，1WSC 和 2WSC 接通或通过同期闭锁开关直接接通，再操作控制开关 SAC 合闸）。因断路器处于分闸位置时，其动断辅助触点 1QF2 是闭合的，使合闸接触器 1KM 线圈励磁，两对动合触点同时闭合，断路器的合闸线圈 1YC 励磁，断路器合闸。此时，断路器的辅助触点切换，动合触点 1QF1 闭合，动断触点 1QF2 断开，一方面自动切断合闸电流，另一方面使位置继电器 KTP 失励，而 KCP 励磁，于是绿灯灭，红灯亮。这说明断路器处于合闸状态（位置），并监视着分闸回路的完好性。

（二）手动分闸（跳闸）操作

操作控制开关 SAC 进行分闸操作时，SAC4 触点接通，使跳闸线圈 1YT 励磁，断路器跳闸，1QF1 断开，切断了分闸电流，1QF2 闭合。同时，KCP 励磁，红灯灭，绿灯亮，这说明断路器处于分闸状态（位置），同时监视着合闸回路的完好性。

（三）自动合闸

自动合闸装置的出口断路器动合触点 1KCO 和 SAC3 触点及准同期合闸回路并联，代替手动合闸或手动准同期合闸操作，其余动作过程与手动操作时相同。

（四）保护动作跳闸

继电保护装置的出口继电器动合触点 2KCO 和 SAC4 触点并联，代替手动操作，实现保护自动跳闸，下面动作过程相同。

光字牌 PLL 亮，说明操作回路断线或 1FU、2FU 熔丝熔断。

运行中若红灯熄灭，可能是因为灯泡损坏或分闸回路断线、接头松动等。断路器分闸后，红灯灭，绿灯不亮，可能是因为灯泡损坏，合闸回路断线、接头松动或 1FU、2FU 熔丝熔断等。

音响监视方式与灯光监视方式相比，具有的优点是：

（1）利用音响监视控制回路的完好性，可及时发现断线故障。

（2）信号灯减半。对断路器数量较多的发电厂和变电所不但可以避免控制太拥挤，而且可以防止误操作。

(3)减少了电缆芯数(由四芯减少到三芯)。

但是音响监视采用单灯制,增加了两个继电器(KTP 和 KCP),位置指示灯采用单灯制不如双灯制直观。目前只有大型发电厂、变电所采用音响监视方式。

【核心能力训练】

一、设计能力训练

发电厂和变电所宜采用强电一对一控制接线。强电控制时,直流电源额定电压可选用 110 V 或 220 V。

控制回路宜采用控制开关具有固定位置的接线。无人值班变电所的控制回路,宜采用控制开关自动复位的接线。

断路器的控制回路应满足下列要求:

(1)应有电源监视,并宜监视跳、合闸绕组回路的完整性。

(2)应能指示断路器合闸与跳闸的位置状态,自动合闸或跳闸时应有明显信号。

(3)合闸或跳闸完成后应使命令脉冲自动解除。

(4)有防止断路器"跳跃"的电气闭锁装置。

(5)接线应简单可靠,使用电缆芯数最少。

断路器宜采用双灯制接线的灯光监视回路。断路器在合闸位置时红灯亮,在跳闸位置时绿灯亮。330～500 kV 变电所断路器也可采用音响监视的单灯制接线。

在配电装置就地操作的断路器,可只装设监视跳闸回路的位置继电器,用红、绿灯作位置指示灯,正常时暗灯运行,事故时绿灯闪光,并向控制室发出声、光信号。

当发电厂与变电所装设有两组蓄电池时,对具有两组独立跳闸系统的断路器,应由两组蓄电池的直流电源分别供电。当只有一组蓄电池时,两独立跳闸系统宜由两段直流母线分别供电。保护的两组出口继电器,也应分别接至两组跳闸绕组。断路器的两组跳闸回路都应设有断线监视。

分相操动机构的断路器,当设有综合重合闸或单相重合闸装置时,应满足事故时单相和三相跳、合闸的功能。其他情况下,均应采用三相操作控制。

采用单相重合闸的线路,为确保多相故障时可靠不重合,宜增设由不同相断路器位置触点串并联解除重合闸的附加回路。发电机变压器组的高压侧断路器、变压器的高压侧断路器、并联电抗器断路器、母线联络断路器、母线分段断路器和采用三相重合闸的线路断路器均宜选用三相联动的断路器。

主接线为一台半断路器接线时,为使二次接线运行、调试方便,每一条串接的二次接线宜分成 5 个安装单位。当为线路与线路串联时,每条出线作为 1 个安装单位,每台断路器各为 1 个安装单位;当为线路变压器串时,变压器、出线、每台断路器各为 1 个安装单位。当线路接有并联电抗器时,并联电抗器可单独作为 1 个安装单位,也可与线路合设 1 个安装单位。

220～500 kV 倒闸操作用的隔离开关宜远方及就地操作,检修用的隔离开关、接地刀闸和母线接地器宜就地操作。额定电压为 110 kV 及以下的隔离开关、接地刀闸和母线接地器宜就地控制。

隔离开关、接地刀闸和母线接地器,都必须有操作闭锁措施,严防电气误操作。防电气误操作回路的电源应单独设置。

液压或空气操作机构的断路器,当压力降低至规定值时,应闭锁重合闸、合闸及跳闸回路。对液压操作机构的断路器,不宜采用压力降低至规定值后自动跳闸的接线。弹簧操作机构的断路器应有弹簧拉紧与否的闭锁及信号。

对具有电流或电压自保持功能的继电器,如防跳继电器等,在接线中应标明极性。

二、设计任务

任务:试设计一线路断路器控制回路,并画出对应的展开接线图。

三、检修能力训练

(一)接线要求

二次回路接线应符合下列要求:

(1)按图施工,接线正确。

(2)导线与电气元件间采用螺栓连接、插接、焊接或压接等,均应牢固可靠。

(3)盘、柜内的导线不应有接头,导线芯线应无损伤。

(4)电缆芯线和所配导线的端部均应标明其回路编号,编号应正确,字迹清晰且不易脱色。

(5)配线应整齐、清晰、美观,导线绝缘应良好,无损伤。每个接线端子的每侧接线宜为 1 根,不得超过 2 根。对于插接式端子,不同截面的两根导线不得接在同一端子上;对于螺栓连接端子,当接两根导线时,中间应加平垫片。

(6)二次回路接地应设专用螺栓。

(二)检修周期、检修内容

每 6 ~ 12 个月对二次回路清扫一次。

(1)清扫时应注意以下事项:

①清扫工作必须由有经验的检修人员进行,人数不得少于两人,一人工作,一人监护。监护人必须熟悉二次回路的特征及运行情况。

②必须遵守安全工作规程。清扫时应戴手套。

③清扫前应制定好工作程序,分工明确。

④带电清扫时工具应有可靠的绝缘把柄。

(2)定期检查并做好户外端子箱和潮湿、油污场所二次线路的防水、防潮、防油污腐蚀的工作。

(3)定期检查全部保护装置时,对二次回路应检查:

①所有接线螺丝压接应紧固,无松动、接触不良情况。

②电压互感器和电流互感器回路接地应良好。

③直流控制回路、电压互感器回路的熔断器完整,保险器与插座接触良好。

④二次回路的导线应无绝缘老化、过热变色的情况。如有绝缘不良,应及时更换。

(4)定期检查二次回路的切换片和压板情况,清除积尘和锈斑。

(5)检查断路器跳闸线圈的螺丝是否紧固,辅助触点的接触是否良好。

(6)在二次回路上工作,均应按照安装接线图进行,不得凭记忆工作。工作时,只能使用带绝缘把手的工具,在无电压情况下进行。只有在特殊情况且符合运行安全和人身安全的规定下,才允许带电工作。

断路器控制回路常见的故障主要有操作或合闸电源故障、控制回路断线、位置指示信号灯显示异常、电磁分合闸回路异常、断路器辅助接点不灵活等。对具体的问题应结合故障现象进行具体分析。

(三)控制回路断线原因的查找

(1)控制回路电源保险熔断或空气开关未合(适合于保护装置电源和控制回路电源分立设置的情况)。

(2)手车开关电源插件未插好。

(3)手车开关没有推到预备位或工作位(合闸回路串有开关位置接点)。

(4)储能电源开关未合(合闸回路串有开关储能接点)。

(5)断路器控制柜内的远/近控开关因检修等原因,置于就地位置,送电时忘记恢复。

(6)SF$_6$低气压闭锁动作。

(7)母联隔离手车未推到工作位(母联开关合闸回路串入隔离手车工作位接点)。

(8)因工艺需要串联在合、跳闸回路中的联锁条件未满足。

(9)开关自身合、跳闸回路中串联的辅助接点接触不良。

(10)合、跳闸线圈断线。

(11)开关操作机构内部二次线接插件因振动松脱。

(四)控制、信号回路常见的异常现象分析

(1)控制、信号回路熔断器熔断。信号回路熔断器熔断后,信号灯熄灭;控制回路熔断器熔断后,有预告信号和光字牌"控制回路断线"点亮。此时,值班人员应尽快更换好熔断器。更换时,应注意使用同样规格的备用件。

(2)端子板连接松动。二次回路中任何端子板都应安装牢固,接触良好。若发现二次回路端子板连接松动,以及有发热现象,应立即紧固。注意,紧固时,不要误碰其他端子板,更不要造成端子间的短路。

(3)小母线引线松脱。小母线引线松脱是巡视检查中不易发现的缺陷。水电站中,小母线很多,因此应根据仪表、信号灯、光字牌等出现的现象来分析、判断小母线引线接触不良的情况。

(4)指示仪表卡涩、失灵。指示仪表是运行人员的眼睛,如果指示错误,将会造成运行人员的错误判断。仪表无指示的可能有:①回路断线,接头松动;②熔断器熔断;③仪表指针卡死;④仪表及其指针损坏。

(五)检修的方法

二次回路故障查找,重在分析判断,只有正确地分析判断,才能正确处理,少走弯路。先根据接线情况、故障现象、设备状况及信号等情况分析判断可能出现故障的范围后,再用正确方法、步骤检查,以缩小范围。检查、测量中根据其结果和现象再进行分析判断,并加以恰当的方法检查测量和其他手段证实判断,从而能迅速准确无误地查找出故障点。

确定检查顺序时,先查发生故障可能性大的、较容易出现问题的部分。如回路不通,先查电源熔断器是否熔断或接触不良;再查可动部分、经常动作的元件及薄弱点。若经上述检查未检查出问题,应用缩小范围法检查,缩小范围后继续检查直至查明故障点。

1. 二次回路不通的检查方法

(1)导通法:用万用表的欧姆挡测量电阻或使用发声挡检查回路是否接通。使用导通法测量检查时,必须先断开被测回路的电源,否则会烧坏表计。此方法的缺点是,在某些情况下继电器失磁变位(返回)后,不易查出其接触不良问题。一般不带电流、电压的回路不通可用此方法测量检查。

(2)测电压降法:用万用表的直流电压挡,测回路中各元件上的电压降。此法无需断开电源,但应注意测量时所选用表计量程应稍大于电源电压。在回路接通的情况下,接触良好的接点两端电压应等于零,若不等于零或为全电压,则说明回路其他元件良好而该点接触不良或未接触。电流线圈两端电压应近于零,过大则有问题;电阻元件及电压线圈两端则应有一定的电压;回路中仅有一个电压线圈且无串联电阻时,线圈两端电压不应比电源电压低很多。线圈两端电压正常而其触点不动,则说明线圈断线。

(3)对地电位法:用此法查二次回路不通故障,也无需断开电源。测前应先分析回路各点对地电位,再测量检查,将分析结果与所测值及极性相比较,如果误差不大则表明各元件良好,若相反或误差很大则表明该部分有问题。测量各点对地电位,应使用万用表直流电压挡,将一支表笔接地(金属外壳),另一支表笔接被测点。若被测点带正电,则应将正表笔接被测点,负表笔接地;反之,则将负表笔接被测点而正表笔接地。

2. 二次回路短路的查找方法

二次回路发生短路时,电路熔断器会熔断,并发出回路断线信号。如未排除故障点,熔断器更换后会再次熔断。此时应检查回路中有无接点烧伤、线圈冒烟等现象,若发现接点烧伤,可进一步检查该接点所在回路中各元件,看其(主要是电阻、线圈、电容器等)电阻值是否变小,有无损坏。经上述检查未发现问题,或是查找的范围较大,应采取措施缩小范围。主要方法如下:

(1)拆开每一分支回路,逐一回路试投入。将每一回路的正极或负极拆开,依次逐个测回路的电阻值,正常后接入所拆接线,装上熔断器试送一次。对回路电阻小于正常值较多的或试送上后熔断器再次熔断的回路,故障点多在该回路内,可进一步具体检查出故障点。用表计测量回路电阻,只靠测量不能完全准确地发现故障,可能因万用表电压低或短路点有一定的电阻值,也可能因短路点在一个回路的一点与另一个回路的一点之间,故测量不能发现问题。

(2)逐一回路试投入后,测量电压。①将每一分支回路正极或负极拆开。②装上一只熔断器。如装上正极熔断器,若熔断器投入即熔断说明此回路和电源负极形成短路的可能性极大。若装上正极熔断器正常,可将其拔下,换装上负极熔断器试一下。③设正极熔断器装上后正常,可在断开的负极熔断器两端测有无电压,或在负极熔断器下边测对地是否有电压。若有,则说明故障点在两熔断器以下的干线上,若无或只是很小,可依次逐个将分支回路拆下,正极接入后,再进行与上述相同的测量。④若某一分支回路正极接入,测量负极熔断器两端有电压或负极熔断器下面对地带正电,说明故障点即在该回路内,应进一步查明故障元件。

(3)逐级分段测量电压。对于分布范围大的二次回路中的短路故障,可采用逐级分段测量电压的方法,即:先装上一只熔断器,测量另一极断开的熔断器两端有无电压,或熔断器下边对地电压。再逐级用拉开隔离开关或拆开接线的方法分段(分网)后,仍进行上述测量以逐级逐段缩小范围。若测量结果无电压指示,说明故障点仍在被断开的以下网络之内。

四、检修任务

任务1:模拟电站运行中的开关或备用中的开关红绿灯全亮,请对照图纸分析原因并排除。

任务2:断路器合不上闸,请试着检查原因并消除。

任务3:测量模拟电站断路器跳合闸线圈的直流电阻。

任务4:完成某35 kV线路控制回路安装接线图(屏后接线图和端子排图)的设计。

【知识梳理】

(1)电气二次回路是一个多功能复杂网络,它包括控制回路、信号回路、测量监察回路、继电保护与自动装置、调节回路和操作电源等。

(2)二次回路图中,各种设备都按照国家统一规定的符号表示。二次回路一般分为原理图、布置图、安装图和解释性图四类。原理图分为归总式和展开式两种形式,工程中广泛应用展开图。展开图按交流电流、交流电压、直流控制和信号回路分别画出,元件的各部件分别画在它们所在的电路中,形成许多支路。这些支路遵循一定规律进行排列。阅读展开图时,应记住"六先六后"原则。

(3)发电厂、变电所中通过控制回路实现对断路器的控制。断路器的合、跳闸回路是控制回路的核心,利用控制开关手柄的位置和灯光信号可以监视断路器的运行状态及回路的完好性,信号灯闪光说明断路器的位置和控制开关手柄的位置处于"不对应"状态。

(4)电磁操作机构的断路器控制回路根据监视方法不同分为灯光监视和音响监视。由于采用的操作机构的不同,控制回路的构成不同,但对其要求是基本相同的。断路器的控制回路基本上由控制、信号、防跳和断线监视等四部分组成。

(5)防跳继电器的作用及防跳回路的识读。

【应知技能题训练】

一、单选题

1.某发电机出口发生短路,发电机出口断路器在保护动作下跳闸,跳闸后断路器指示灯显示正确的是(　　)。

A.红灯亮发平光　　　　　　　　B.红灯亮发闪光

C.绿灯亮发平光　　　　　　　　D.绿灯亮发闪光

2. 断路器手动跳闸,跳闸后断路器指示灯显示正确的是(　　)。

　A. 红灯亮发平光　　　　　　　　　B. 红灯亮发闪光

　C. 绿灯亮发平光　　　　　　　　　D. 绿灯亮发闪光

3. 具有电气－机械防跳的断路器控制、信号回路,红灯闪光表示(　　)。

　A. 手动准备跳闸或自动跳闸　　　　B. 手动准备合闸或自动跳闸

　C. 手动准备跳闸或自动合闸　　　　D. 手动准备合闸或自动合闸

4. 当断路器处在分闸位置时,断路器的位置指示信号为(　　)。

　A. 红灯平光　　　　　　　　　　　B. 红灯闪光

　C. 绿灯平光　　　　　　　　　　　D. 绿灯闪光

二、填空题

1. 在断路器控制信号回路中,当控制开关 SA 手柄处于"预备分闸"位置时,_____闪光。

2. 断路器控制回路中的跳跃是指_____。

【应会技能题训练】

1. 断路器控制回路应满足哪些基本要求?

2. 断路器控制回路包含哪些基本回路? 试画出。

3. 什么是灯光监视和音响监视? 各有何特点?

4. 何谓断路器的跳跃现象? 防跳装置怎样实现防跳?

5. 请你结合自身实践谈谈查找断路器控制回路故障的方法。

项目二 中央音响信号回路的 安装检修与设计

知识目标

熟悉 JC-2 型冲击继电器的工作原理;确定 JC-2 型冲击继电器构成的事故音响信号回路方案;确定中央可重复动作的预告音响信号回路方案;熟悉 MCSD-510Hb 微机型中央信号装置;掌握小型水电站中央音响信号回路安装检修与设计技能,熟练程度要求达到"简单应用"层次。

情景导思

在发电厂和变电站中,作为值班运行人员,如何能够掌握电气设备的运行状态,了解断路器和隔离开关的位置状态?当发生事故及不正常运行情况时,值班运行人员如何能够迅速地判断其运行情况,例如是发生事故还是不正常运行情况,是自动装置动作还是继电保护动作?当发生事故及不正常运行情况时如何能够迅速地查找事故地点和事故范围及故障的信息,以便做出正确的处理?同时各车间之间如何进行联系?因此,必须采用信号装置来反映设备的正常和非正常运行状态,主要有位置信号(指示断路器、隔离开关的分、合状态)、中央信号(以声、光两种信号来表示运行设备的事故和异常状态,告知运行人员处理)、其他信号(保护装置掉牌未复归、自动装置动作、绝缘监视、操作电源监视)。

【教材知识点解析】

知识点一 信号分类及基本要求

一、信号的分类

(1)按使用的电源可分为强电信号和弱电信号。

(2)按信号的表示方法可分为灯光信号和音响信号。

(3)按用途可分为位置信号、事故信号、预告信号、指挥信号和联系信号。

①位置信号:位置信号是指示开关电器、控制电器及其设备的位置状态的信号。

②事故信号:当电气设备发生事故(一般指发生短路)时,应使故障回路的断路器立即跳闸,并发出事故信号。

③预告信号:当电气设备出现不正常的运行状态时,并不使断路器立即跳闸,但要发出预告信号,帮助值班人员及时地发现故障及隐患,以便采取适当的措施加以处理,以防故障扩大。

常见的预告信号有:发电机和变压器过负荷;汽轮机发电机转子一点接地;断路器跳、合闸线圈断线;变压器轻瓦斯保护动作、变压器油温过高、变压器通风故障;发电机强行励磁动作;电压互感器二次回路断线;交、直流回路绝缘损坏发生一点接地、直流电压过高或过低及其他要求采取措施的不正常情况,如液压操作机构压力异常等。

④指挥信号和联系信号:指挥信号是用于主控室向其他控制室发出操作命令,如主控室向机炉控制室发"注意""增负荷""减负荷""发电机已合闸"等命令。联系信号用于各控制室之间的联系。

预告信号和事故信号装设在主控室的信号屏上,称为中央信号。中央信号装置按其音响信号的复归方式可分为就地复归和中央复归;按其音响信号的动作性能可分为能重复动作和不能重复动作。

在发电厂和有人值班的大、中型变电所中,一般装设中央复归能重复动作的事故信号和预告信号。在有人值班的变电所,可装设中央复归简单的事故信号装置和能重复动作的预告信号装置,并应在屋外配电装置装设音响元件。在无人值班的变电所,一般只装设简单的音响信号装置,该信号装置仅当远动装置停用并转为变电所就地控制时才投入。

二、信号系统的基本要求

(1)断路器事故跳闸时,能及时发出音响信号(蜂鸣器),并使相应的位置指示灯闪光,信号继电器掉牌,点亮"掉牌未复归"光字牌。

(2)发生不正常情况时,能及时发出区别于事故音响的另一种音响(警铃声),并使显示故障性质的光字牌点亮。

(3)音响信号应能重复动作,并能手动及自动复归,而故障性质的显示灯仍保留。

(4)大型发电厂和变电所发生事故时,应能通过事故信号的分析,迅速确定事故的性质。

(5)对指挥信号、联系信号等,应根据需要装设。其装设原则是应使运行人员迅速、准确地确定所得到信号的性质和地点。

知识点二　JC-2型冲击继电器构成的事故音响信号回路分析

一、JC-2型冲击继电器的内部电路及工作原理

图2-1中,KP为极化继电器。此继电器具有双位置特性,其结构示意如图2-2所示。线圈1为工作线圈,线圈2为返回线圈,若线圈1按图示极性通入电流,根据右手螺旋定则,电磁铁3及与其连接的可动衔铁4的上端呈N极,下端呈S极,可动衔铁与永久磁铁相互作用,使可动衔铁顺时针方向偏转,触点6闭合(图中位置)。如果线圈1中流过相

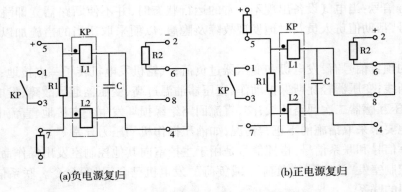

(a)负电源复归　　　　　　　(b)正电源复归

图 2-1　JC-2 型冲击继电器的内部电路图

反方向的电流或在线圈 2 中按图示极性通入电流,可动衔铁的极性改变,可动衔铁按逆时针方向转动,触点 6 复归。

　　JC-2 型冲击继电器是利用电容充放电启动极化继电器的原理构成的。

　　JC-2 型冲击继电器的启动:回路接通时,产生的脉冲电流自端子 5 流入,在电阻 R1 上产生一个电压增量,该电压增量即通过极化继电器的两个线圈 L1 和 L2 给电容器 C 充电,充电电流使极化继电器动作(电流从线圈 L1 同名端流入,从线圈 L2 同名端流出)。当充电结束,充电电流消失后,极化继电器仍保持在动作位置。

　　JC-2 型冲击继电器的复归有以下几种:

　　(1)负电源复归,即冲击继电器端子 5 直接接于正电源时,如图 2-1(a)所示,端子 4 和 6 短接,将负电源加到端子 2 来复归,其复归电流从端子 5 流入,经电阻 R1、线圈 L2、电阻 R2 至端子 2 流出(线圈 L2 中所流过的电流方向与启动时相反)。

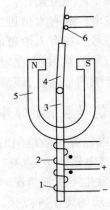

1—工作线圈;2—返回线圈;3—电磁铁;
4—可动衔铁;5—永久衔铁;6—触点

**图 2-2　JC-2 型冲击继电器的
结构示意图**

　　(2)正电源复归。即冲击继电器 7 端子直接接于负电源时,如图 2-1(b)所示。端子 6 和 8 短接,将正电源加到端子 2 来复归,其复归电流从端子 2 流入,经电阻 R2、线圈 L1、电阻 R1 至端子 7 流出(线圈 L1 中所流过的电流方向与启动时相反)。

　　(3)冲击自动复归特性。即当流过电阻 R1 的电流突然减小或消失时,在电阻 R1 上的电压有一减量,该电压减量使电容器经极化继电器线圈放电,其放电电流与充电电流方向相反,使极化继电器冲击返回。

二、JC-2 型冲击继电器构成的事故信号电路状态分析

　　由 JC-2 型冲击继电器构成的事故信号电路如图 2-3 所示。

　　本电路中设有两套冲击继电器 KS1 和 KS2。KS2 冲击继电器是专为需要发遥控信号

· 30 ·

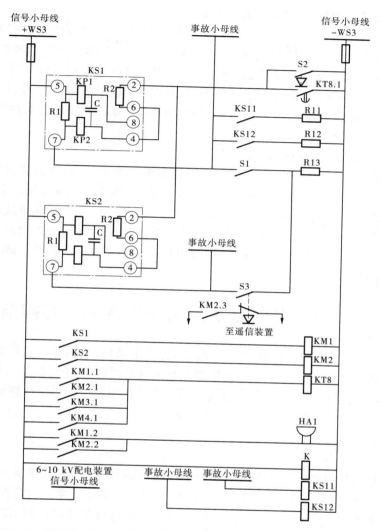

图 2-3　由 JC－2 型冲击继电器构成的事故信号电路

的断路器事故跳闸发信号所设。除此之外,该电路还设置了 6～10 kV 配电装置就地控制的断路器自动跳闸时发事故音响信号部分。

(一)事故信号的启动和发遥信

当断路器事故跳闸时,不对应回路使事故小母线与－WS3 之间接通(事故信号是利用不对应原理,将信号电源与事故音响小母线接通来启动的),给出脉冲电流信号,使冲击继电器 KS1 启动。其动合触点 KS1 闭合,启动中间继电器 KM1,其动合触点 KM1.2 闭合,启动蜂鸣器 HA1,发出事故音响信号。

如果是需要发遥控信号的断路器事故跳闸,不对应回路接通 KS2 的 7 端所连接事故小母线和－WS3 之间,使 KS2 启动。其动合触点 KS2 闭合,启动中间继电器 KM2,其动合触点 KM2.2 闭合,启动蜂鸣器 HA1,发出事故音响信号。同时,KM2.3 闭合,启动遥信装置,发遥信至中心调度所。

（二）事故信号的复归（负电源复归方式）

在 KM1.2 或 KM2.2 触点闭合，启动蜂鸣器 HA1 发出事故音响信号的同时，KM1.1 或 KM2.1 触点闭合，启动时间继电器 KT8，其触点 KT8.1 经延时后闭合，将冲击继电器的端子 2 接负电源，冲击继电器 KS1 或 KS2 复归。动合触点 KS1 或 KS2 断开，中间继电器 KM1 或 KM2 失电，KM1.2 或 KM2.2 触点打开，蜂鸣器停止发出音响信号，从而实现了音响信号的延时自动复归。此时，信号电路复归，准备下次动作。按下音响解除按钮 S2，也可实现音响信号的手动复归。

（三）6～10 kV 配电装置的事故信号

6～10 kV 均为就地控制，当 6～10 kV 断路器事故跳闸时，同样也要启动事故信号，6～10 kV 配电装置设置了两段事故音响信号小母线（见图 2-3 下部），每段上分别接入一定数量断路器的启动回路（图 2-3 中未画）。当任一段上的任一断路器事故跳闸时，首先启动事故信号继电器 KS11 或 KS12，其中一对动合触点 KS11 或 KS12 闭合，启动冲击继电器 KS1，发出音响信号，另一对动合触点 KS11 或 KS12 闭合，点亮光字牌，指明事故发生在 I 段或 II 段。

知识点三　中央可重复动作的预告音响信号回路的分析

预告信号一般由反映该回路参数变化的单独继电器启动，例如过负荷信号由过负荷信号继电器启动，轻瓦斯动作信号由变压器轻瓦斯继电器启动，绝缘损坏由绝缘监察继电器启动，直流系统电压过高或过低由直流电压监察装置中相应的过电压继电器或低电压继电器启动等。预告音响信号电路如图 2-4 所示。

一、预告信号的启动

预告信号是利用相应的继电保护装置出口继电器 K 来启动的，正常时控制开关 SA 处于"工作"位置，其触点 13－14、15－16 接通，当设备出现不正常运行状况时，相应的继电保护装置动作，其触点闭合。变压器过负荷时，反映过负荷的继电器 KT 动作，其动合触点闭合，形成下面的回路：＋WS3→KT→并联双信号灯→预告信号小母线→SA 的 13－14 及 15－16 双路触点→冲击继电器 KS3 触点 5→电阻 R1→KS3 触点 7→－WS3，使相应双灯光字牌点亮，显示"变压器过负荷"。同时 KS3 的动合触点闭合，启动时间继电器 KT2，动合触点 KT2 经 0.2～0.3 s 的延时闭合后，启动中间继电器 KM3，触点 KM3.2 闭合启动警铃 HA，发出音响信号。

二、预告信号的复归（正电源复归方式）

预告信号是利用事故信号电路中的时间继电器 KT8 延时复归的。在 KM3.2 闭合启动警铃的同时，KM3 的另一对触点 KM3.1 启动时间继电器 KT8，KT8.2 延时闭合，将反向电流引入 KS3，使 KS3 复归，自动解除音响，实现音响信号的延时自动复归。当按下音响解除按钮 S4 时，可实现音响信号的手动复归。当故障在 0.2～0.3 s 内消失时，由于冲击继电器 KS3 的电阻 R1（图 2-4 中）突然出现了一个电压减量，冲击继电器 KS3 冲击自动

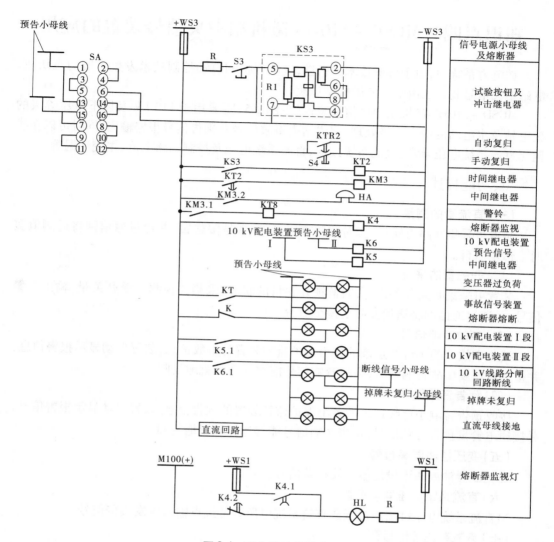

图 2-4　预告音响信号电路

返回,从而避免误发信号。KS3 复归后,消除了音响信号,光字牌仍旧点亮着,直到不正常现象消失,继电保护复归(如 KT 断开),灯才会熄灭。

三、预告信号回路的监视

预告信号回路的熔断器由熔断器监视继电器 K4 监视。正常时,K4 线圈带电,其延时断开的动合触点 K4.1 闭合,白色的熔断器监视灯 HL 发平光。当预告信号回路中的熔断器熔断或接触不良时,K4 线圈失电,其动断触点 K4.2 延时闭合,将 HL 切换至闪光小母线 M100(＋)上,使 HL 闪光。

知识点四　MCSD – 510Hb 微机型中央信号装置的应用

在电力系统中,由于微机技术的引进,继电保护和自动控制技术发生了质的飞跃,水电站中央信号装置也由常规向微机型过渡。

MCSD – 510Hb 微机型中央信号装置(见图 2-5)主要用于 110 kV 及以下电压等级的变电站及水电站的中央信号处理,完成站内事故信号及预告信号报警输出,同时可以在线监测直流系统电压异常、直流系统接地、直流系统电压及控制回路电流、主变油温等。

一、功能描述

(一)直流量的测量

装置可采集 6 路直流量,实时监测直流量,实现越限告警,并通过通信网将遥测值实时上传至后台。

(二)开关量的采集

装置可采集 8 路开关量,实时监视开关量的状态,采集并检测告警开关量,输出告警信号,并通过通信网将遥信实时上传至后台。

(三)事故音响信号

接收事故音响小母线送来的各个保护监控装置的事故信息,装置自动显示报警信息,并接通电笛发事故音响信号,事故音响信号能够远方和就地复归。

(四)预告音响信号

接收预告音响小母线送来的各个保护监控装置的预告信息,装置自动显示报警信息,并接通电铃发预告音响信号,预告音响信号能够远方和就地复归。

(五)变压器油温高报警

当变压器油温高于设定值时发报警信号。

(六)直流系统电压异常报警

当直流系统电压过高或过低或直流系统电压异常接点输入时发报警信号。

(七)直流系统接地报警

当直流系统接地接点输入时发报警信号。

二、装置的运行

(一)状态显示

正常运行情况下,循环交替显示"MCSD – 510Hb""中央信号装置"。在"查看"菜单项里可监视各种实时电参数。装置面板上共有信号灯 6 只,分别为运行、通信、信号 A、信号 B、信号 C、故障。当装置通信正常时,"通信"灯应该闪烁;当"故障"灯点亮时,说明装置自检发现出错。

(二)故障报告的查询

装置按先进先出的原则保存 8 次详细的事故记录,当按下"确认"键后,则按时间从后到前的顺序显示事故记录,即第一条信息为最后一次发生的事件,连续按"下移"键,则

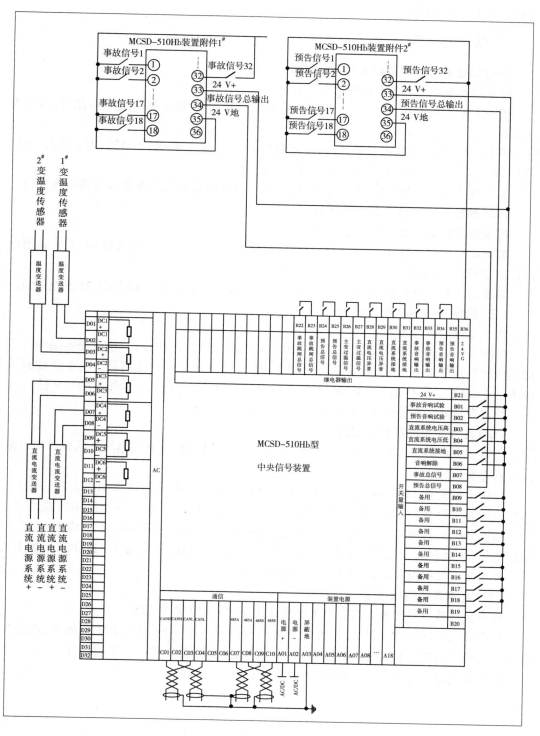

图2-5　MCSD－510Hb 装置及其附件二次接线原理图

可依次显示 8 次事故记录。

三、信号的试验

(一)事故音响和事故跳闸总信号试验

将事故音响信号和事故跳闸总信号投入。

按图 2-6,短接 B01、B21 端子,加事故音响试验开入量,端子 B32、B33 应闭合,输出事故音响。

按图 2-6,短接 B07、B21 端子,加事故跳闸总信号开入量,端子 B22、B23 以及 B32、B33 应闭合,输出事故跳闸总信号和事故音响。

装置自动显示报警信息,并发出事故音响信号,事故音响信号能够远方和就地复归。

(二)预告音响和预告总信号试验

将预告音响信号和预告总信号投入。

按图 2-6,短接 B02、B21 端子,加预告音响试验开入量,端子 B34、B35 应闭合,输出预告音响;断开 B02、B21 连线,端子 B34、B35 应断开。

装置自动显示报警信息,并发出预告音响信号,预告音响信号能够远方和就地复归。

(三)变压器油温高报警试验

将主变过温信号投入。

按图 2-6,在端子 D01、D02 加入 4 ~ 20 mA 直流电流,当相应的 1# 主变压器油温高于设定值时发报警信号,端子 B26、B27 应闭合,输出 1# 主变压器过温信号。减小所加直流电流至返回值以下,按信号复归键,端子 B26、B27 应断开(返回值为动作值的 0.9 倍)。

装置自动显示报警信息,能够远方和就地复归。

(四)直流系统电压异常报警

将直流电压异常信号投入。当直流系统电压过高或过低或直流系统电压异常接点输入时发报警信号。

按图 2-6,短接 B03、B21 端子,加直流系统电压高开入量,端子 B28、B29 应闭合,输出直流电压异常信号。取消"直流系统电压高"开入,按信号复归键,端子 B28、B29 应断开。

按图 2-6,短接 B04、B21 端子,加直流系统电压低开入量,端子 B28、B29 应闭合,输出直流电压异常信号。取消"直流系统电压低"开入,按信号复归键,端子 B28、B29 应断开。

装置自动显示报警信息,能够远方和就地复归。

(五)直流系统接地报警

将直流接地信号投入。当直流系统接地接点输入时发报警信号。

按图 2-6,短接 B05、B21 端子,加直流系统接地开入量,端子 B30、B31 应闭合,输出直流接地信号。取消"直流系统接地"开入,按信号复归键,端子 B30、B31 应断开。

装置自动显示报警信息,能够远方和就地复归。

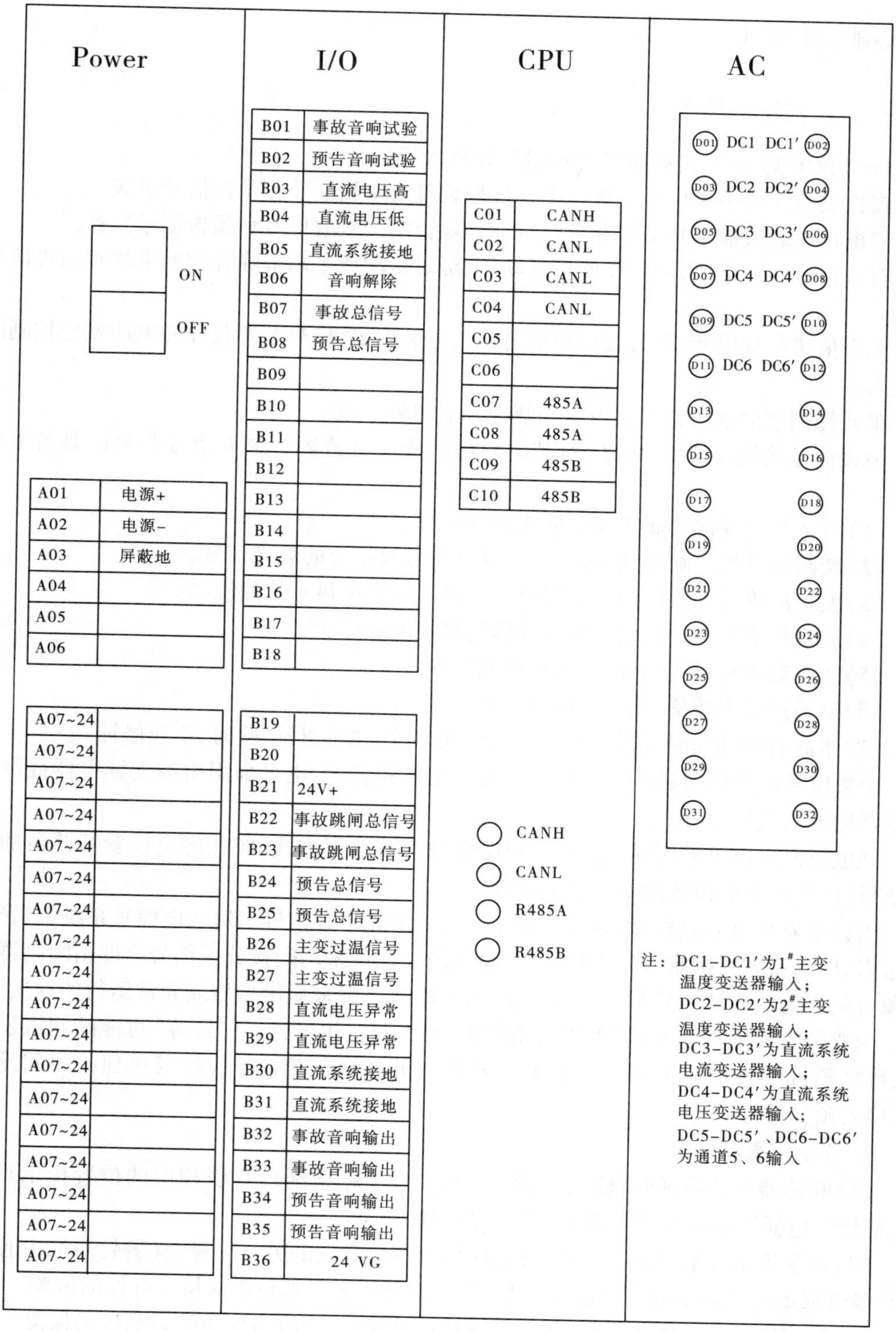
Power
ON
OFF
A01 电源+
A02 电源-
A03 屏蔽地
A04
A05
A06
A07~24
A07~24
A07~24
A07~24
A07~24
A07~24
A07~24
A07~24
A07~24
A07~24
A07~24
A07~24
A07~24
A07~24
A07~24
A07~24
A07~24
A07~24
I/O
B01 事故音响试验
B02 预告音响试验
B03 直流电压高
B04 直流电压低
B05 直流系统接地
B06 音响解除
B07 事故总信号
B08 预告总信号
B09
B10
B11
B12
B13
B14
B15
B16
B17
B18
B19
B20
B21 24V+
B22 事故跳闸总信号
B23 事故跳闸总信号
B24 预告总信号
B25 预告总信号
B26 主变过温信号
B27 主变过温信号
B28 直流电压异常
B29 直流电压异常
B30 直流系统接地
B31 直流系统接地
B32 事故音响输出
B33 事故音响输出
B34 预告音响输出
B35 预告音响输出
B36 24 VG
CPU
C01 CANH
C02 CANL
C03 CANL
C04 CANL
C05
C06
C07 485A
C08 485A
C09 485B
C10 485B
CANH
CANL
R485A
R485B
AC
D01 DC1 DC1′ D02
D03 DC2 DC2′ D04
D05 DC3 DC3′ D06
D07 DC4 DC4′ D08
D09 DC5 DC5′ D10
D11 DC6 DC6′ D12
D13 D14
D15 D16
D17 D18
D19 D20
D21 D22
D23 D24
D25 D26
D27 D28
D29 D30
D31 D32
注：DC1-DC1′为1#主变温度变送器输入；
DC2-DC2′为2#主变温度变送器输入；
DC3-DC3′为直流系统电流变送器输入；
DC4-DC4′为直流系统电压变送器输入；
DC5-DC5′、DC6-DC6′为通道5、6输入

图 2-6 装置端子图

【核心能力训练】

一、设计能力训练

（一）火力发电厂、变电所二次接线设计技术规程

在控制室应设中央信号装置。中央信号装置由事故信号和预告信号组成。

发电厂应装设能重复动作并延时自动解除音响的事故信号和预告信号装置。

有人值班的变电所,应装设能重复动作、延时自动或手动解除音响的事故和预告信号装置。

无人值班的变电所,只装设简单的音响信号装置,该信号装置仅在变电所就地控制时才投入。

单元控制室的预告信号装置宜与热控专业协调一致。

中央信号接线应简单、可靠,对其电源熔断器应有监视。中央信号装置应具备下列功能:

（1）对音响监视接线能实现亮屏或暗屏运行。

（2）断路器事故跳闸时,能瞬时发出音响信号及相应的灯光信号。

（3）发生故障时,能瞬时发出预告音响,并以光字牌显示故障性质。

（4）能进行事故和预告信号及光字牌完好性的试验。

（5）能手动或自动复归音响,而保留光字牌信号。

（6）试验遥信事故信号时,不应发出遥信信号。

（7）事故音响动作时,应停事故电钟,但在事故音响信号试验时,不应停钟。

中央信号可采用由制造厂成套供应的闪光报警装置,也可采用由冲击继电器或脉冲继电器构成的装置。

强电控制时也可采用弱电信号。对屏台分开的控制方式,应在屏上设置断路器的位置信号,由断路器的位置继电器触点控制。

当设备发生事故或异常运行时,宜用一对一的光字牌信号。对弱电信号系统,当光字牌过多、屏面布置有困难或信号传输距离较远时,也可采用间接分区信号。即由断路器的对象灯闪光表示事故或异常运行的对象,由一组光字牌来显示事故或异常运行的性质。

为避免有些预告信号（如电压回路断线、断路器三相位置不一致等）可能瞬间误发信号,可将预告信号带 0.3~0.5 s 短延时动作。元件过负荷信号应经其单独的时间元件后,接入预告信号。

（二）设计基本要求

（1）断路器事故跳闸时,能及时发出音响信号（蜂鸣器）,并使相应的位置指示灯闪光,信号继电器掉牌,点亮"掉牌未复归"光字牌。

（2）发生不正常情况时,能及时发出区别于事故音响的另一种音响（警铃声）,并使显示故障性质的光字牌点亮。对事故信号、预告信号能进行其是否保持完好性的试验。

（3）音响信号应能重复动作,并能手动及自动复归,而故障性质的显示灯仍保留。

（4）大型发电厂和变电所发生事故时,应能通过对事故信号的分析,迅速确定事故的性质。

（5）对指挥信号、联系信号等，应根据需要装设。其装设原则应使运行人员迅速、准确地确定所得到信号的性质和地点。

（6）事故信号回路的启动和预告信号回路的启动不同。

事故信号回路的启动是通过相应回路的信号继电器的接点将信号电源与音响小母线接通来实现的。重复动作是通过突然并入一个启动回路引起电流的突变而实现的，当信号回路电流突然减小时，同样在电阻 R1 上得到一个减量的电压，此时电容 C 经极化继电器线圈 L1、L2 放电，KP 返回。故也可以手动复归，即按一下 SK，相当于加上一个突减的脉冲电流，KP 返回。

预告信号是利用相应的继电保护出口继电器的触点与预告信号小母线来启动的（预告信号是在启动回路中用光字牌的灯代替电阻启动的，重复动作则是通过启动回路并入光字牌来实现的）。

例如，过负荷信号由过负荷保护继电器发出；交流回路一点接地、直流回路一点接地信号由绝缘监察继电器发出；机组轴瓦温度升高信号由温度继电器发出。

（7）预告信号回路需要 0.2~0.3 s 的短延时。

对于某些电力系统中发生短路时可能伴随发出预告信号，如过负荷、电压互感器二次侧断线、交流回路绝缘破坏，应带延时发出信号。因为当外部故障切除后，这些故障引起的信号就会自动消失，不让它再发出报警信号，以免分散值班人员的注意力。因此，预告信号应经一定的延时发出，时间应大于短路故障切除的时间。由时间继电器 KT2 实现。

（三）设计任务

设计 JC-2 型冲击继电器构成的事故信号回路。

设计 JC-2 型冲击继电器构成的预告信号回路。

二、安装检修能力训练

（一）检修方法

1. 光字牌检查回路

当检查光字牌的灯泡是否完好时，可将转换开关 SA 由"工作"位置切换至"试验"位置，通过其触点 1-2、3-4、5-6、7-8、9-10、11-12，将预告信号小母线分别接至 +WS3 和 -WS3，使所有接在预告信号小母线上的光字牌都点亮，任一光字牌不亮则说明内部灯泡损坏，可及时更换。需要指出，在发出预告信号时，同一光字牌内的两个灯泡是并联的，在灯泡前面的玻璃框上标注"过负荷""瓦斯保护动作""温度过高"等表示不正常运行设备及其性质的文字。灯泡上所加的电压是其额定电压的一半，灯光较暗，如果其中一只灯泡损坏，则不发光，这样可以及时地发现已损坏的设备。由于灯泡的使用寿命较短，目前已逐步改用发光二极管代替灯泡。

2. 二次回路绝缘电阻的测量

测量项目有电流回路对地、电压回路对地、直流回路对地、信号回路对地、正极对跳闸回路、各回路间的绝缘电阻等。

二次回路绝缘电阻的标准如下：二次回路的每个支路和断路器、隔离开关、操作机构的电源回路均应不小于 1 MΩ;其他比较潮湿的地方,可降低到不小于 0.5 MΩ。

直流小母线和控制盘的电压小母线,在断开所有其他并联支路时,应不小于 10 MΩ。

测量二次回路绝缘电阻应注意以下事项:

(1)测量前应将继电器、接线端子板、辅助设备、其他零件以及电缆外皮上灰尘、污垢清扫干净。

(2)如在运行中发现继电保护装置、零件和导线等受潮,要用吹风机将受潮部分吹干。

(3)潮湿天在室外变电所或潮湿房间测量绝缘电阻时,在兆欧表下面应放置胶皮绝缘垫、电木板或其他绝缘物,同时应注意兆欧表端钮上接的导线不能碰到潮湿处或配电装置外壳或其他金属物。

3. 交流耐压试验

绝缘电阻测量后,还不能作为电气绝缘强度的依据,还要进行交流耐压试验。

对新装或检修的二次回路进行定期检查,用 2 500 V 兆欧摇表摇测绝缘电阻以代替交流耐压试验。根据具体情况,每 2 ~ 4 年试验一次。试验时应注意以下安全措施:

(1)试验前必须认真核对接线图,并仔细地检查被试验的回路,以避免与外部回路相连接的情况。

(2)试验前凡是与被试验回路断开的部分或用临时连接片的部分,均应编制成明细表,以便在试验结束后,按明细表将断开部分复原或拆去临时连接片。

(3)试验时,凡有高压的地方(如控制盘、继电盘、断路器的操作机构及中央信号盘等)均应悬挂“止步,高压危险”的警告牌。

(4)将被试验的二次回路及保护系统中所有接地线拆去,断开电压互感器的二次线圈、蓄电池及其他直流电源。凡高阻值的电阻和线圈都加以短路,以免在它们邻近发生击穿时遭到破坏。

(5)耐压试验工作应在该项设备附近的外部人员不工作的时候进行才较为安全。

(6)耐压试验结束后,应将所有接线系统对地放电,以确保安全。

试验完毕后,必须对被试验接线系统在试验前所拆开(或短路)的部分进行仔细检查,并将回路全部恢复原状。

4. 继电器定期校验后二次回路整组检验

紧固所有二次回路的螺丝;将二次线与电流互感器端头断开;在二次回路上做升流试验(与定值相符合),检验二次回路相别的一致性,对应相的保护应动作。

(二)检修任务

(1)试画出光字牌检查回路,并完成检查。

(2)预告音响信号回路绝缘电阻的测量。

(3)事故音响信号回路的完好性试验。

【知识梳理】

(1)信号回路用于当发生事故及不正常运行情况时,值班运行人员能够迅速地做出判断,能够迅速地查找事故地点和事故范围及故障的信息,以便做出正确的处理。有位置信号(指示断路器、隔离开关的分、合状态)、中央信号(以声、光两种信号来表示运行设备的事故和异常状态,告知运行人员处理)、其他信号(保护装置掉牌未复归、自动装置动作、绝缘监视、操作电源监视)。

(2)JC－2型冲击继电器是一种特殊的继电器,是中央音响信号装置的启动元件,具有四种不同的动作特性:

①自保持:当充电结束,充电电流消失后,极化继电器仍保持在动作位置。

②人工返回:人为向继电器的返回线圈通过一个电流,继电器的动合触点返回断开。(有正电源和负电源返回)

③冲击返回:当继电器启动回路电流突然消失时,冲击继电器的动合触点返回断开。

④重复动作:当某一个事故或故障启动回路动作未复归,但音响已复归,另一个事故或故障回路又启动时,冲击继电器应能重复动作,发出音响。

(3)事故信号回路的启动是通过相应回路的信号继电器的接点将信号电源与音响小母线(WFA)接通来实现的。重复动作是通过突然并入一个启动回路引起电流的突变而实现的,而预告信号是利用相应的继电保护出口继电器的触点与预告信号小母线来启动的(预告信号回路的启动回路是通过光字牌电流来启动的,重复动作则是通过启动回路并入光字牌来实现的)。

(4)为了避免分散值班人员的注意力,预告信号应经一定的延时发出,时间应大于短路故障切除的时间。由时间继电器KT2实现。

(5)光字牌的检查回路用以检查光字牌的灯泡是否完好。

(6)继电保护装置和自动重合闸装置动作信号具有其特殊性。

【应知技能题训练】

一、单选题

1.预告信号动作结果是(　　)。

　A.断路器跳闸,电笛响,对应光字牌亮

　B.断路器跳闸,电铃响,对应光字牌亮

　C.电笛响,对应光字牌亮

　D.电铃响,对应光字牌亮

2.事故信号动作结果是(　　)。

　A.断路器跳闸,电笛响,对应光字牌亮

　B.断路器跳闸,电铃响,对应光字牌亮

　C.电笛响,对应光字牌亮

　D.电铃响,对应光字牌亮

3.中央信号装置由(　　)。

　A.事故信号装置和指示灯组成

　B.事故信号装置和位置信号组成

　C.位置信号和指示灯组成

　D.事故信号装置和预告信号装置组成

二、填空题

中央信号装置的重复动作是依靠_____实现的。

三、判断题

1. 电力系统发生短路事故时,事故音响系统会启动电铃响。　　　　（　　）

2. 中性点不接地系统发生单相接地短路时,电笛会响,对应的光字牌会亮。（　　）

【应会技能题训练】

1. 发电厂、变电所的信号有哪些? 为什么要设置这些信号?

2. 什么是中央信号? 其类型有哪些?

3. JC－2型冲击继电器是如何实现重复动作的?

4. 事故信号的启动回路与预告信号的启动回路有什么不同? 试以某一个事故和故障说明。

5. 复归的方式有几种? 详细说明。

6. 如何对事故信号的启动回路与预告信号的启动回路进行试验?

7. 如何检查光字牌? 试画出其电路图,说明其检查过程。

8. 模拟电站信号回路的启动、复归的方式是什么? 信号回路启动后应如何处理?

项目三 备用电源自动投入装置的安装检修与设计

知识目标

理解备用电源自动投入装置的功能和基本方式,学会工作状态分析方法,掌握运行参数的整定,具有小型水电站备用电源自动投入装置运行检修与设计能力,熟练程度要求达到"简单应用"层次。

情景导思

厂用电源是确保水电站安全可靠运行的重要组成部分,一般情况下厂用电源不允许中断。如果由于某种原因厂用电源中断,会使连接在它上面的用户和用电设备失去电源,从而使正常工作遭到破坏,给生产和生活造成不同程度的损失。那么如何保证用户不间断供电?

【教材知识点解析】

知识点一 备用电源自动投入装置的含义、工作方式及基本要求

一、备用电源自动投入装置的含义

为了保证用户不间断供电,当工作电源因故障断开后,自动将备用电源迅速投入供电,使用户不至于停电,完成上述转换任务的自动装置称为备用电源自动投入装置,简称AATS。一般在下列情况下装设:

(1)发电厂的厂用电和变电所的所用电。

(2)由双电源供电的变电所和配电所,其中一个电源经常断开作为备用。

(3)降压变电所内装有备用变压器或互为备用的母线段。

(4)生产过程中某些重要的备用机组,如给水泵、循环水泵等。

在电力系统中,不少重要用户是不允许停电的,因此常设置两个或两个以上的独立电源供电,一个工作,另一个备用,或互为备用,备用电源的投入可以手动也可以自动。手动操作动作较慢,中断供电时间较长,对正常生产和生活有一定的影响;对生产工艺不允许停电的场合,手动投入备用电源往往不能满足要求,故采用AATS可大大提高供电的可靠性,且结构简单、造价低,故在发电厂和变电所中得到广泛的应用。

二、AATS 的工作方式

图 3-1 为应用 AATS 的几种电气接线举例

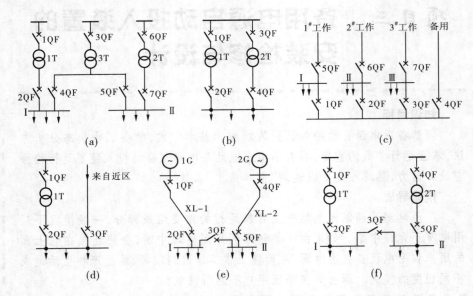

图 3-1　AATS 装置一次接线

（一）"明备用"方式

由图 3-1(a)可见,变压器 1T、2T 为工作状态,向母线Ⅰ、Ⅱ供电,变压器 3T 处于备用状态。当 1T(2T)故障时,其两侧断路器 1QF、2QF(或 6QF、7QF)由变压器继电保护动作而跳闸,然后 AATS 动作将 3QF、4QF(或 3QF、5QF)迅速合上,Ⅰ段(或Ⅱ段)母线即由 3T 恢复供电。这种设有可见的专用变压器的情况,称为"明备用",见图 3-1(b)~(d)。

（二）"暗备用"方式

图 3-1(f)为两台工作变压器 1T、2T 分别向Ⅰ、Ⅱ段母线供电,断路器 3QF 断开,母线分段运行。当变压器 1T 发生故障时,1T 继电保护动作,将 1QF 和 2QF 跳闸,然后 AATS 动作,将 3QF 投入,Ⅰ段母线负荷即转移由变压器 2T 供电。同样,当变压器 2T 故障时,继电保护使 4QF 和 5QF 跳闸,AATS 使 3QF 投入,Ⅱ段母线转由变压器 1T 供电。这种互为备用的方式称为"暗备用"。暗备用的每台变压器容量,都应按分段母线的总负荷来考虑,否则在 AATS 动作后会造成过负荷运行。当然在实际应用上可考虑变压器允许的暂时过载能力,变压器容量可选得比总负荷小一些,在 AATS 动作后及时采取措施,停止次要负荷的供电,以免变压器长期过负荷运行。图 3-1(e)也为"暗备用"方式。电气主接线比较简单的小水电站则常采用一台厂用变压器,而从附近低压配电网引入一回低压馈电线作为备用电源,如图 3-1(d)所示,这种情况下在厂用变压器故障时,断路器 1QF 和 2QF 跳闸,AATS 使 3QF 自动投入,厂用电即转由近区低压配电网供电,不考虑互相备用。

（三）对 AATS 的基本要求

功能比较完善的 AATS 应满足以下基本要求:

（1）工作母线突然失压，AATS 应能动作。母线突然失去电压的主要原因有：①工作变压器发生故障，继电保护动作，使两侧断路器跳闸；②工作母线上的馈电线发生短路，没有被线路保护瞬时切除，使变压器的断路器跳闸；③工作母线本身故障，继电保护跳电源断路器；④工作电源断路器操作回路故障，误跳闸；⑤工作电源突然停止供电；⑥误操作造成工作变压器退出。这些原因都不是正常跳闸的失压，都应使 AATS 动作，使备用电源迅速投入，恢复供电。

（2）工作电源先切，备用电源后投。其目的是提高备用电源自动投入装置动作的成功率。为了防止把备用电源投到故障元件上（变压器、线路上），增大冲击系统和扩大事故的概率，必须在工作电源确已断开后，才能使备用电源投入。另外，备用电源与工作电源不是取自同一点，往往存在电压差和相位差，只有工作电源先切，工作母线无压，备用电源后投才能避免发生非同期并列。

（3）AATS 只动作一次。当工作母线发生持续性短路故障或引出线上发生未被发现的断路器断开的持续性故障时，备用电源第一次投入后，由于故障仍然存在，继电保护装置动作，将备用电源断开，此时工作母线又失压，若再次投入备用电源，就会扩大事故，对系统造成不必要的冲击。

（4）AATS 动作过程中断供电的时间尽可能短些。从工作母线失压到备用电源投入，这段时间为中断供电的时间。停电时间短些，电动机未完全制动，则在 AATS 动作恢复供电时，电动机自启动容易一些；对于其他用户，影响也小一些，甚至没有影响。

但中断供电的时间也不能过短，必须大于故障点绝缘恢复的时间。AATS 装置投入到发生瞬时性故障的工作母线才能成功，在一般情况下，备用电源或备用设备断路器的合闸时间，已大于故障点的去游离时间，因而可不考虑故障点的去游离时间。但在使用快速断路器的场合，必须进行校核。另外，中断供电的时间还必须满足馈电线外部故障时由线路保护切除故障，避免越级跳闸，AATS 的动作时间一般为 1～1.5 s 为宜。

（5）工作母线电压互感器熔断器熔断时不误动。

监视工作母线电压的电压互感器，一相熔断器熔断时，可能造成低压继电器动作。但一次侧回路正常，工作母线正常，所以此时不应使 AATS 动作，应予闭锁。

下列情况 AATS 不应动作：正常停电操作，备用电源无电压。

知识点二　AATS 典型接线及其运行状态分析

一、"暗备用"的 AATS 的组成及运行状态分析

如图 3-2 所示为厂用电系统的 AATS 暗备用原理接线。每台厂用变压器各装一套AATS，实现互为备用。

AATS 基本上可分为低压启动和自动合闸两部分。

低压启动部分：其作用是监视工作母线失压和备用电源正常，并使 AATS 启动。由以下元件组成：低电压继电器 1KV 和 3KV 用于监视工作母线失压；过电压继电器 2KV 和4KV，用于监视备用电源是否正常，并用于电压互感器熔断器熔断时闭锁 AATS 装置；时

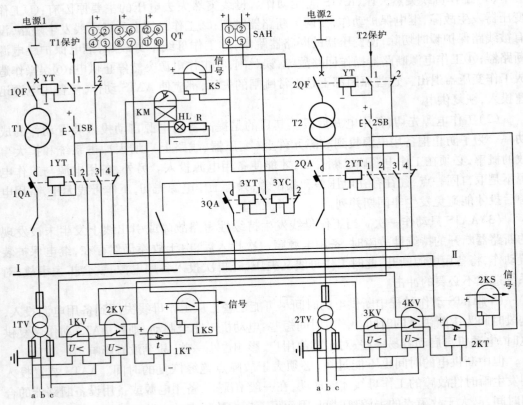

图 3-2 AATS 暗备用原理接线图

间继电器 1KT 和 2KT 用于整定 AATS 动作时间;信号继电器 1KS 和 2KS 用于发出 AATS 动作信号。

自动合闸部分:在工作电源切断后,将备用电源断路器投入。由以下元件组成:中间继电器 KM,具有 0.5~0.8 s 延时断开瞬时闭合的接点,用于保证 AATS 只动作一次;自动空气开关 QA 的辅助接点,保证工作电源先切,备用电源后投;信号继电器 KS,用于发自动投入完成信号;切换开关 SAH,用于手动投入或撤出 AATS 装置。

AATS 的运行状态分析:

准备状态:切换开关 SAH 投入;1QF、2QF、1QA、2QA 在合闸后位置;3QA 在断开位置;Ⅰ、Ⅱ 段母线电压正常,1KV~4KV 动断触点断开,2KV、4KV 动合触点闭合;AATS 未启动,1KT、2KT 线圈不励磁,其延时触点断开,KM 线圈励磁,其触点闭合,但因正电源被 1QA4 和 2QA4 切断,故不发合闸脉冲;监视 1QA、2QA 投入位置指示灯 HL 亮。

动作过程:以 Ⅰ 段母线为例,当 Ⅰ 段母线失压时,1KV 和 2KV 动断触点失压返回闭合,若此时备用电源电压正常,则 4KV 动合触点闭合,满足 AATS 启动条件,时间继电器 1KT 动作,经过整定延时,使 1QA 跳闸,1KS 发 AATS 动作信号。

在 1QA 跳闸后,1QA3 断开,KM 失磁,经 0.5~0.8 s 触点断开,这时出现 1QA4 和 KM 触点同时处于闭合状态的短暂时间,发出一个合闸脉冲,经 KS 线圈作用于 3QA 的合闸接触器 3YC，使 3QA 合闸，Ⅰ段母线即转由 T2 供电，由 KS 发 3QA 投入信号。

二、"明备用"的 AATS 的组成及运行状态分析

如图 3-3 所示为 AATS 明备用原理接线。

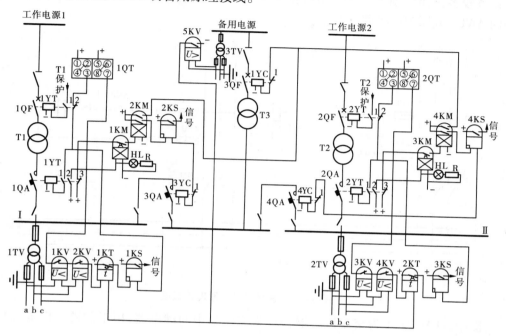

图 3-3　AATS 明备用原理接线图

其基本要求与"暗备用"AATS 完全相同，原理接线也极相似。除此之外，"明备用"AATS 还具有以下特点：

（1）失压监视使用的低电压继电器不同。

在"暗备用"AATS 中，可用一只低电压继电器，并借用另一套 AATS 的备用电源正常监视的过电压继电器的一个动断触点，构成失压监视。而"明备用"AATS 的失压监视则必须装设两只低电压继电器，防止电压互感器熔断器熔断而误动。

（2）合闸回路使用的闭锁继电器不同。

在"暗备用"中，两段母线的 AATS 可共用一个自动合闸回路，两套 AATS 只需一只 KM 继电器。而"明备用"AATS，由于合闸对象不一致，故每套均要有单独的 KM 继电器和中间继电器。

图 3-3 所示明备用 AATS 的运行状态分析：当Ⅰ段母线失压时，低压继电器 1KV、2KV 失压返回，触点闭合，启动时间继电器 1KT，经过一定延时后，使 1QA 跳闸。接着中间继电器 1KM 断电，在其触点返回前，通过 1QA 的辅助触点 1QA3 启动 2KM，使 3QF 合闸，3QA 合闸，恢复Ⅰ段母线供电。

三、简易的 AATS 组成及运行状态分析

功能比较完善的 AATS,需要装设具有电动合闸操作机构的自动空气开关,使用的二次设备较多,造价仍偏贵。为了节省投资,在一些小水电站或 35 kV 变电所中,常采用简易的 AATS,其原理接线见图 3-4。

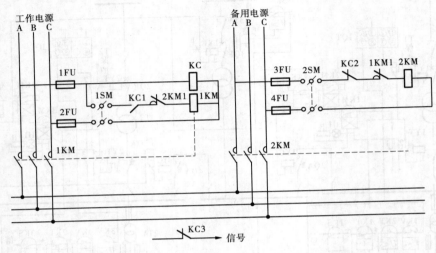

图 3-4　简易的 AATS 原理接线图

图中,1KM、2KM 为交流接触器,KC 为交流型中间继电器,用于监视工作电源是否正常。

工作电源正常时,KC 处于励磁状态,其触点 KC1 闭合,接触器 1KM 合上,母线由工作电源供电。KC2 断开,备用电源不投入。工作电源消失时,继电器 KC 失压复归,KC1 会断开,1KM 线圈失磁跳闸,1KM 触头断开,切断工作电源供电回路,然后由 1 KM 的动断辅助触点与 KC2 触点一起使接触器 2KM 线圈励磁,2KM 投入,母线转由备用电源供电,由其触点发出 AATS 的动作信号。

当工作电源恢复正常时,KC 再次动作,母线自动恢复由工作电源供电。

简易的 AATS 接线简单,也可用于事故照明自动切换。

知识点三　　AATS 元件动作参数整定

以暗备用 AATS 为例,介绍元件的动作参数的整定方法

一、低电压继电器 1 kV、3 kV 动作电压整定

(一)整定原则

监视工作母线失压的继电器 1 kV、3 kV 动作电压,其整定原则是既要保证工作母线失压时能可靠启动,又要防止不必要的频繁动作,不使动作过于灵敏。

（二）整定条件

（1）躲过馈电线集中阻抗后发生短路时的母线残压。如图 3-5 所示，在 K1 点发生短路时，母线电压虽然下降，但残余电压相当高，应由线路保护切断故障线路，AATS 不应动作，故 1 kV、3 kV 的动作值应小于 K1 点短路时工作母线的残压。即

$$U_{pi} < \frac{U_{cy}}{n_T} \quad 或 \quad U_{pj} = \frac{U_{cy}}{K_{rei}n_T} \tag{3-1}$$

式中　U_{pj}——继电器的动作电压；

　　　U_{cy}——工作母线上的残余电压；

　　　n_T——电压互感器变比；

　　　K_{rei}——可靠系数，取 1.1～1.3。

（2）躲过电动机自启动时母线最低电压。在母线引出线上或引出线的集中阻抗前发生短路，如图 3-5 中 K2、K3 点短路，母线电压很低，接于母线上的电动机被制动。在故障被切除后，母线电压恢复，电动机自启动。这时母线电压仍然很低，为了避免 AATS 误动，故 1 kV、3 kV 的动作电压应小于电动机自启动时母线最小电压值。即

$$U_{pj} = \frac{U_{min}}{n_T K_{rei} K_r} \tag{3-2}$$

式中　U_{min}——电动机自启动最低电压；

　　　K_r——返回系数，$K_r > 1$；

　　　其他参数意义同前。

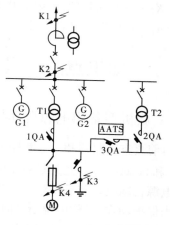

图 3-5　参数整定示意图

由于 AATS 的低电压继电器用于反映电压消失，不是反映电压降低，故其动作值可尽量选小一些，一般取 20%～25% 额定电压即可。

二、时间继电器 1KT（2KT）动作时限整定

图 3-5 中的 K2、K3 或 K4 点短路，工作母线电压都很低，为避免 AATS 误动作，时间继电器的动作时限应比上述各短路点的出线保护动作时限最大者大一个时阶 Δt。即

$$t_{pj} = t_{dmax} + \Delta t \tag{3-3}$$

式中　t_{pj}——时间继电器的动作时间，一般取 1～1.5 s；

　　　t_{dmax}——工作母线上各元件继电保护动作时限的最大者；

　　　Δt——时限级差，取 0.5～0.7 s。

三、中间继电器 KM 延时返回时间整定

AATS 只使 QF 合闸一次，因此中间继电器 KM 延时返回的时间应大于自动开关 1QA 合闸所需时间，又应小于两倍合闸时间，以免两次合闸。即

$$t_{hz} < t_{rm} < 2t_{hz} \quad 或 \quad t_{rm} = t_{hz} + \Delta t \tag{3-4}$$

式中　t_{hz}——3QA 自动空气开关全部合闸时间；

t_{rm}——中间继电器 KM 触点延时返回时间；

Δt——时间裕度，取 $0.2 \sim 0.3$ s。

四、过电压继电器 2 kV、4 kV 动作电压整定

过电压继电器 2 kV、4 kV 按厂用电母线允许最低运行电压整定，即

$$U_{pj} = \frac{U_{gmin}}{n_T K_{rel} K_r} \tag{3-5}$$

式中　U_{pj}——继电器的启动电压；

U_{gmin}——备用母线最低运行电压；

K_{rel}——可靠系数，取 $1.1 \sim 1.2$；

K_r——返回系数，一般取 $0.85 \sim 0.9$；

n_T——电压互感器变比。

知识点四　微机型备用电源自动投入装置

一、微机型备用电源自动投入装置的特点

目前真空断路器和 SF_6 断路器被广泛采用，这些快速断路器的固有分、合闸时间在 60 ms 和 80 ms 以内，尤其是对于大型机组，厂用备用电源应快速自动投入，而采用微机型备用电源自动投入装置可满足要求。

当保护动作、工作电源断开时，微机型备用电源自动投入装置可使厂用电源中断时间短、母线电压下降小，对备用电源及电动机的冲击小，电动机自启动时间很短，对保证大机组的安全、可靠运行能起到良好的作用。

二、备用电源自动投入装置的典型硬件结构

备用电源自动投入装置的硬件结构如图 3-6 所示。

装置的输入模拟量包括母线 Ⅰ、Ⅱ 的三相电压幅值、频率和相位，母线 Ⅰ、Ⅱ 的进线电流。模拟量通过隔离变换后经滤波整形，进入模数（A/D）转换器，再送入 CPU 模块。

输入的开关量包括 QF 的分、合闸位置，而输出的开关量分别用于 QF 跳闸与自动投入等，开关量输入和输出部分采用光电隔离技术，以免外部干扰引起装置工作异常。

三、微机型备用电源自动投入装置软件原理

微机型备用电源自动投入装置软件逻辑框图如图 3-7 所示。下面以图 3-2 所示暗备用方式进行分析。正常时母线 Ⅰ、Ⅱ 分列运行，3QA 断开。

（一）装置的启动方式

方式一：由图 3-7(a) 分析可知，当 1QA 在跳闸状态，并满足母线 Ⅰ 无进线电流，母线 Ⅱ 有电压的条件，Y4 动作，H2 动作，在满足 Y3 另一输入条件时合 3QA，1QA 处于跳闸位置，而其控制开关仍处于合闸位置，即当二者不对应就启动备用电源自动投入装置，这种

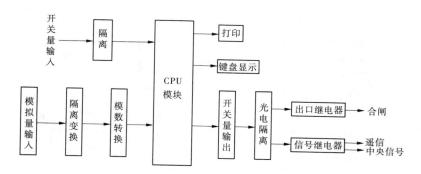

图 3-6　备用电源自动投入装置的硬件结构

方式为装置的主要启动方式。

方式二:当电力系统侧各种故障导致工作母线Ⅰ失去电压(如系统侧故障,保护动作使 1QF 跳闸),此时分析图 3-7(b)可知,在满足母线Ⅰ进线无电流,备用母线Ⅱ有电压的条件下,Y6 动作,经过延时,跳开 1QA,再由方式一启动备用电源自动投入装置,使 3QA合闸。这种方式可看作是对方式一的辅助。

以上两种方式保证无论任何原因导致工作母线Ⅰ失去电压均能启动备用电源自动投入装置,并且保证 1QA 跳闸后 3QA 才合闸的顺序,并且从图 3-7 的逻辑框图中可知,工作母线Ⅰ与备用母线Ⅱ同时失去电压时,装置不会动作;备用母线Ⅱ无电压,装置同样不会动作。

(二)装置的闭锁

微机型备用电源自动投入装置的逻辑回路中设计了类似于电容的"充放电"过程,在图 3-7(a)中以时间元件 t_1 表示"充放电"过程,只有在充电完成后,装置才进入工作状态,Y3 才有可能动作。其"充放电"过程分析如下:

"充电"过程:从图 3-7(a)中看到,当满足 1QA、2QA 在合闸状态,3QA 在跳闸状态,工作母线Ⅰ有电压,备用母线Ⅱ也有电压,并且无装置的"放电"信号时,则 Y1 动作,使 t_1"充电",经过 $10 \sim 15\ s$ 的充电过程,为 Y3 的动作做好了准备,一旦 Y3 的另一输入信号满足条件,装置即动作,合上 3QA。

"放电"过程:当满足 3QA 在合闸状态或者工作母线Ⅰ及备用母线Ⅱ无电压时,则 t_1瞬时"放电",Y3 不能动作,即闭锁装置。

(三)合闸于故障母线上

当备用电源自动投入装置动作,3QA 合闸后,t_1 瞬时"放电",若合闸于故障母线上,则 3QA 的继电保护加速动作使 3QA 立即跳闸,此时母线Ⅰ无电压,t_1 不能"充电",装置不能动作,保证了装置只动作一次。

微机型备用电源自动投入装置能完全满足对备用电源自动投入装置的基本要求。

电气二次回路安装检修与设计

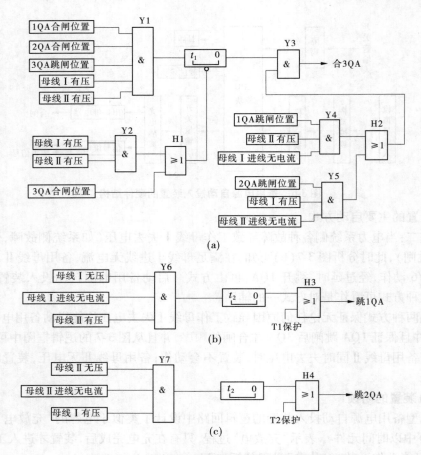

图 3-7　备用电源自动投入装置软件逻辑框图

【核心能力训练】

一、设计能力训练

根据《继电保护和安全自动装置技术规程》（GB/T 14285—2006），自动投入装置应符合下列要求：应保证在工作电源或设备断开后才投入备用电源或设备。工作电源或设备上的电压不论因任何原因消失时自动投入装置均应动作。自动投入装置应保证只动作一次。有两个备用电源的情况下，当两个备用电源为两个彼此独立的备用系统时，应各装设独立的自动投入装置。当任一备用电源都能作为全厂各工作电源的备用时，自动投入装置应使任一备用电源都能对全厂各工作电源实行自动投入。自动投入装置在条件可能时可采用带有检定同期的快速切换方式，也可采用带有母线残压闭锁的慢速切换方式及长延时切换方式。应校验备用电源和备用设备自动投入时过负荷的情况，以及电动机自启动的情况，如过负荷超过允许限度或不能保证自启动时，应有自动投入装置动作时自动减负荷。当自动投入装置动作时，如备用电源或设备投入故障，应使其保护加速动作。

设计任务 1：确定备用电源自动投入装置的方案，并完成展开图绘制。

设计任务2：根据模拟电站常规的备用电源自动投入装置，完成微机型备用电源自动投入装置的逻辑电路图的设计。

二、安装检修能力训练

备用电源自动投入装置的接线原则如下所述：

（1）当采用慢速自动切换时，应保证工作电源断开后，才可投入备用电源。对于200 MW及以上容量的发电机的厂用备用电源可采用同步检定的快速自动投入方式（串联切换或并联切换方式），当快切不成功时应能自动转为慢速切换（检定残压）。

（2）任何原因引起运行的工作电源消失时，备用电源自动投入装置均应尽快动作。工作电源供电侧断路器跳闸时，应联动其负荷侧断路器跳闸。装设专门的低电压保护，当厂用工作母线电压降低至0.25倍额定电压以下，而备用电源电压在0.7倍额定电压以上时，应自动断开工作电源负荷侧断路器；200 MW及以上容量的发电机的厂用备用电源快速自动投入接线，应具有相位差及电压差的同步检定装置。装置的整定原则是应使备用电压尽快自动投入，又不对电动机产生有害冲击。

（3）应设有投入或切除备用电源自动投入的选择开关。

（4）备用电源自动投入装置应能保证只动作一次。

（5）当在厂用母线速动保护动作或工作分支断路器限时速断或过电流保护动作，工作电源断路器由手动跳闸（或由DCS跳闸）时，应闭锁备用电源自动投入装置。

检修任务1：AATS在运行中信号灯HL不亮，试分析其原因，如有故障请排查。

检修任务2：备用电源自动投入装置拒动，请分析原因，给出排查方案。

【知识梳理】

（1）备用电源自动投入装置是指当失去工作电源后，能迅速自动地将备用电源投入或将用电设备自动切换到备用电源上去的装置。

（2）备用电源自动投入装置由低压启动和自动合闸两部分组成。

（3）为了保证备用电源自动投入装置的可靠动作，确定了装置中各元件动作参数的整定。

（4）了解了微机型备用电源自动投入装置的特点、硬件构成和软件原理。

（5）了解了AATS的灯光信号的含义及其与继电保护后加速保护的配合。

【应知技能题训练】

一、判断题

1. AATS装置结构过于简单，因此在变配电所中得不到广泛应用。　　　　　（　　）

2. 发电厂厂用电源或者变电所所用电源需要设置备用电源。　　　　　（　　）

3. 为了防止备用电源投到故障设备上，应该要求AATS装置动作的时候先投入备用电源再断开工作电源。　　　　　（　　）

4. 工作母线正常失压，AATS装置应该动作。　　　　　（　　）

5. AATS装置应该保证只动作一次。　　　　　（　　）

6. 为了减少冲击电流的影响,可以采取在母线残压降到较低数值时再投入备用电源。

（　　）

7. 电压互感器二次侧熔断器熔断时,工作电源不能照常供电,AATS 装置应该动作。

（　　）

8. 备用电源无电压时,AATS 动作后不能为用户供电,为了避免损坏 AATS 装置,此时不应该动作。

（　　）

二、单选题

1. 在下列哪种场合,AATS 装置才会动作? （　　）

　　A. 工作电源和备用电源均消失

　　B. 工作电源和备用电源均正常

　　C. 工作电源消失,备用电源正常

　　D. 工作电源正常,备用电源消失

2. AATS 装置的主要作用是（　　）。

　　A. 提高供电可靠性

　　B. 提高供电选择性

　　C. 改善电能质量

3. 为保证在工作电源确已断开后 AATS 装置才动作,采取的重要措施是备用电源的断路器合闸部分由供电元件（　　）启动。

　　A. 受电侧断路器的辅助动合触点

　　B. 送电侧断路器的辅助动断触点

　　C. 受电侧断路器的辅助动断触点

4. 下面说法正确的是（　　）。

　　A. AATS 装置的动作时间应使负荷的停电时间尽可能短

　　B. 中断供电的时间过短,残压可能越低,因此 AATS 装置的动作时间应该越短越好

　　C. 为了保证供电的可靠性,备用电源无电压时,AATS 装置也应该能动作

5. AATS 装置的明备用接线方式是指正常情况下（　　）。

　　A. 断开工作电源　　　　　　　　　B. 断开备用电源

　　C. 工作电源和备用电源均断开　　　D. 工作电源和备用电源均合上

6. AATS 的主要用途是（　　）。

　　A. 切除故障　　　　　　　　　　　B. 非永久性故障线路的重合

　　C. 备用电源的自动投入　　　　　　D. 同步发电机自动并列操作

三、多选题

1. 当工作电源消失时,采用自动装置投入备用电源的有利影响是（　　）。

　　A. 中断供电时间短　　　　　　　　B. 大大提高了供电可靠性

　　C. 对生产无明显影响　　　　　　　D. 虽然投资大但结构简单、效益高

2. 当工作电源因故障消失时,能够迅速自动地将备用电源投入,使用户不致停电的一种自动装置叫（　　）。

　　A. 备自投装置　　　　　　　　　　B. AATS

C. BZT   D. AAR

 3. 下列说法错误的是(　　)。

  A. AATS 装置应保证备用电源先切,工作电源后投

  B. 只要工作母线失去电压,AATS 就应该动作

  C. AATS 装置应只能动作一次

  D. 备用电源无电压时,AATS 装置不应该动作

 4. 下列说法属于工作母线不正常失压的是(　　)。

  A. 系统故障,高压工作母线电压消失

  B. 工作电源断路器操作回路故障误跳闸

  C. Ⅰ段母线或Ⅱ段母线的出线上故障,而故障未被切除

  D. 电压互感器二次侧熔断器熔断

 5. 当工作电源消失时,采用手动操作投入备用电源的不利影响是(　　)。

  A. 手动操作动作较慢   B. 中断供电时间较长

  C. 不能保证供电的可靠性   D. 对正常生产无影响

【应会技能题训练】

 1. AATS 装置的作用是什么?

 2. AATS 装置应该满足的基本要求是什么?

 3. AATS 装置的动作时间是如何规定的? 一般取多少?

 4. 选择 AATS 装置的低电压、过电压继电器的动作电压、时间继电器的动作时限时要考虑哪些因素?

 5. AATS 装置中的继电器 KM 的延时返回时间应如何确定?

 6. 微机型备用电源自动投入装置有什么特点?

项目四　输电线路自动重合闸装置的安装检修与设计

知识目标

　　了解输电线路自动重合闸装置的功能,学会电气式三相一次自动重合闸装置的运行状态的分析方法及参数整定计算;了解双侧电源线路三相自动重合闸应考虑的特殊问题,学会解决无电压检定和同步检定的三相自动重合闸的特殊问题;了解同步检定继电器的工作原理;熟悉自动重合闸装置与继电保护的配合过程;了解综合重合闸的工作方式、综合重合闸的构成原则;初步具有输电线路自动重合闸装置运行检修与设计的能力和分析问题的能力。

情景导思

　　电力系统运行经验证明,由于线路暴露于旷野之中,经常遭受风、霜、雨、雪和雷电的袭击,运行环境条件很差,最容易发生事故。根据统计资料分析表明,输电线路的事故占整个电网事故的80%以上,而且大多数事故是暂时性的。例如:①雷击、大气过电压引起的绝缘子表面闪络;②大风引起的短时碰线;③鸟类、风筝、树枝等引起的放电、短路等。继电保护动作将断路器跳开后,造成输电线路频繁跳闸停电,降低了供电可靠性,特别是在输电线路较长,雷击频繁地区或绝缘薄弱的山区线路尤为突出。在这些情况下,当故障线路被迅速断开后,故障点电弧即自行熄灭,周围介质的绝缘强度重新恢复,这时如果把断开的线路再重新投入,就能够恢复正常供电,从而可以提高供电的可靠性。当然,还有少量的故障是永久性故障,例如倒杆塔、断线、绝缘子击穿或损坏等。发生这些故障时,线路断路器在继电保护作用下自动跳闸后,故障点绝缘强度不能立即恢复,这时即使再合上断路器,也要再次由继电保护动作后使断路器跳闸。解决该问题的装置是输电线路自动重合闸装置(简称ARE),但是ARE不能判断已发生的故障是暂时性的还是永久性的,因此重合闸以后可能成功(断路器不再断开,恢复正常供电),也可能不成功。重合闸成功次数与ARE总动作次数之比用来表示重合闸的成功率。根据运行资料统计,自动重合闸的成功率可达70% ~ 90%。

【教材知识点解析】

知识点一　ARE 的功能

（1）对瞬时性的故障可迅速恢复正常运行，提高了供电可靠性，减少了停电损失。

（2）对由于继电保护误动、工作人员误碰断路器的操作机构、断路器操作机构失灵等原因导致的断路器的误跳闸，可用自动重合闸补救。

（3）提高了系统并列运行的稳定性。重合闸成功以后系统恢复成原先的网络结构，加大了功角特性中的减速面积，有利于系统恢复稳定运行。也可以说，在保证稳定运行的前提下，采用了重合闸后允许提高输电线路的输送容量。

在采用重合闸以后，当重合于永久性故障上时，也将带来一些不利的影响，如使电力系统再一次受到故障的冲击，使断路器的工作条件变得更加恶劣，这是因为它要在很短的时间内，连续切断两次短路电流。但是由于输电线路上瞬时性故障的概率很大，所以在中、高压的架空输电线路上，除某些特殊情况外，普遍都使用自动重合闸装置。

知识点二　ARE 的分类和基本要求

一、ARE 的分类

（1）按其结构原理分有电磁型 ARE、晶体管型 ARE、集成电路型 ARE 等。电磁式 ARE 按使用场合不同又可分为单端电源辐射型供电线路的 ARE 和双端电源供电线路（联络线）的 ARE。电磁式自动重合闸一般由电磁型继电器与阻容元件构成。

（2）按重合方式不同又可分为三相一次重合、三相二次重合、多次重合和综合重合等。目前，小水电系统中普遍装设的是三相一次重合。

二、ARE 的基本要求

（1）正常运行时，当断路器由继电保护动作或其他原因而跳闸后，自动重合闸应动作，使断路器重新合闸，自动重合闸动作以后，一般应能自动复归，准备好下一次动作。

（2）运行人员手动操作或通过遥控装置将断路器断开时，自动重合闸不应启动。不能将断路器重新合上。

（3）当手动投入断路器或自动投入断路器时，若线路上有故障，继电保护将其断开时自动重合闸不应启动，不发出重合闸脉冲。

（4）继电保护动作切除故障后，在满足故障点绝缘恢复及断路器消弧室和传动机构准备好再次动作所必需时间的条件下，自动重合闸装置应尽快发出重合闸脉冲，以缩短停电时间，减少因停电而造成的损失。在断路器跳开之后，自动重合闸一般延时 $0.5 \sim 1$ s 后发出重合闸脉冲。

（5）自动重合闸装置动作次数应符合预先的规定。如一次式重合闸就应该只动作一次,当重合于永久性故障而再次跳闸以后,就不应该再动作;对二次式重合闸就应该能够动作两次,当第二次重合于永久性故障而跳闸以后,它不应该再动作。重合闸装置损坏时,不应将断路器多次重合于永久性故障线路上,以避免系统多次遭受故障电流的冲击,使断路器损坏,扩大事故。

(6)自动重合闸装置应有在重合闸以前或重合闸以后加速继电保护的动作,以便更好地和继电保护相配合,加速故障的切除。

(7)在双侧电源的线路实现重合闸时,重合闸应满足同期合闸条件。

(8)当断路器处于不正常状态(例如操动机构中使用的气压液压降低等)而不允许实现重合闸时,应将自动重合闸装置闭锁。

三、自动重合闸的启动方式

自动重合闸的启动方式有下述两种。

(一)位置不对应启动方式

断路器现处于断开状态,但同时控制开关在合闸后状态,说明原先断路器是处于合闸状态的。这两个位置不对应,启动重合闸的方式称作位置不对应启动方式。用不对应方式启动重合闸后既可在线路上发生短路,保护将断路器跳开后启动重合闸,也可以在断路器"偷跳"以后启动重合闸。所谓断路器"偷跳",是指系统中没有发生过短路,也不是手动跳闸,而是由于某种原因,例如工作人员不小心误碰了断路器的操动机构、保护装置的出口继电器接点由于撞击震动而闭合、断路器的操作机构失灵等原因造成的断路器的跳闸。发生这种"偷跳"时,保护没有发出跳闸命令,如果不加不对应启动方式就无法用重合闸来进行补救。

(二)保护启动方式

保护动作发出过跳闸命令后才需要重合闸发合闸命令,因此重合闸可由保护来启动。当保护装置发出单相跳闸命令且检查到该相线路无电流,或保护装置发出三相跳闸命令且三相线路均无电流时,启动重合闸。

四、自动重合闸的配置原则

对于 1 kV 及以上架空线路及电缆与架空混合线路,在具有断路器的条件下,当用电设备允许且无备用电源自动投入装置时,应装设自动重合闸装置。旁路断路器和兼作旁路的母联断路器或分段断路器,应装设自动重合闸装置。低压侧不带电源的降压变压器,可装设自动重合闸装置。必要时,母线故障也可采用自动重合闸装置。

知识点三 单侧电源线路三相一次自动重合闸装置的运行检修设计

单侧电源线路是指单电源供电的辐射状线路、平行线路和环状线路。三相一次自动重合闸是在输电线路上发生任何故障,继电保护装置将三相断路器断开时,ARE 启动,经一定的延时,发出重合闸脉冲,将三相断路器一起合上。若为瞬时性故障,则重合成功,线路继续运行;若为永久性故障,则继电保护再次动作将三相断路器断开,不再重合。

电力系统中,三相一次自动重合闸方式应用十分广泛。不管是电磁型、晶体管型,还是集成电路型的三相一次自动重合闸装置一般主要由启动元件、延时元件、一次合闸脉冲元件和执行元件四部分组成。启动元件的作用是,当断路器跳闸之后使重合闸的延时元件启动。延时元件是为了保证断路器跳闸之后,在故障点有足够的去游离时间和断路器及传动机构恢复至准备再次动作的时间。一次合闸脉冲元件用来保证重合闸装置只能重合一次。执行元件则是将重合闸动作信号送至合闸电路和信号回路,使断路器重新合闸,并发信号让值班人员知道自动重合闸已动作。

三相一次自动重合闸的原理框图如图4-1所示。

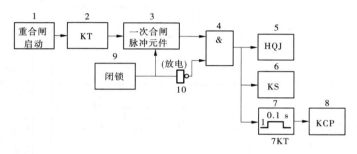

图4-1　三相一次自动重合闸原理框图

1——重合闸装置的启动元件,一般采用控制开关和断路器位置不对应(断路器的控制开关在手动合闸后位置,而断路器却因保护动作在跳闸后位置)启动或保护启动等。

2——重合闸的延时元件,启动元件1启动后,经延时时间 t,再触发一次合闸脉冲元件。

3——一次合闸脉冲元件,其动作后,送出一个自动重合闸脉冲,并经 $15 \sim 25$ s后能自动复归,准备再次动作。

4——与门,当有合闸脉冲而非门10无输出时有输出,称为自动重合闸动作。

5——自动重合闸执行元件,执行重合闸动作命令,使断路器合闸一次。

6——自动重合闸信号元件,在重合闸动作使重合闸执行元件动作的同时送出信号,提示值班人员,自动重合闸已动作。

7——短时记忆元件(7KT记忆时间0.1 s)。

8——加速元件KCP,重合闸动作后,若线路故障仍存在,能加速继电保护动作,使断路器无延时跳闸。

9——重合闸闭锁回路,它送出不允许重合闸动作的信号,并使一次合闸脉冲元件输入短路,且无输出。如当手动跳闸时送出闭锁信号,不允许自动重合闸动作,实现自动重合闸闭锁功能。

一、电磁型三相一次自动重合闸的接线及运行状态分析

图4-2所示为电磁型三相一次自动重合闸装置的原理接线。装置主要元件为DH – ZA型重合继电器,该继电器由时间继电器KT,中间继电器KM,充电电阻R4,放电电

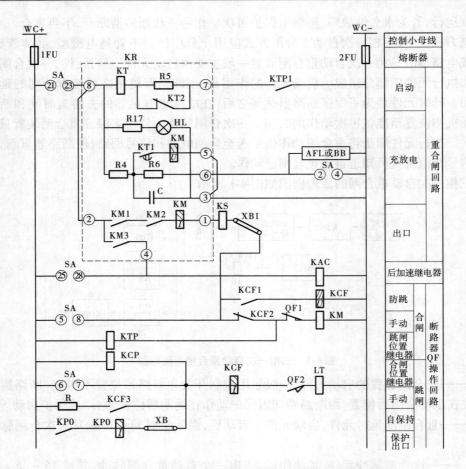

图 4-2 电磁型三相一次自动重合闸及操作、保护电路图

阻 R6,降压电阻 R5、R17,电容器 C 及信号指示灯 HL 等元件组合而成。中间继电器 KM 有两个线圈,即电压线圈(启动线圈)及电流线圈(自保持线圈)。控制开关 SA 为具有 6 个位置、7 个触头盒的万能转换开关。控制开关触点通断情况见表 4-1。

表 4-1　SA 触点通断情况

操作状态		手动合闸	合闸后	手动跳闸	跳闸后
SA 触点号	2 – 4	—	—	—	×
	5 – 8	×	—	—	—
	6 – 7	—	—	×	—
	21 – 23	×	×	—	—
	25 – 28	×	—	—	—

注:"—"代表不导通;"×"代表导通。

(一)正常运行时

SA 处于"合闸后"位置,触头 21 – 23 接通,断路器 QF 处于合闸状态,辅助触头 QF1

打开,QF2 闭合。ARE 中的 C 经充电电阻 R4 被充电(回路为 WC + →1FU→SA21 - 23→R4→C→2FU→WC -)。电容 C 充足电需要 15 ~ 20 s。同时,信号指示灯 HL 经 R17 而发光。信号灯亮表示 ARE 处于准备动作状态。

(二)当线路发生暂时性故障时

当输电线路发生暂时性故障时,继电保护动作,使断路器 QF 跳闸,这时断路器处于"跳闸后"位置,而 SA 处于"合闸后"位置,两者"不对应"。启动 KT,其 KT2 触点打开,使 R5 串联接入 KT 线圈回路,减小流过 KT 线圈的电流,使其不致因发热严重而损坏,KT1 经整定时间(0.5 ~ 1 s)后闭合,电容 C 中储能向 KM 电压线圈放电,KM 启动,操作电源经闭合的 KM3、KM1、KM2 触点及 KM 电流自保持线圈,信号继电器 KS、切换片 XB1、KCF2 动断触点、QF1 向合闸接触器 KM 发出合闸脉冲,断路器 QF 重新合闸。

断路器合上后,QF1 打开,KT 及 KM 均返回,电容 C 又重新充电,经 15 ~ 20 s 充好电,准备好下次再动作。

(三)当线路发生永久性(或持续性)故障时

当线路发生永久性故障时,在断路器跳闸又重合后,保护再次动作,又将断路器跳闸,KT 再次动作,KT1 触点延时闭合,电容 C 中储能对 KM 电压线圈放电,但由于电容 C 充电时间不够,其两端电压不高,不足以使 KM 启动,故断路器不会重合,这就保证了 ARE 只动作一次。

(四)值班人员操作 SA 进行手动跳闸时

当值班人员操作 SA 进行手动跳闸时,由于这时控制开关位置与断路器位置是"对应"的,SA 的 21 - 23 触头打开,断开了 ARE 的启动回路,故断路器不会重合。同时 SA 的 2 - 4 触头闭合,电容 C 的储能经放电电阻 R6 放电,这就更进一步确保 ARE 失去重合闸条件。

二、重合闸动作时间的整定

重合闸动作时间原则上越短越好,但必须考虑以下两方面的原因:

(1)断路器跳闸后,故障点的电弧熄灭以及周围介质绝缘强度的恢复需要一定的时间,必须在这个时间以后进行重合才有可能成功。

(2)重合闸动作时,继电保护一定要返回,同时断路器操作机构恢复原状,准备好再次动作也需要一定的时间,重合闸必须在这个时间以后才能向断路器发出合闸脉冲。因此,对于单电源辐射状单回线路,重合闸动作时间整定为

$$t_{op} = t_t + t_{re} + t_{rel} - t_n \tag{4-1}$$

式中　t_t——断路器固有跳闸时间,用不对应启动时,$t_t = 0$;

　　　t_n——断路器合闸时间;

　　　t_{re}——消弧及去游离时间;

　　　t_{rel}——裕度时间,0.1 ~ 0.15 s,如断路器操作机构复原并准备好再动作的时间;

　　　t_{op}——重合闸动作时间,约为 1 s。

知识点四　重合闸与继电保护的配合

ARE 与继电保护配合工作可以使带时限的继电保护动作加快而且又不会造成非选择性动作。因此,这种配合工作已得到广泛应用。

一、ARE 的前加速保护

ARE 前加速是指当线路上发生故障时,靠近电源侧的保护首先无选择性地瞬时动作跳闸,而后借助于自动重合闸来纠正这种无选择性动作。

特点:各链式线路只在电源端装设一套公共的 ARE 装置,无论任何线段故障,均由断路器 QF 装设的第Ⅱ段保护(由 ARE 前加速变为瞬时保护)实行无选择性跳闸,接着 ARE 动作进行三相一次重合闸。如线路故障是暂时性的,则重合成功,分不清是哪一回线路发生过故障;如故障是持续性的,则 ARE 后所有保护均恢复原有整定时限,实现有选择性的切除故障。其优点是切除故障速度快,重合闸成功率高,且只需在靠近电源的线路上装一套重合闸装置,而不必每段线路都装重合闸,设备少,节省投资。缺点是如果故障发生在下面几段线路上,而 ARE 又发生拒动时,将扩大停电面积。

ARE 前加速原理接线如图 4-3 所示。

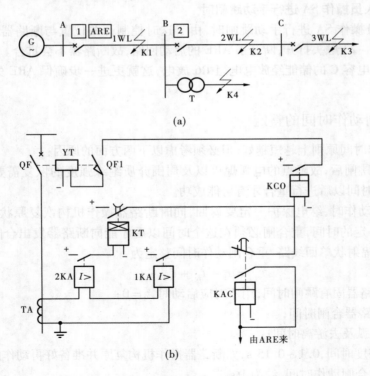

(a)

(b)

图 4-3　ARE 前加速原理接线

KAC 为加速继电器,其上面一副触点为延时闭合的动断触点,下面一副触点为延时打开的动合触点。当 KAC 线圈励磁后,上面一副触点立即打开,下面一副触点闭合。当网络中发生短路时,1KA、2KA 动作后触点闭合(由于重合闸还未启动,上面一副触点为闭合状态),通过 KAC 上面一副触点立即启动 KCO 去跳闸,然后重合闸启动,KAC 线圈励磁。若为暂时性故障,1KA、2KA 返回,重合闸自动复归,KAC 断电返回。若为永久性故障,KAC 通过下接点自保持,使上面一副触点保持在断开状态,使过电流保护有选择性地动作。ARE 的前加速保护适用于 35 kV 以下的配电线路。

二、ARE 的后加速保护

特点:各回线路分别装设 ARE,在线路故障时,只跳本侧开关,接着进行三相一次重合闸。如果线路故障为持续性的,则 ARE 后的有时限保护动作时间变为瞬时性动作,加速断路器跳闸,以减轻故障后果。其优点正好与前加速相反。它需要每段线路都装一套 ARE,切除故障速度慢,重合闸成功率较低。但若发生 ARE 拒动,不至于扩大停电范围。

ARE 后加速原理接线如图 4-4 所示。

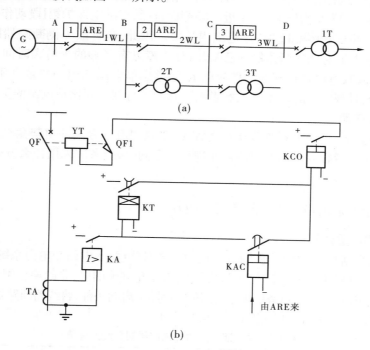

图 4-4　ARE 后加速原理接线

它是利用加速继电器 KAC 瞬时闭合延时断开的接点,将时限保护时间继电器延时闭合接点短接实现 ARE 后加速的。在装设两段式电流保护的线路,ARE 后加速只用于保护第Ⅱ段。因为第Ⅰ段为瞬时性保护,根本不存在加速动作问题;在装设三段式保护的线路,ARE 后加速也是加速第Ⅱ段。如果加速第Ⅲ段,则必须考虑第Ⅲ段过流元件的整定值是否能可靠地躲过电动机的自启动电流、线路的电容涌流和变压器的励磁涌流,否则,即使故障已消除,第Ⅲ段保护仍可能误动使线路再次跳闸。

当网络中发生短路时,KA 动作后触点闭合,使断路器有选择性地跳闸,然后重合闸启动,KAC 线圈励磁,触点瞬时闭合。若为暂时性故障,重合闸成功,KAC 断电返回。若为永久性故障,KA 再次动作,通过其动合触点再次闭合,通过 KAC 已闭合的动合触点加速跳闸。一般用于 35 kV 及其以上线路。

知识点五 双侧电源线路三相自动重合闸安装检修设计

一、双侧电源线路三相自动重合闸安装注意问题

双侧电源线路是指线路两侧均有电源的联络线。装设双侧电源线路三相自动重合闸时,应考虑以下两个问题。

(一)时间的配合

在输电线路上发生故障时,线路两侧的继电保护可能以不同的时限断开两侧断路器,例如,在靠近线路一侧发生短路时,对于近故障侧而言,属于继电保护第Ⅰ段动作范围内故障,而对于另一侧,属于保护第Ⅱ段动作范围内故障。因此,当近故障侧断路器断开后,在进行重合前,必须保证对侧的断路器确已断开,且故障点有足够的去游离时间,才能将断路器首先合上。故双电源重合闸的动作时间 t_{op} 除考虑单电源三相一次重合闸的各时间因素外,还应考虑对侧保护的动作时间的影响。它的重合闸时间比单电源的重合闸时间长。

(二)同步问题

在某些情况下,当线路断路器断开之后,线路两侧电源之间的电势角会摆开,有可能失去同步。这时,后合闸一侧的断路器在进行重合闸时,应考虑采用什么方式进行自动重合闸的问题。

二、双侧电源线路 ARE 的类型及应用

(一)非同期重合闸

非同期重合闸是指双侧电源线路(如电力系统联络线,水电站与电力系统连接线路等)在事故跳闸后,只要两个解列系统的频率差、电压在允许范围内,非同期合闸所产生的冲击电流不超过规定值,即可不检查同期条件,按"不对位"启动条件,将线路断路器重合。

非同期合闸冲击电流周期分量允许值见表 4-2。

表 4-2 非同期合闸冲击电流周期分量允许值

电源	$I_* X_{d*}''$	备注
汽轮发电机	≤0.65	
有阻尼绕组的水轮发电机	≤0.6	
无阻尼绕组的水轮发电机	≤0.6	
同步调相机	≤0.84	
电力变压器	≤1	X_{d*}'' 应改为 X_{B*}

注:I_*—冲击电流周期分量标幺值;X_{d*}''—发电机的次暂态电抗额定超幺值;X_{B*}—变压器的电抗额定标幺值。

允许冲击电流是以机组允许机械强度作为判断依据的。

（二）快速重合闸

如果线路全线继电保护为速动保护,且断路器使用快速断路器,能在 0.6～0.7 s 内完成跳闸—重合闸循环,两侧电势的相角可能尚未拉开到危及电力系统稳定的程度,也可采用不检查同期条件的快速重合闸。

一般 110 kV 以下线路保护不是全线快速保护,断路器一般也不是快速型,故不能采用快速重合闸。

（三）自同期重合闸

在水电站以单回线路与电力系统连接,且机组采用自同期并列方式时,则在线路故障跳闸后,电力系统侧先检查无电压重合,然后水电站侧实行自同期重合,即在未给上励磁的发电机转速达到80%时将断路器重合,联动给上励磁,将发电机拉入同步。

三、检定无电压和检定同步重合闸

检定无电压重合闸和检定同步重合闸:在故障线路跳闸后,其一侧断路器可在检定线路无电压情况下先重合,另一侧断路器则检定频率差在允许范围时重合。这种重合方式不会产生危及设备安全的冲击电流,也不会引起系统振荡,重合后能很快进入同步运行状态。

（一）典型接线及运行状态分析

1. 典型接线

检定无电压和检定同步 ARE 原理示意图如图 4-5 所示。

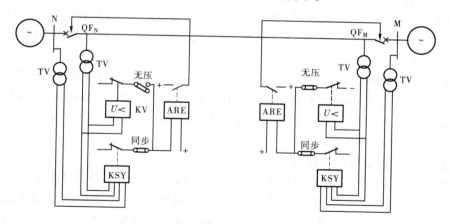

图 4-5　无压检定和同步检定的重合闸示意图

2. 运行状态分析

无压检定和同步检定的三相自动重合闸工作方式:在线路两侧均装设单侧电源 ARE,还装设 KV、KSY,并把 KV 和 KSY 触点串入重合闸时间元件启动的回路中,两侧 KSY 均投入。KV 仅无压侧投入,同步侧连接片断开。故障时,两侧 QF 跳开后,线路失压,无压侧 KV 检定线路无压动合触点合,启动 ARE,经预定时间,本侧 QF 重合。

（1）线路瞬时性故障:无压侧重合成功,线路有电压。同步侧 KSY 检查母线、线路两电压的压差、频差和相角差是否在允许范围内,当满足同期条件时,KSY 触点闭合,使同步侧 ARE 动作,经预定时间合上同步侧 QF,线路便恢复正常供电。

(2)线路永久性故障:无压侧后加速保护动作再次跳开该侧 QF 不再重合。同步侧 QF 已跳开,线路无电压,同步侧 KSY 动断触点打开,ARE 不动。

(二)两侧 ARE 的配合

检定无电压和检定同步重合闸的配合工作有以下几个问题:

(1)顺序的配合。

在无电压侧未重合以前,KSY 两个电压线圈仅有一个线圈接入电压,其动断触点打开,不会发生同步侧先重合、无压侧无法重合的问题。

(2)同步侧断路器不会误重合。

在无压侧断路器重合到持续性故障时,ARE 后加速使 N 侧断路器再次跳闸,在这重合过程中,M 侧的 KSY 可能检查到频率差符合同期条件而发生 KSY 动断触点返回,但因 N 侧从重合到再次跳闸时间很短,而 KSY 触点返回的时间小于 ARE 启动时间($t_{KSY} < t_{ARE}$),故 M 侧断路器不会误重合。

(3)重合闸方式的变换。

无压侧的 QF 在重合至永久性故障时,将连续两次切断短路电流,其工作条件显然比同步侧恶劣,为使两侧 QF 工作条件相同、检修机会均等,两侧重合闸方式适当轮换。利用无压连接片定期切换两侧工作方式。

(4)断路器误碰跳闸的补救。

在正常运行情况下,由于某种原因(保护误动作、误碰跳闸操作机构等)而使断路器误跳闸时,若是同步侧断路器误跳,可通过该侧同步继电器检定同期条件使断路器重合;若是无压侧断路器误跳,线路上有电压,无压侧不能检定无压而重合,也可通过投入同步继电器自动重合闸,恢复同步运行。

这样,无压侧不仅要投入检查无压继电器 KV,还应该投入检查同步继电器 KSY,无压连接片和同步连接片均接通,两者并联工作。而同步侧只投入检查同步继电器,检查无压继电器不能投入,否则会造成非同步合闸。因而两侧同步连接片均投入,但无压连接片一侧投入,另一侧必须断开。

(三)同步检定继电器工作原理

同步检定继电器常用的有电磁型和晶体管型两种。下面结合图 4-5 中同步侧 KSY 介绍 DT – B 电磁型同步检定继电器的工作原理,其结构如图 4-6(a)所示。继电器的两个电压线圈,分别从母线侧和线路侧的电压互感器上接入同名相的电压。两组线圈在铁芯中所产生的磁通方向是相反的,因此铁芯中的总磁通 $\dot{\Phi}_\Sigma = \dot{\Phi}_M - \dot{\Phi}_N$,反映了两个电压所产生的磁通之差,即反映两电压之差 $\Delta \dot{U}$。

若 $\dot{U}_M$ 与 $\dot{U}_N$ 频率不同而幅值相同,则从图 4-6(b)分析可得 ΔU 与 δ 的关系为

$$\Delta U = 2U \left| \sin \frac{\delta}{2} \right| \tag{4-2}$$

$$\delta = |\omega_N - \omega_M| \tag{4-3}$$

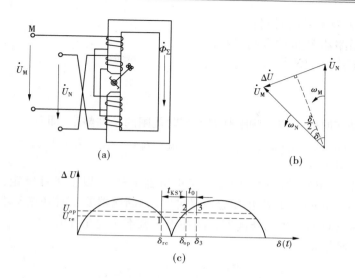

图 4-6　同步检定继电器原理图

从式（4-2）可知，$\dot{\Phi}_{\Sigma}$ 将随 δ 变化。当 $\delta = 0$ 时，$\Delta U = 0$，$\Phi_{\Sigma} = 0$，δ 增大，Φ_{Σ} 也增大，则作用于转动舌片上的电磁力矩增大。当 δ 大到一定值后，电磁力矩足以克服弹簧的作用力矩时，舌片转动，其动断触点断开，将 ARE 装置闭锁。

假定继电器动作电压、返回电压已经确定，由图 4-6（c）可见，1、2 两点之间为 KSY 动断触点的闭合期，闭合时间 $t_{KSY} = \dfrac{\delta_{oc} + \delta_{op}}{\omega_M - \omega_N}$，频率差越小，$t_{KSY}$ 越长，反之亦然。

当相角差、频率差为零或很小时的合闸为同步合闸，据此进一步分析 KSY 是如何检查同步，并使 ARE 合闸的。当频率差 $\omega_M - \omega_N$ 较大时，t_{KSY} 很短，$t_{KSY} < t_{ARE}$，重合闸不动作，当相角差 δ 较大时，ΔU 较大，KSY 动作，动断触点断开，闭锁重合闸，重合闸不动作。

当频率差较小，且 δ 较小，即满足频率差、相角差条件时，$t_{KSY} > t_{ARE}$。KSY 动断触点闭合，重合闸才能命令断路器重合。

知识点六　运行参数的整定

一、无压侧

（1）低电压继电器动作电压按其灵敏度不小于 2 来整定，一般为 50% U_N。

（2）重合闸动作时间按两侧断路器不同时跳闸的条件整定，即

$$t_{AR\cdot M} = t_{op\cdot N\cdot max} - t_{op\cdot M\cdot min} + t_{o\cdot N} - t_{o\cdot M} + t_{dis} - t_{c\cdot M} + t_{res} \qquad (4\text{-}4)$$

式中　$t_{op\cdot N\cdot max}$——线路 N 侧保护动作的最大时间；

　　　$t_{op\cdot M\cdot min}$——线路 M 侧保护动作的最小时间；

　　　$t_{o\cdot N}$——线路 N 侧断路器跳闸时间；

　　　$T_{o\cdot M}$——线路 M 侧断路器跳闸时间；

t_{dis}——消弧及去游离时间;

$t_{c \cdot M}$——断路器 M 侧的合闸时间;

t_{res}——时间裕度。

二、同步侧

(1)重合闸动作时间。按两侧断路器不同时跳闸的条件整定,即

$$t_{AR \cdot N} = t_{op \cdot M \cdot max} - t_{op \cdot N \cdot min} + t_{o \cdot M} - t_{o \cdot N} + t_{dis} - t_{c \cdot N} + t_{res} \tag{4-5}$$

式中,符号的意义同式(4-4)。

(2)同步检定继电器动作角。同步检定继电器 KSY 按以下条件整定:① $t_{KSY} \geqslant t_{ARE}$;②在临界点[见图 4-6(c)点 2]发出重合闸脉冲时,因断路器要延时到点 3 才合上,实际合闸相角为 δ_3,要求在这时发生的非同期合闸冲击电流不超过允许值。

按第一条件,经推得

$$\delta_{op} \geqslant \frac{(\omega_M - \omega_N) t_{ARE}}{1 + K_f}; \quad t_{op} = t_{ARE} \tag{4-6}$$

式中 K_f——继电器返回系数,一般取为 0.85。

按第二条件,经推得

$$\delta_{op} \leqslant \frac{2 \arcsin \left(\dfrac{I_{cj \cdot yu} Z_{\sum''}}{2 E_{d''}} \right)}{1 + (1 + K_f) \dfrac{t_{hz \cdot M}}{t_{op}}} \tag{4-7}$$

式中 $I_{cj \cdot yu}$——系统允许的冲击电流;

$Z_{\sum''}$——系统综合次暂态电势;

$t_{hz \cdot M}$——M 侧断路器合闸时间。

知识点七　水电站自同期重合闸装置的应用

水电站还可以采用自同期重合闸装置(简称 AARE)。当线路上发生故障(见图 4-7 中 f 点故障)时,系统侧的保护使线路断路器 4QF 跳闸,水电站侧的保护则动作于跳开发电机的断路器 1QF 和灭磁开关,而不是跳开 N 侧线路断路器 2QF。然后系统侧 ARE 检定线路无电压后先进行重合,成功以后,则水轮发电机以自同期方式与系统自动并列,因此成为自同期重合闸。如重合不成功(如永久性故障),而系统侧的保护再次动作于跳闸,水电站将被迫停机。

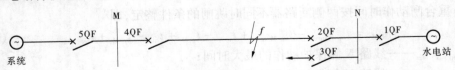

图 4-7　水电站自同期重合闸示意图

采用自同期重合闸时,必须考虑对水电站侧地区负荷供电的影响,因为在自同期重合

闸过程中,如果不采取其他措施,水电站将被迫全部停电。当水电站有两台以上机组时,为了保证对地区负荷的供电则应考虑使一部分机组与系统解列,继续向地区负荷供电,另一部分机组实行自同期重合闸。

知识点八　单相重合闸

根据运行经验,在 110 kV 以上的大接地电流系统的高压架空线上,有 70% 以上的短路故障是单相接地短路。特别是 220 ~ 500 kV 的架空线路,由于线间距离大,单相故障可高达 90% 。因此,如果线路上装有可分相操作的三个单相断路器,当发生单相接地故障时,只断开故障相断路器,而未发生故障的两相继续运行,这样可以提高供电的连续性和可靠性,以及系统并列运行的稳定性。

一、单相自动重合闸的特点

采用单相自动重合闸时,要求保护只跳单相,然后重合闸只自动重合单相。因此,与三相重合闸相比,有以下两个显著的差别:

(1)进行单相自动重合操作必须有选择故障相的选相元件,即存在判别故障和选相问题。

(2)单相跳闸后,应考虑非故障相对故障点去游离和灭弧的影响,即重合闸的动作时间相对的要比三相重合闸大。

二、选相元件

对选相元件的基本要求是:单相接地时,选相元件应可靠选出故障相;选相元件的灵敏度和速动性应比保护的好;选相元件一般不要求区分内外故障,不要求方向性。

根据发生单相、两相、两相接地短路的各种特点,选相元件可分为以下几种:

(1)相电流选相元件。根据故障相出现短路电流的特点可构成相电流选相元件,元件的动作电流应按躲过线路最大负荷电流和单相接地时的非故障相电流整定。该选相元件工作原理简单,但短路电流小时不能采用。一般作为阻抗选相元件、消除死区的辅助选相元件。

(2)相电压选相元件。根据故障相出现电压下降的特点可构成相电压选相元件,其动作电压应躲过正常运行和单相接地时非故障相可能出现的最低电压整定。通常也只作为辅助选相元件。

(3)阻抗选相元件。阻抗选相元件采用阻抗继电器,能正常反映单相接地短路的情况,所以可在每相装设一个这种接线方式的阻抗继电器作为选相元件。阻抗继电器的测量阻抗与短路点到保护安装处之间的正序阻抗成正比,能正确反映故障点的距离。因而,阻抗选相元件较以上两种选相元件更灵敏、更有选择性,在电力系统中得到广泛应用。

(4)相电流差突变量选相元件。相电流差突变量是指短路前后相电流差的突变量,若用符号 d 表示突变量,则 A、B 两相电流差突变量可表示为 $d\dot{i}_{AB} = d(\dot{i}_A - \dot{i}_B)$,这种选相元件是根据短路时电气量发生突变这一特点构成的。在我国电力系统中,最初用它作为非全相运行的振荡闭锁元件。近年来,微机型成套线路保护装置中均采用具有此类原理的选相元件。这种选相元件要求在线路的三相上各装设一个反映电流突变量的电流继电器,三个电流继电器所反映的增量电流分别为

$$\begin{cases} d\dot{I}_{BC} = d(\dot{I}_B - \dot{I}_C) \\ d\dot{I}_{CA} = d(\dot{I}_C - \dot{I}_A) \\ d\dot{I}_{AB} = d(\dot{I}_A - \dot{I}_B) \end{cases} \quad (4-8)$$

当发生单相接地短路时,只有两非故障相电流之差不突变,该选相元件不动作,而在其他短路故障下,三个选相元件都动作,其动作情况如表4-3所示。

表4-3 各种类型故障下相电流差突变量选相元件的动作情况

继电器	短路							备注
	$K^{(1)}$			$K^{(2)} K^{2.0}$			$K^{(3)}$	
	$K_A^{(1)}$	$K_B^{(1)}$	$K_C^{(1)}$	K_{AB}	K_{BC}	K_{CA}		
$d\dot{I}_{BC}$	−	+	+	+	+	+	+	"+"表示动作
$d\dot{I}_{CA}$	+	−	+	+	+	+	+	"−"表示不动作
$d\dot{I}_{AB}$	+	+	−	+	+	+	+	

因此,当三个选相元件都动作时,表明发生了多相故障,其动作后跳开三相断路器;两个选相元件都动作时,表明发生了单相接地短路。采用逻辑框图(见图4-8),即可选出故障相。

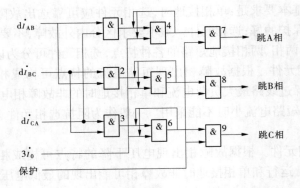

图4-8 选相元件逻辑框图

三、需考虑潜供电流的影响

当发生单相接地故障时,线路故障相自两侧断开后,断开相与非故障相之间还存在电和磁(通过相间电容与相间互感)的关系,故障相与大地之间仍有对地电容,如图4-9所示。这时虽然短路电流已被切断,但在故障点的弧光通道中,仍有以下电流:

(1)非故障相 A 通过相间电容 C_{AC} 供给的电流。

（2）非故障相 B 通过相间电容 C_{BC} 供给的电流。

（3）继续运行的两相中,由于流过负荷电流会在断开的 C 相中产生互感电动势 $\dot{E}_M$,此电动势通过故障点和该相对地电容 C_0 而产生电流。

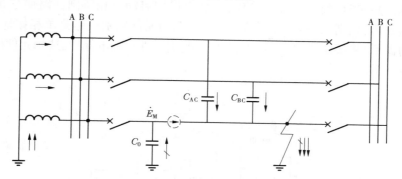

图 4-9　C 相单相接地的潜供电流影响图

上述这些电流的总和称为潜供电流。潜供电流使故障点弧光通道去游离受到严重阻碍,而自动重合闸只有在故障点电弧熄灭且绝缘强度恢复以后才有可能成功。因此,单相重合闸的动作时间需考虑潜供电流的影响。潜供电流的大小与线路的参数有关。一般来说,线路电压越高,负荷电流越大,则潜供电流越大,单相重合闸受到的影响也越大。为保证单相重合闸有良好的效果,正确选择单相重合闸的动作时间是很重要的。单相重合闸的动作时间,在国内外的许多电力系统中都是由实测试验确定的,一般都应比三相重合闸的时间长。

四、需考虑非全相运行对继电保护及其他方面的影响

当发生单相接地短路时只断开故障相,在单相重合闸过程中,系统出现了三相不对称的非全相运行状态,将产生负序和零序分量的电流和电压,这就可能引起线路保护以及系统中的其他保护误动作。对于可能误动作的保护,应在单相重合闸过程中予以闭锁,或整定保护的动作时间大于单相重合闸的动作时间。

根据系统运行的需要,在单相重合闸不成功后线路须转入长期非全相运行时,长期出现负序和零序分量将对电力系统中的设备、继电保护产生影响,对通信设备产生干扰,必须作相应的考虑,以消除这些影响所带来的不良后果。

知识点九　综合重合闸

在我国 220 kV 及以上的高压电力系统中,综合自动重合闸得到了广泛的应用。综合自动重合闸装置除必须装设选相元件外,还应该装设故障判别元件(简称判别元件),用它来判别故障是接地故障,还是相间故障。由于在单相接地故障时,某些高压线路保护(如相差高频保护)也会动作,如果综合自动重合闸装置中不装设判别元件,就会在发生单相接地故障时产生跳三相的后果。

一、故障判别

我国电力系统采用的判别元件,一般是由零序电流继电器和零序电压继电器构成的。线路发生相间短路时,判别元件不动作,由继电保护启动三相跳闸回路使三相断路器跳闸。接地短路时,判别元件会动作,继电保护在选相元件判别短路是单相接地短路,还是两相接地短路后,将决定跳单相还是跳三相。判别元件与继电保护、选相元件配合的逻辑电路如图 4-10 所示。

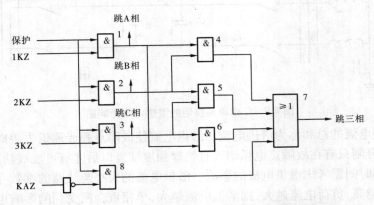

图 4-10 判别元件与继电保护、选相元件配合的逻辑电路

图中,1KZ、2KZ 和 3KZ 为三个反映 A、B、C 单相接地短路的阻抗选相元件,KAZ 为判别是否发生接地短路的零序电流元件(即判别元件)。当线路发生相间短路时,没有零序电流,判别元件 KAZ 不动作,继电保护通过与门 8 跳三相断路器。当线路发生接地短路时,故障线上有零序电流,判别元件 KAZ 动作,闭锁与门 8,不能直跳三相断路器。如果是单相接地短路,则仅一个选相元件动作,与门 1、2、3 中之一开放,跳单相;如果两个选相元件动作,则说明发生了两相接地短路,与门 4、5、6 中之一开放,保护将跳三相断路器。

二、综合重合闸构成的原则及要求

综合重合闸构成除满足一般三相自动重合闸的原则要求外,还需满足以下的原则要求:

(1)重合闸运行的方式。为使综合重合闸装置具有多种性能,并且使用灵活方便,装置通过人工切换应能实现综合自动重合闸、单相自动重合闸、三相自动重合闸和停用重合闸四种方式。

(2)重合闸的启动方式。综合重合闸采用断路器与控制开关位置的不对应启动方式,有利于纠正断路器误跳闸。但考虑到单相重合闸过程中对某些保护实现闭锁,以及对故障相实现分相固定,也采用保护启动方式。因此,在综合重合闸中同时采用这两种启动方式。

(3)应具有分相后加速回路。在非全相运行过程中,因一部分保护被闭锁,有的保护的性能变差,为能尽快切除永久性故障,避免断路器三相不同时暂态电流的影响,应设置分相后加速回路。

实现分相合闸后,最主要的是要正确判断线路是否恢复了全相运行。实践证明:采用分相固定的方式,只对故障相用整定值躲开空载线路电容电流的相电流元件,区别有无故障和是否恢复全相运行的方法是有效的。另外,分相加速应有适当的延时,以躲过由非全相运行转入全相运行时的暂态过程,并保证非全相运行中误动的保护来得及返回,也有利于躲开三相重合闸时断路器三相不同时合闸时暂态电流的影响。

(4)应具有分相跳闸回路和三相跳闸回路,并互为备用。在综合重合闸中,应设分相跳闸回路(经选相元件控制)和三相跳闸回路,为保证跳闸可靠,这两种跳闸出口回路应互为备用。当发生单相接地短路时,由分相跳闸出口回路切除故障相断路器;当发生相间短路时,在启动三相跳闸出口的同时,应启动分相跳闸回路。

(5)应适应断路器动作性能的要求。除与三相重合闸的要求相同外,当非全相运行中健全相又发生故障时,为保证断路器的安全,重合闸的动作时间应从第二次切除故障开始重新计时。

综合重合闸装置应能正确动作的情况如下:

(1)选相元件拒动。单相接地短路时,如果选相元件拒动,不能切除故障,要求应跳三相断路器,并随之进行三相重合。若重合不成功,应再跳三相。

(2)一相跳闸后单相重合拒动。对于不允许长期两相运行的系统,在线路单相接地短路,故障相被切除后,若单相重合闸拒动,则应切除其余两相。

(3)两相先后接地短路。线路单相接地短路时,在单相重合之前,另一相又发生接地短路,应跳三相,然后重合三相。

三、微机型综合重合闸装置简介

微机型综合重合闸装置通常作为线路成套微机保护的组成部分之一,与各种线路保护配合可完成各种事故处理。微机综合重合闸装置由通用的硬件构成,只要改变程序就可得到不同的原理和特性,所以可灵活适应电力系统情况的变化。现以 WXH-25(S)型微机线路保护装置为例进行简要说明。

保护装置采用了多单片机并行工作方式的硬件结构,配置了 4 个硬件完全相同的保护 CPU 插件,分别完成高频方向保护、距离保护、零序电流保护以及重合闸等功能。另外,配置了 1 块接口插件,完成对各保护 CPU 插件巡检、人机对话和与系统联机等功能。装置的硬件框图如图 4-11 所示。

综合重合闸模块包括重合闸和外部保护选相跳闸两部分,经光电隔离可实现综合重合闸、单相重合闸、三相重合闸或停电重合闸方式的选择。外部保护选相跳闸设有 N、M、P 三种端子。

为防止重合闸多次动作,按照常规的一次脉冲原理,在程序中设有一个充电计数器,当装置接通直流电源 15 s 后,该计数器满数,才允许发出重合闸脉冲。在发出合闸命令后将该计数器清零,从而防止再次重合闸于永久性故障。

重合闸采用断路器与控制开关位置不对应启动方式及保护启动方式。装置的"三跳启动重合"及"单跳启动重合"两个开入端子用于能独立选相的外部保护启动本装置重合闸。一个用于母线差动保护,另一个用于开关气压的触点。前者在任何情况下都将充电

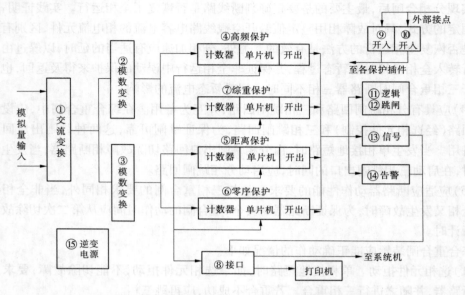

图 4-11　微机保护中综合重合闸与插件之间的连接图

计数器清零,使重合闸不动作,后者只在保护启动前开关气压降低时才闭锁重合闸。

　　三相重合闸可由非同步、无压检定和同步检定三种方式实现。其中,检定同步按控制字中指定相别进行,在判别线路有电压且连续两周非同步后,闭锁重合闸。检定无电压在判别三相都无电压且无电流后允许重合闸。非同步只适用于保护启动重合闸。

　　设有单相永久性故障判别回路,在判出单相永久故障时,不发出重合闸命令,转发三相跳闸及永跳。实现该功能的基本原理是:在瞬时性故障条件下,断开相上的电压由电容耦合电压和电感耦合电压组成;在永久性故障条件下,电容耦合电压等于零或较小,断开相上的电压只有电感耦合电压。

　　重合闸中设有长短两个延时,在高频保护投入时用短延时,否则用长延时。

【核心能力训练】

一、设计能力

(一)设计规程

　　根据《继电保护和安全自动装置技术规程》(GB/T 14285—2006),在下列情况下,应装设自动重合闸装置:35 kV 及以上的架空线路和电缆与架空混合线路在具有断路器的条件下,如用电设备允许且无备用电源自动投入时,应装设自动重合闸装置。旁路断路器和兼作旁路的母线联络断路器或分段断路器应装设自动重合闸装置。低压侧不带电源的降压变压器可装设自动重合闸装置。必要时母线故障可采用母线自动重合闸装置。

　　110 kV 及以下单侧电源线路的自动重合闸装置采用三相一次重合闸方式。当断路器断流容量允许时下列线路可采用两次重合闸方式:由几段串联线路构成的电力网为了补救电流速断等速动保护的无选择性动作,可采用带前加速的重合闸或顺序重合闸方式。

110 kV 及以下双侧电源线路并列运行的发电厂或电力系统之间具有两条联系的线路或三条联系不紧密的线路可采用下列重合闸方式：

（1）同步检定和无电压检定的三相重合闸方式。

（2）并列运行双回线路也可采用检查另一回线路有电流的自动重合闸方式。

双侧电源的单回线路可采用下列重合闸方式：

（1）解列重合闸方式，即将一侧电源解列、另一侧装设线路无电压检定的重合闸方式。

（2）当水电厂条件许可时可采用自同步重合闸方式。

（3）为避免非同步重合及两侧电源均重合于故障线路上，可采用一侧无电压检定，另一侧采用同步检定的重合闸方式。

（二）设计基本要求

根据《继电保护和安全自动装置技术规程》（GB/T 14285—2006），自动重合闸装置应符合下列基本要求：

（1）自动重合闸装置可按控制开关位置与断路器位置不对应的原理来启动，对于综合重合闸装置还可以实现由保护同时启动的方式。

（2）用控制开关或通过遥控装置将断路器断开或将断路器投于故障线路上而随即由保护将其断开时，自动重合闸装置均不应动作。

（3）在任何情况（包括装置本身的元件损坏以及继电器触点粘住或拒动）下，自动重合闸装置的动作次数应符合预先的规定（如一次重合闸只应动作一次）。

（4）自动重合闸装置动作后应自动复归。

（5）自动重合闸装置应能在重合闸后加速继电保护的动作，必要时可在重合闸前加速其动作。

（6）自动重合闸装置应具有接收外来闭锁信号的功能。

自动重合闸装置的动作时限应符合下列要求：对单侧电源线路上的三相重合闸装置，其时限应大于故障点灭弧时间（计及负荷侧电动机反馈对灭弧时间的影响）及周围介质去游离时间，断路器及操作机构复归原状准备好再次动作的时间。对双侧电源的三相和单相重合闸装置或单侧电源的单相重合闸装置，其时限除应考虑此要求外，还应考虑线路两侧继电保护以不同时限切除故障的可能性及潜供电流对灭弧的影响。

（三）设计任务

完成某 35 kV 线路的三相一次自动重合闸装置的设计，完成动作时间的确定与调整并确定重合闸方式的切换。

二、安装、检修能力

重合闸装置的接线原则如下所述：

（1）应设自动重合闸投入与切除的选择开关。

（2）自动重合闸可按控制开关或计算机合闸命令与断路器位置不对应的原理启动，综合重合闸宜实现由保护启动的方式。

（3）控制开关（或计算机）或遥控装置将其断开，或断路器投于故障线路上随即由保护装置将断路器断开时,自动重合闸装置均不应动作;母线保护动作时,应闭锁重合闸。

(4)在任何情况下,自动重合闸装置的动作次数应符合预先的规定,自动重合闸动作时应发出信号至计算机或光字牌。

(5)自动重合闸装置动作后应自动复归。

(6)自动重合闸装置,应能在重合闸后加速继电保护的动作。必要时,还应能在重合闸前加速其动作。当用控制开关或计算机合闸时,应采用加速继电保护的措施。

(7)当断路器处于不允许实现自动重合闸的不正常状态(气压、液压降低等)时,应将自动重合闸装置闭锁。

(8)对于发电机 – 变压器 – 线路组接线方式,重合闸装置装设与否须经计算确定,且仅装设单相跳闸然后单相重合闸,三相跳闸时严禁重合。

【知识梳理】

(1)自动重合闸装置是输电线路提高其供电可靠性的有力措施。单侧电源线路广泛采用三相一次自动重合闸,断路器因线路发生故障跳闸或误跳闸时能自动重合,当手动操作控制开关跳闸时则不会重合,是靠重合闸的启动回路的设计实现的,即"不对应"的原则保证。

(2)重合闸只动作一次(发生永久性故障时,不会多次重合),这是靠电容器充足电 $15 \sim 20$ s 来保证的。

(3)线路 M 侧装设检定同步 ARE,N 侧装设检定无电压 ARE。在线路故障使两侧断路器跳闸后,N 侧利用低电压继电器 KV 检查线路无电压,启动 ARE,N 侧断路器先行重合。如重合成功,则 M 侧利用频差继电器 KSY 检查两系统频率差是否符合要求。注意二者工作方式的轮换原则。

(4)重合闸动作时间整定原则,如重合闸动作时间应尽可能短,但是要保证故障点在电源脱离后,有一定的断电时间,使故障点绝缘恢复。

双侧电源线路的自动重合闸,在单侧电源线路重合闸的基础上要多考虑同步和时间的配合问题。同步检测继电器的闭合时间与频率差的大小有关,频率差越小,则闭合的时间越长,只有满足 $t_{KSY} > t_{ARE}$,重合闸才能成功。

(5)综合重合闸的实现原则:由选相元件和判别元件综合判断。

由于潜供电流的影响,综合重合闸的动作时间要长于三相重合闸的动作时间。

(6)重合闸装置与继电保护的配合要合理,主要有前加速保护和后加速保护。综合重合闸需要考虑由单相重合闸方式引起的特殊问题,综合自动重合闸的构成还应满足一定的原则要求。

(7)微机型综合自动重合闸通常是组成线路成套微机保护的一部分,它与各种线路保护配合完成各种事故处理,主要由硬件和软件两部分构成。

【应知技能题训练】

一、判断题

1.值班人员通过遥控装置将断路器断开后,重合闸装置应该自动启动。 （　　）

2. 检修不合格时,手动投入断路器,随机又会被继电保护跳开,此时自动重合闸装置不应该启动。 （　　）

3. 不对应启动方式没有保护启动方式优越。 （　　）

4. 自动重合闸装置预先设定的动作次数只能是一次。 （　　）

5. 自动重合闸装置动作后,应能自动复归,准备好下一次动作。 （　　）

6. 自动重合闸装置应该与继电保护相配合。 （　　）

7. DCH-1 型自动重合闸继电器的电容充电慢、放电快,是为了保证装置只动作一次。 （　　）

8. DCH-1 型自动重合闸继电器的电容充电慢、放电快,是因为充电电阻阻值比较小。 （　　）

9. 无压侧的同步连接片应该断开。 （　　）

10. 双侧电源线路故障点的断电时间比单侧电源线路的要长。 （　　）

11. 当发生永久性故障时,同步侧会跳两次闸。 （　　）

12. 后加速保护一般用于中高压输电线路。 （　　）

二、单选题

1. 装有三相一次自动重合闸装置的线路上,发生永久性故障,断路器切断短路电流的次数是（　　）。

　　A. 一次　　　　　　　　　　B. 二次

　　C. 三次　　　　　　　　　　D. 多次

2. 当双电源线路上装有无压同步检定重合闸,发生瞬间性故障时,其重合闸顺序是（　　）。

　　A. 无压检定侧先合,同步检定侧后合

　　B. 同步检定侧先合,无压检定侧后合

　　C. 两侧同时

　　D. 都不合

3. 由于潜供电流的影响,单相自动重合闸的动作时限比三相自动重合闸的动作时限（　　）。

　　A. 长一些　　　　　　　　　B. 一样长

　　C. 短一些　　　　　　　　　D. 不能确定

4. 双侧电源线路上装有无压同步检定重合闸,当发生永久性故障时,应（　　）。

　　A. 无压侧不动作　　　　　　B. 同步侧不动作

　　C. 都动作　　　　　　　　　D. 都不动作

5. 采用综合重合闸后,在发生单相接地短路时,断路器的动作状态是（　　）。

　　A. 只跳故障相　　　　　　　B. 跳任一相

　　C. 跳三相　　　　　　　　　D. 跳其中两相

6. 被保护线路发生单相故障时,综合重合闸装置中（　　）。

　　A. 故障相动作　　　　　　　B. 非故障相动作

　　C. 非故障相和故障相均动作　D. 非故障相和故障相均不动作

7. 三相二次重合闸的二次是指可以重合(　　　)次。

    A. 1　　　　　　　　　　　　B. 2

    C. 3　　　　　　　　　　　　D. 4

8. 容式 ARE 接线中,如果将充电电阻阻值由 3.4 MΩ 换成 3.4 kΩ,运行中说法正确的是(　　　)。

    A. 线路故障时,不能进行重合

    B. 线路正常运行时,氖灯发暗光

    C. 线路发生永久性故障时,可能出现多次重合

9. 检查平行线路有电流的自动重合闸,在(　　　)的情况下会动作。

    A. 本线路跳闸,另一线路有电流

    B. 单回线运行时

    C. 两回线路都有较大负荷时

10. 以下情况中,重合闸不会动作的是(　　　)。

    A. 保护跳闸　　　　　　　　　B. 误碰断路器跳闸

    C. 用控制开关跳闸

11. 以下情况中,自动重合闸可能会引起多次合闸的是(　　　)。

    A. 充电电阻断线　　　　　　　B. 充电电阻短路

    C. 电容器短路

三、多选题

1. 输电线路自动重合闸装置的主要作用是(　　　)。

    A. 提高供电的可靠性

    B. 提高电网运行的可靠性

    C. 对误调整起纠正作用

    D. 提高电能质量

2. 下列情况中,自动重合闸装置不应该动作的是(　　　)。

    A. 手动跳闸

    B. 保护跳闸

    C. 误跳闸

    D. 手动合闸到故障线路,被保护跳闸

3. 关于自动重合闸装置的要求,表述正确的是(　　　)。

    A. 自动重合闸装置应能自动复归

    B. 自动重合闸装置应该跟继电保护配合

    C. 自动重合闸的动作次数应该预先规定

    D. 自动重合闸装置应能自动闭锁

4. 关于基于 DCH‐1 型重合闸继电器的自动重合闸装置的特点,表述正确的是(　　　)。

    A. 设置有防跳措施

    B. 电容充电慢、放电炔

C. 必须手动复归

D. 设置有加速回路

5. 下面表述正确的是(　　　)。

A. 前加速保护第一次跳闸是无选择性的,如果发生永久性故障,而重合闸拒动,会扩大停电范围

B. 前加速保护必须在每条线路上装自动重合闸装置,经济性好

C. 后加速保护第一次跳闸是有选择性的,如果发生永久性故障,而重合闸拒动,也不会扩大停电范围

D. 后加速保护不必在每条线路上装自动重合闸装置,经济性好

【应会技能题训练】

1. 自动重合闸装置有什么意义?

2. 自动重合闸装置应满足哪些基本要求?

3. 发生永久故障时,三相一次自动重合闸装置怎么保证动作一次?

4. 自动重合闸与继电保护的配合方式有哪几种? 画图分析。

5. 综合自动重合闸有哪些选相元件?

6. 分析相电流突变量选相元件工作原理。

项目五　同步发电机手动、自动准同期装置的安装检修与设计

知识目标

理解同期的各种方式、特点及并列的允许条件。熟练掌握手动准同期装置、ZZQ－5型自动准同期装置和微机自动同期装置的组成、工作原理,能独立完成装置的校验、调试及检验的工作,具有调试、设置各种同期点的控制参数及装置运行、检修的能力。

情景导思

在电力系统中,各发电机是并列运行的。并列运行的同步发电机,其转子以相同的电角速度旋转,每个发电机转子的相对电角速度都在允许的极限值以内,称之为同步运行。一般来说,发电机在没有并入电网之前,与系统中的其他发电机是不同步的。

电力系统中的负荷是随机变化的,为保证电能质量,并满足安全和经济运行的要求,需经常将发电机投入和退出系统,将同步发电机投入电力系统并列运行的操作称为并列操作。

在发电厂或变电所中控室中,要求将已解列为两部分运行的系统进行并列,这种操作也称为并列操作。通过并列操作可解决系统中分开运行的线路断路器正确合闸的问题,实现系统并列运行,以提高系统的稳定性、可靠性及线路负荷的合理、经济分配。系统间并列操作的基本原理与发电机并列相同,但调节比较复杂,且实现的具体方式有一定差别。

电力系统这两种基本并列操作中,以同步发电机的并列操作最为频繁和常见,如果操作不当或误操作,将产生极大的冲击电流,损坏发电机,引起系统电压波动,甚至会导致系统振荡,破坏系统稳定运行。因此,对同步发电机的并列操作有两个基本要求,即

(1)并列瞬间,发电机的冲击电流不应超过规定的允许值。

(2)并列后,发电机应能迅速进入同步运行。

对应频繁的同期操作,如何使同步发电机并列操作时能在无冲击的情况下与系统连接起来,迅速发挥它应用的效率?

【教材知识点解析】

知识点一　同期的方式及同期点的确定

一、同期的方式

在电力系统中,并列方法主要有准同期并列和自同期并列两种。

(一)准同期并列

先给待并发电机加励磁,使发电机建压,调整发电机的电压和频率,当与系统电压和频率接近相等时,选择合适的时机,即在发电机电压与系统电压之间的相角差接近 0° 时合上并列断路器,将发电机并入电网。这种并列方式称为准同期并列。

准同期并列的优点是并列时产生的冲击电流较小,不会使系统电压降低,并列后容易拉入同步。缺点是在并列操作过程中需要对发电机电压和频率进行调整,捕捉合适的合闸时机,所需并列时间较长。准同期并列又分为手动准同期并列和自动准同期并列两种。

(二)自同期并列

自同期并列是将未加励磁电流的发电机的转速升到接近额定转速,首先投入断路器,然后立即合上励磁开关供给励磁电流,将发电机拉入同步。

自同期并列的优点是操作简单、并列速度快,在系统发生故障、频率波动较大时,发电机组仍能并列操作并迅速投入电网运行,可避免故障扩大,有利于处理系统事故,但因合闸瞬间发电机定子吸收大量无功功率,导致合闸瞬间系统电压下降较多,所以自同期并列很少应用。

《继电保护和安全自动装置技术规程》(GB/T 14285—2006)规定,在正常运行情况下,同步发电机的并列应采用准同期方式;在故障情况下,水轮发电机可以采用自同期方式。自同期并列方式不适用于两系统间的并列操作。

二、同期点的确定

当断路器断开时,其两侧电压来自不同的电源,该断路器必须由同期装置进行同期操作才能合闸,这些担任同期并列任务的断路器为同期点。

(一)原则

在正常运行时,待并发电机经简捷的操作就能与电力系统并列;在事故跳闸后,经最少的倒闸操作就能合上断路器与系统并列,以保证能在最短的时间内恢复供电。

(二)设置

(1)发电机出口断路器、发电机－双绕组变压器单元接线的高压侧断路器、发电机－三绕组变压器单元接线各侧断路器(手动或自动准同期)。

(2)接在母线上对侧有电源的线路断路器(手动准同期)。

(3)母线分段断路器、母线联络断路器、旁路母线断路器、桥点断路器(手动准同期)。

(4)多角形接线和外桥接线中,与线路相关的断路器。

知识点二　准同期并列理想条件及实际条件

将同期点两侧的电压用电压互感器降压后,通过二次回路引至同期装置中,同期装置根据引入电压量进行判断,发出调节待并发电机转速、励磁电压的指令,当待并发电机与系统频率、电压、相角均符合并列条件时,发出断路器合闸命令。由上述同期点、电压互感器、同期装置及相关的二次回路构成的系统称为同期系统。

要使一台发电机以准同期方式并入系统,进行并列操作最理想的状态是在并列断路器主触头闭合的瞬间,断路器两侧电压大小相等,频率相等,相角差为零,即:

(1)待并发电机电压与系统电压相等。

(2)待并发电机频率与系统频率相等。

(3)并列断路器主触头闭合瞬间,待并发电机电压与系统电压间的相角差为零。

符合上述三个理想条件,并列断路器主触头闭合瞬间,冲击电流为零,待并发电机不会受到任何冲击,并列后发电机立即与系统同步运行。但是,在实际运行中,同时满足以上三个条件几乎是不可能的,事实上也没有必要。只要并列时冲击电流小,不会危及设备安全,发电机并入系统拉入同步过程中,对待并发电机和系统影响小,不致引起不良后果,是允许并列操作的。因此,实际运行中,上述三个理想条件允许有一定的偏差,但偏差值要控制在一定的允许范围内。准同期并列实际条件为:

(1)准同期并列时电压允许偏差的范围为 5% ~ 10% 的额定电压。

(2)待并发电机与运行系统的频率差不超过 0.1 ~ 0.25 Hz。

(3)冲击电流不超过发电机出口三相短路电流的 0.1 倍,合闸时相角差不超过 10°。

在发电机同步并列时,频率差、电压差和相角差都是直接影响发电机运行、寿命及系统稳定的因素。在两电源间存在着电压差和频率差的情况下,并列会造成无功功率和有功功率的冲击,也就是在断路器合闸瞬间,电压高的那一侧向电压低的那一侧输送一定数值的无功功率,频率高的那一侧向频率低的那一侧输送一定数值的有功功率。合闸瞬间存在相角差,将对发电机转子轴系绕组及机械体系运行产生巨大的伤害,有时还可能造成次同步谐振,此种情况后果最为严重。

知识点三　手动准同期装置组成及运行检修与设计

手动准同期装置是由运行操作人员手动调整发电机的电压和频率,并监视电压差、频率差和整步表,靠经验判断合闸时间、操作断路器合闸。

一、同期交流回路的功能分析

同期交流回路,即把需要进行同期操作的断路器两侧电压经过电压互感器变换和二次回路切换后的交流电压引到控制屏顶部的同期小母线上。通常把同期小母线上的二次交流电压称为同期电压。同期装置从同期小母线取得同期电压。

发电厂的同期交流回路,由于电压互感器二次绕组接地方式及同期装置形式的不同,有三相和单相两种接线方式。

三相接线的特点是同期电压取待并系统的三相电压和运行系统的两相电压,相应的同期装置为三相式。

图 5-1 所示为发电机与发电机电压母线经发电机出口断路器并列时,及两组母线经母线联络断路器进行并列时同期电压引入接线的接线图。

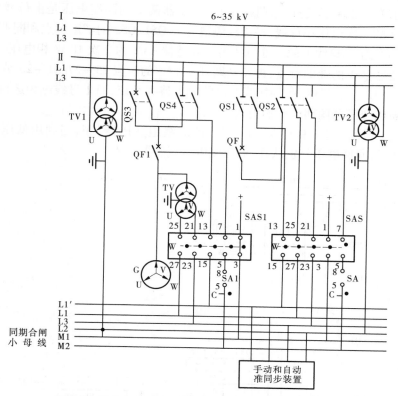

图 5-1　发电机出口断路器和母联断路器同期电压的引入

图中 SAS 和 SAS1 分别为母联断路器 QF 和发电机出口断路器 QF1 的同期开关,它有"工作"和"断开"两个位置,当在"工作"位置时,其对应每对触点均接通;当在"断开"位置时则均断开。

（一）发电机出口同期电压的引入

当利用发电机出口断路器 QF1 进行并列时,待并发电机同期电压是由发电机出口处电压互感器 TV 的二次绕组 U、W 相电压,经同期开关 SAS1 触点 25 – 27、21 – 23 分别引至同期小母线 L1、L3;而对应于运行母线侧,由于是双母线,其同期电压是Ⅰ母线电压互感器 TV1 或Ⅱ母线电压互感器 TV2 的二次 U 相电压,该电压从电压小母线Ⅰ L1(或Ⅱ L1)经母线隔离开关 QS3(或 QS4)的辅助触点切换,再经同期转换开关 SAS1 的触点 13 –15引至同期小母线 L1′。两侧电压互感器二次线圈均采用 V 相接地方式,V 相经接地后与同期小母线 L2 连接。经过 QS3 或 QS4 切换的目的,是确保引至同期小母线上的同期电压与所操作断路器两侧系统的电压完全一致。即当断路器 QF1 经隔离开关 QS3

接至Ⅰ母线时,应将Ⅰ母线的电压互感器 TV1 的二次电压从电压小母线Ⅰ L1 引至 L1 上;当断路器 QF1 经 QS4 接至Ⅱ母线时,应将Ⅱ母线的电压互感器 TV2 的二次电压,从其电压小母线Ⅱ L1 引至 L1 上。由此可见,利用隔离开关的辅助触点,在进行倒闸操作的同时,二次电压的切换也就自动完成了。

(二)母联断路器同期电压的引入

当利用母联断路器 QF 进行同期并列时,断路器两侧的同期电压是由母线电压互感器 TV1 和 TV2 的二次电压小母线,经母线隔离开关 QS1、QS2 的辅助触点和同期开关 SAS 触点,引至同期电压小母线上的。Ⅱ母线电压互感器 TV2 的二次 U、W 相电压,从其小母线Ⅱ L1、L3,经过 QS1 的辅助触点,再经同期开关 SAS 的触点 25 - 27、21 - 23 分别引至同期小母线 L1 和 L3 上。显然,此种接线Ⅱ母线侧为待并系统,而Ⅰ母线侧为运行系统。

(三)双绕组变压器同期电压的引入

如图 5-2(a)所示,对于具有 Y,d11 接线的双绕组变压器 TM,当利用低压侧断路器 QF1 进行并列时,同期电压分别从高、低压侧电压互感器引入。

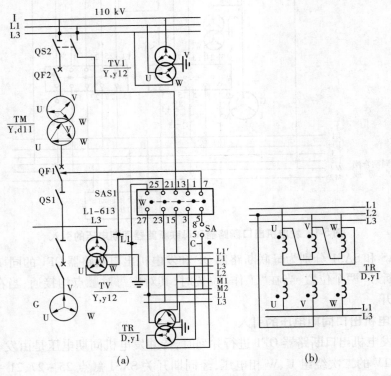

图 5-2 双绕组变压器同期电压的引入

由于变压器 TM 高、低压侧电压相位相差 30°角,即三角形侧电压超前星形侧 30°角,高、低压侧电压互感器 TV1 和 TV 的二次侧电压的相位也相差 30°角。所以,同期电压不能直接采用电压互感器的二次线电压,而必须采用转角变压器 TR 对此相位进行补偿。

厂用的转角变压器 TR 的接线如图 5-2(b)所示。转角变压器 TR 变比为 $100/\dfrac{100}{\sqrt{3}}$,绕组采用 D,y1 接线,即星形侧电压落后三角形侧线电压 30°角,经补偿后,接至同期电压小母线上的二次电压相位就完全一致了。

变压器低压侧母线电压互感器 TV 的二次电压从其电压小母线 L1 和 L3,经过同期 SAS1 触点 25 – 27、21 – 23 分别引至转角小母线 L1 和 L3 上,即接至转角变压器的一次侧(△侧),转角变压器二次侧(Y 侧)则得到与升压变压器高压侧母线电压互感器相位相同的同期电压,再将其引至同期小母线 L1、L3 上。可见,转角小母线平时无电压,只有在并列操作并需要转角时,才带有同期电压。

变压器高压侧母线电压互感器 TV1 的二次电压从其电压小母线 L1,经隔离开关 QS2 辅助触点、同期开关 SAS1 触点 13 – 15 引至同期小母线 L1 上。显然,这种接线是把变压器的高压侧视为运行系统,低压侧视为待并系统。

二、手动准同期装置的组成及接线图分析

(一)手动准同期装置的组成

目前,发电厂中广泛采用的手动准同期装置均为非同期闭锁的手动准同期装置。它由同期测量表计、同期监察继电器和相应的转换开关组成。

(二)同期测量表计的分类及接线分析

为了监察待并系统和运行系统准同期并列的三个条件,需要用同期测量表计来比较两个系统的电压、频率和相位。同期测量表计有两种形式:一种是分散式仪表。它有两只电压表,分别测量待并系统和运行系统的电压;两只频率表,分别测量待并系统和运行系统的频率;一只同期表,用来观察待并系统和运行系统的滑差和相角差,并选择合适的越前时间(此越前时间等于断路器的合闸时间)发合闸脉冲,以保证断路器触头接通瞬间两侧电压的相位差为零。五只表对称分布在同期小屏上,以便运行人员观察比较,如图 5-3 所示。另一种形式是组合式同期仪表,它包括一只电压差表、一只频率差表和一只同期表,布置在集中同期屏上,如图 5-4 所示。

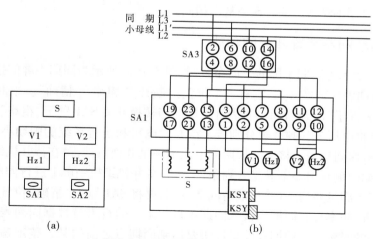

图 5-3　分散式同期小屏及接线

1. 分散式仪表的接线及工作分析

同期表有电磁式、电动式、铁磁电动式、整流式等。目前应用较多的有乐谱1T1－S型、1T3－S型和41T3－S型电磁式同期表。以下简单介绍目前广泛采用的1T1－S型同期表的工作原理及其接线。

同期表内部有三个固定的线圈L1′、L1和L3，并适当串联电阻。L1和L3两个线圈垂直布置，分别接在待并发电机的不同相间电压上，线圈L1′布置在L1和L3的内部，由于电压和频率的差异，可动部分所带动的指针E作旋转指示，反映非同期的情况。若待并发电机的频率高于运行系统频率，指针就向"快"的方向不停地旋转；反之，则向"慢"的方向旋转。频率差得越多，指针转得越快；反之，则越慢。如两侧频率接近，指针停着不动。指针停留的位置与零位中心线（红线）之间的夹角，表示这两侧电压的相位差。当待并发电机电压滞后系统电压一个角度时，则指针停留在"慢"的方向一个相应的角度；当指针在零位中心线（红线）上时，两侧相位差为零。

2. 组合式同期仪表的接线及工作分析

组合式同期仪表常用的为MZ－10型，它由频率差表、电压差表和同期仪表三个测量机构组成。组合式同期仪表可适用于三相式和单相式两种接线。图5-4所示为MZ－10型组合式同期仪表的外形。

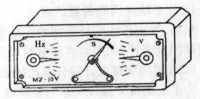

图5-4　MZ－10 组合式同期仪表的外形

频率差表Hz是一电磁式流比计，反映待并发电机和运行系统的频率差。当两者频率相同时，指针在零位；当待并发电机的频率高于系统频率时，指针向正方向偏转；反之，则指针向负方向偏转。

电压差表V是电磁式微安表，它反映待并发电机和运行系统的电压差值。当两者电压相等时，指针在零位；当待并发电机电压大于系统电压时，指针向正方向偏转；反之，则指针向负方向偏转。

同期表的工作原理与1T1－S型基本相同。

三、手动准同器装置开关的功能

图5-3（a）所示为同期小屏的平面布置图，图5-3（b）所示为同期小屏的接线图。

SA1为同期表计转换开关，它有三个位置："断开""粗略""精确"。平时不使用同期表计时，此开关置于"断开"位置，将表计退出。当转换开关SA1置于"粗略"位置时，则利用其偶数触点将电压表和频率表分别接于待并发电机和运行系统的同期小母线上，以监视电压和频率，而同期表不接入。如两侧电压不满足并列条件，可在待并机组控制屏上进行电压调整；如两侧频率差不满足并列条件，可在待并机组控制屏上进行调速。当两侧频率和电压调节至满足并列条件时，准备同期并列，再将SA1置于"精确"位置，其奇数触点接通，将电压表、频率表和同期表接入同期小母线上。运行人员根据同期表的指示，确定发出合闸脉冲的时刻。当同期表的指针快要达到同期点之前的某一整定超前相角时，立刻发出合闸脉冲，使待并发电机并入系统。

SA2是投入和退出同期监察继电器的转换开关。

SA3 是自动准同期和手动准同期的切换开关。当 SA3 在"自动"位置时,其偶数触点断开,手动准同期退出;当 SA3 在"手动"位置时,其偶数触点接通,手动准同期回路投入。

知识点四　ZZQ-5 型自动准同期装置的组成及运行检修与设计

一、手动准同期装置主要存在的问题

　　(1)存在重大的安全隐患。由于操作人员技术不娴熟,加之紧张,经常出现在存在相角差较大的情况下并网的问题,不仅给机组带来冲击,有时更为严重的是会诱发扭振。

　　(2)延误并网时间。手动同步操作复杂,靠人的感觉来操作,延误很长时间,由于误并列所带来的严重后果是众所周知的,因而运行操作人员存在恐惧感,导致紧张、犹豫,以致延误并网时机。

　　(3)手动准同期装置一般是几台机组共用一套,各机组的控制电缆较多,接线较复杂。

　　因此,在控制回路中装设了非同期合闸闭锁装置,即同期检查继电器,允许在相角差不超过整定值的条件下操作才能合上断路器,用于防止运行人员误发合闸脉冲所造成的非同步合闸。

二、自动准同期装置的调节方式

　　自动准同期装置分为半自动准同期装置和自动准同期装置。

　　(1)半自动准同期装置不设转速与电压调节单元,发电机的电压和频率的调整由手动进行;只设合闸命令控制单元,同期装置能自动检查频率差、电压差满足要求时,选择合适时间发出合闸脉冲,将断路器合闸。

　　(2)自动准同期装置是专用的自动装置,自动监视电压差、频率差及选择理想的时间发出合闸脉冲,使断路器在相角差为 0° 时合闸。同时设有自动调节电压和频率单元,在电压差和频率差不满足条件时发出控制脉冲。若频率差不满足要求,自动调节原动机的转速,增加或减小频率,即通过控制原动机的调速器实现;若电压差不满足要求,自动调节发电机的电压使电压接近系统的电压,即通过控制发电机励磁调节装置实现。

　　自动准同期装置具有均压控制、均频控制和自动合闸控制的全部功能,将待并发电机和运行系统经电压互感器的二次电压接入自动装置后,由它实现监视、调节并发出合闸脉冲,实现同步操作的全过程。

　　有关规程规定,当采用准同期方式时,一般应装设自动准同期装置和手动准同期装置,并均应带非同期合闸闭锁装置。

三、ZZQ-5 型自动准同期装置的组成及各部分的工作状态分析

　　典型的模拟式自动准同期装置是阿城继电器厂生产的 ZZQ-3 型自动准同期装置和许昌继电器厂生产的 ZZQ-5 型自动准同期装置,曾广泛用于电力系统中,现已逐渐被性

能更为优良的微机自动准同期装置取代。考虑模拟式自动准同期装置在一些老机组上仍有应用,这里以 ZZQ - 5 型自动准同期装置为例,就其基本原理进行简要介绍。

ZZQ - 5 型自动准同期装置由自动合闸、自动调频、自动调压、电源四部分组成。

(一) 自动合闸的实现

1. 自动合闸部分的组成

合闸部分的主要作用:自动检测待并发电机和系统间频率差(可简称频差)、电压差(可简称压差)是否满足并列要求。频差和压差均满足时,在发电机和系统电压相位重合前提前一个时间发合闸脉冲,当频差、压差有一个条件不满足时,则闭锁合闸脉冲。

为达到上述要求,合闸部分由以下几部分组成:

(1)导前时间获得部分:得到一个恒定的导前时间,用以保证并列断路器主触头闭合瞬间的相角差为0°。

(2)频差检测部分:保证频差在规定范围内时,才允许发出合闸脉冲,否则闭锁合闸脉冲,不允许并列合闸。

(3)压差控制部分:检查压差在规定范围内时,才允许发出合闸脉冲,否则闭锁合闸脉冲,不允许并列合闸。

(4)合闸逻辑部分:对频差检查、压差控制部分的输出和导前时间脉冲进行逻辑判断,当满足同步条件时发出合闸脉冲。

2. 自动合闸部分的工作状态分析

ZZQ - 5 型自动准同期装置是利用线性整步电压来检定同步条件的。线性整步电压形成原理框图如图5-5所示,由电压变换、方波整形电路、混频电路、低通滤波电路组成。

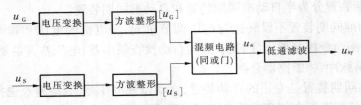

图5-5 线性整步电压形成原理框图

发电机电压 u_G 和系统电压 u_S 经电压变换和方波整形,获得在交流电压过零翻转的方波电压 $[u_G]$ 和 $[u_S]$,如图5-6(b)和(c)所示,再将它们进行信号的逻辑运算。从逻辑关系上来讲,混频电路为一个同或电路,逻辑关系为 $u_a = [u_G][u_S] + [\bar{u}_G][\bar{u}_S]$。当 u_G 和 u_S 波形同时处于正半周或负半周时,$[u_G]$ 和 $[u_S]$ 同时为低电位或同时为高电位,则混频电路输出 u_a 为"1";当 u_G 和 u_S 波形一个为正半周一个为负半周时,$[u_G]$ 和 $[u_S]$ 一个为"0",另一个为"1",则混频电路输出 u_a 为0。当相角差 δ_d 为0°时,u_G 和 u_S 波形重合的最多,u_a 高电位最宽;随着 δ 从0°变化到180°,u_G 和 u_S 波形重合的区间变小,u_a 高电位宽度变窄;u_a 经过混频电路输出的为方波,如图5-6(d)所示。将 u_a 经低通滤波电路,滤去高次谐波,相当于取 u_a 波形各区间内的平均值,就可得到一个三角波的线性整步电压 u_{sy}。经过低通滤波电路所得的线性整步电压 u_{sy} 波形如图5-6(e)所示。

线性整步电压 U_{sy} 的特点有:

(1)线性整步电压的最大值为 $U_{sy.\,max}$,$U_{sy.\,max}$ 与被测电压大小无关,则 U_{sy} 为

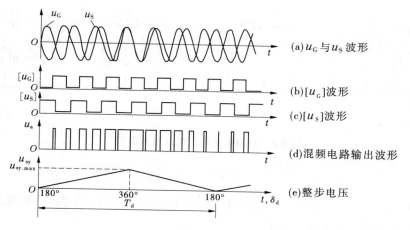

图 5-6　线性整步电压波形图

$$U_{sy} = \frac{2U_{sy.max}}{T_d}t \quad (0° < t < \frac{T_d}{2}, 180° < \delta_d < 360°) \tag{5-1}$$

$$U_{sy} = 2U_{sy.max}(1 - \frac{t}{T_d}) \quad (\frac{T_d}{2} \le t < T_d, 0° < \delta_d \le 180°) \tag{5-2}$$

因 U_{sy} 不受发电机电压和系统电压幅值的影响,不能用于检查两输入电压的差值。

(2)线性整步电压最大值 $U_{sy.max}$ 由线性整步电压形成电路参数决定。其最大值时刻对应 $\delta_d = 0°$ 点;U_{sy} 过零点对应 $\delta_d = 180°$ 点。U_{sy} 周期 T_d 的大小与 f_d 或 $\bar{\omega}_d$ 的大小有关,即 $T_d = \frac{1}{f_d} = \frac{2\pi}{\bar{\omega}_d}$,$U_{sy}$ 与 δ_d 成分段线性关系。

(3)假设 $\bar{\omega}_d$ 不随时间变化,则

$$\frac{dU_{sy}}{dt} = \frac{2U_{sy.max}}{T_d} = 2U_{sy.max}|f_d| \quad (0° < t < \frac{T_d}{2}, 180° < \delta_d < 360°) \tag{5-3}$$

$$\frac{dU_{sy}}{dt} = -\frac{2U_{sy.max}}{T_d} = -2U_{sy.max}|f_d| \quad (\frac{T_d}{2} \le t < T_d, 0° < \delta_d \le 180°) \tag{5-4}$$

线性整步电压的斜率 dU_{sy}/dt 与频差的绝对值成正比,通过检测 dU_{sy}/dt 的大小,也可以反映频率差的大小。

1)导前时间获得部分

对线性整步电压信号进行比例和微分运算,再经电平检测电路,可获得恒定导前时间脉冲,电路如图 5-7 所示。其中,电阻 R 和电容 C 构成比例微分电路,U_{sy} 为线性整步电压,n 为与电阻 R_1 抽头位置有关的分压系数,比例微分电路的输出为 U_{out}。

根据叠加原理,比例微分电路的输出 U_{out} 可以看成是两个电源 U_{sy} 和 nU_{sy} 分别作用叠加的结果,如图 5-7(b)、(c)、(d)所示。于是

$$U_{out} = U_{out}' + U_{out}'' \tag{5-5}$$

如图 5-7(c)所示,在电源 U_{sy} 作用下,由于 $\bar{\omega}_d$ 较小,电容 C 的容抗一般较大,则可略去电容 C 的作用,故有

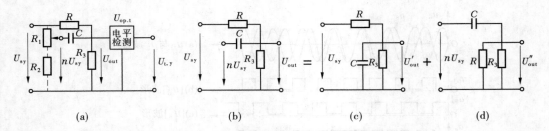

图 5-7　获得恒定导前时间脉冲电路

$$U_{out}' = \frac{R_3}{R + R_3} \cdot \frac{2U_{sy.max}}{T_d} \quad (0° < t < \frac{T_d}{2}, 180° < \delta_d < 360°) \tag{5-6}$$

如图 5-7（d）所示,在电源 nU_{sy} 作用下,由于 $\bar{\omega}_d$ 较小,电容 C 的容抗一般较大,则可认为 nU_{sy} 完全作用在电容 C 上,故有

$$U_{out}'' = \frac{RR_3 C}{R + R_3} \cdot \frac{d(nU_{sy})}{dt} = \frac{nRR_3 C}{R + R_3} \cdot \frac{2U_{sy.max}}{T_d} \quad (0° < t < \frac{T_d}{2}, 180° < \delta_d < 360°) \tag{5-7}$$

令电平检测电路动作电压为

$$U_{op.t} = \frac{R_3}{R + R_3} U_{sy.max} \tag{5-8}$$

当电压 $U_{out} \geq U_{op.t}$ 时,电平检测电路动作,输出电压 $U_{t.y}$ 由高电位翻转至低电位。电平检测电路动作时有

$$\frac{R_3}{R + R_3} \cdot \frac{2U_{sy.max}}{T_d} + \frac{nRR_3 C}{R + R_3} \cdot \frac{2U_{sy.max}}{T_d} = \frac{R_3}{R + R_3} U_{sy.max} \tag{5-9}$$

计及 $t = \frac{T_d}{2} - t_y$,代入式(5-9)化简,有

$$2(\frac{T_d}{2} - t_y) + 2nRC = T_d$$

即

$$t_y = nRC \tag{5-10}$$

可见,导前时间 t_y 不随频率差变化,仅与电路参数 R、C 值及 n 值有关。获得恒定导前时间脉冲的波形如图 5-8 所示。

2）频差检测部分

比较导前时间脉冲和导前相角脉冲发出的先后次序,可检查频率差是否符合要求。所谓导前相角脉冲,是指在 u_G 和 u_S 达到同相前的某一固定角度——导前相角 δ_{dq} 发出的脉冲,导前相角 δ_{dq} 经整定后不发生变化。其原理如下:对于恒定导前时间脉冲 $U_{t.dq}$ 而言,其导前时间 t_{dq} 对应的相角可以表示为 $\delta_t = |\omega_t| t_{dq}$,令恒定导前相角按整定的滑差 $|\omega_s \cdot z|$ 和导前时间 t_{dq} 所对应的恒定相角来整定,即 $\delta_{dq} = |\omega_s \cdot z| t_{dq}$,比较两式有

$$\frac{\delta_t}{\delta_{dq}} = \left| \frac{\omega_t}{\omega_s} \right| \tag{5-11}$$

式(5-11)说明:当 $\delta_t < \delta_{dq}$,即导前时间脉冲晚于导前相角脉冲发出时,有 $\omega_t < \omega_s$,则说明频率差满足要求(频率差小于整定频率);当 $\delta_t = \delta_{dq}$,即导前时间脉冲与导前相角脉

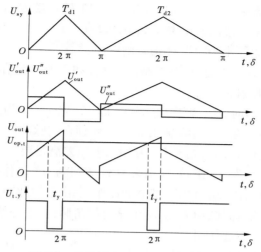

图 5-8　获得恒定导前时间脉冲的波形

冲同时发出时,有 $|\omega_t| = |\omega_s|$。可见,比较 $U_{t \cdot dq}$ 与 $U_{\delta \cdot dq}$ 发出的次序就可以检查出频率差是否满足要求。

在取得导前时间脉冲和导前相角脉冲后,只要 δ_{dq} 按 $\delta_{dq} = |\omega_s| t_{dq}$ 整定,当 $U_{\delta \cdot dq}$ 先于 $U_{t \cdot dq}$ 发出时说明频率差满足要求。

3）压差控制部分

由于线性整步电压中不含并列点两侧电压幅值的信息,所以电压差大小的检测由调压部分来完成,并将检测的结果 $U_{\Delta U}$ 送入合闸逻辑部分。当电压差满足要求时,$U_{\Delta U} = 0$,此时若频差也满足要求,则提前一个时间 t_y 发出合闸脉冲;若电压差不满足要求,$U_{\Delta U} = 1$,闭锁合闸脉冲的发出。

4）合闸逻辑部分

逻辑部分就是对导前时间部分、导前相角脉冲、压差控制信号、压差闭锁信号进行逻辑判断,满足并列条件时,发出合闸脉冲,否则闭锁合闸脉冲。

逻辑部分电路图如图 5-9 所示,工作原理如下:

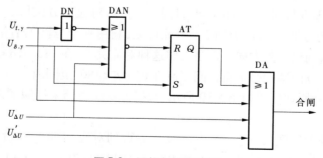

图 5-9　逻辑部分电路图

为方便分析,规定高电位为“1”,低电位为“0”。图 5-9 中,DN 为非门,将导前时间脉冲 $U_{t \cdot y}$ 反相;DAN 为或非门,“0”输入动作,即 $U_{t \cdot y}$、$U_{\delta \cdot y}$、$U_{\Delta U}$ 全为“0”时,输出为“1”,否则

输出为"0";AT 为双稳态触发器,R 端为"1"时,将 AT 输出端 Q 置"0",S 端为"1"时,将 AT 输出端 Q 置"1";DA 为或门,"0"输入动作,即 $U_{t.y}$、$U_{\delta.y}$、$U_{\Delta U}$、$U'_{\Delta U}$ 全为"0"时,输出为"0",发出合闸脉冲,否则输出为"1",闭锁合闸脉冲。

当电压差不满足并列要求时,压差控制信号 $U_{\Delta U}$ 和压差闭锁信号 $U'_{\Delta U}$ 均为"1",或门 DA 输出为"1",闭锁合闸脉冲。

当频率差大于整定值时,$U_{t.y}$ 先于 $U_{\delta.y}$ 发出,即 $U_{t.y}$ 先于 $U_{\delta.y}$ 为"0",经 DN 反相,DAN 输出为"0",AT 输出端 Q 置"1",DA 输出为"1",闭锁合闸脉冲。

当频率差小于整定值时,$U_{\delta.y}$ 先于 $U_{t.y}$ 为"0",若压差满足要求时,$U_{\Delta U}$、$U'_{\Delta U}$ 均为"0"。当 $U_{\delta.y}$ 为"0"时,DAN 输出"1",AT 翻转,输出端 Q 置"0",为 DA 动作准备了条件。当 $U_{t.y}$ 为"0"时,DA 输入全为"0",DA 输出"0",继电器动作,发出合闸脉冲。

需要指出的是,导前时间脉冲 $U_{t.dq}$ 仅在导前相角脉冲 $U_{\delta.dq}$ 低电位区间起作用。在该区间外,导前时间脉冲不起作用。

(二)自动调频的实现

调频部分的作用是将待并发电机的频率调整到接近于系统频率,使频率差趋向并列条件允许值,以促成并列的实现。若发电机频率低于系统频率,则发出增速脉冲使发电机加速;反之,应发出减速脉冲。

根据上述要求,自动调频部分由频差方向鉴别单元和调速脉冲形成单元组成。频差方向鉴别单元用于鉴别频差方向,形成相应的减速或增速脉冲;调速脉冲形成单元按照比例调节的要求,在 δ 为 $0 \sim \pi$ 区间调整发电机组的转速,当检测到频差过小($\leqslant 0.05$ Hz)时,自动发出增速脉冲。

1. 频差方向鉴别单元

当频差不满足要求时,应判断出发电机频率是高于系统频率还是低于系统频率,形成相应的调速脉冲,频差检查是在 $0° < \delta < 180°$ 区间内进行的。

在 $0° < \delta < 180°$ 区间内,如果 $f_G > f_S$,发电机电压 $\dot{u}_G$ 超前于系统电压 $\dot{u}_S$,当 u_G 从负半周进入正半周的过零点瞬间,u_S 仍在负半周,此时 u_G 所对应的方波 $[u_G]$ 为从"1"到"0"的后沿,u_S 所对应的方波 $[u_S]$ 仍为"1";同理,如果 $f_G < f_S$,$\dot{u}_S$ 超前于 $\dot{u}_G$,当 u_S 从负半周进入正半周的过零点瞬间,u_G 仍在负半周,此时 u_S 所对应的方波 $[u_S]$ 为从"1"到"0"的后沿,u_G 所对应的方波 $[u_G]$ 仍为"1"。由此可见,利用一个方波的后沿对应于另一方波的高电位,就可鉴别出频差方向。但是按照这种对应关系,在 $180° < \delta < 360°$ 区间内,结论会相反,所以频差方向鉴别必须将区间限制在 $0° < \delta < 180°$ 范围内。

自动调频部分原理框图如图 5-10 所示,现以 $f_G > f_S$ 为例来说明频差方向鉴别单元工作原理。

在 $0° < \delta < 180°$ 区间内,$[u_G]$ 经微分反相后得到对应于 $[u_G]$ 后沿的正脉冲,因 $f_G > f_S$,此时 $[u_S]$ 为"1",AT 的 $Q = 0$,$\bar{Q} = 1$;在 $0° < \delta < 180°$ 区间内,则 $Q = 1$,$\bar{Q} = 0$。

2. 调速脉冲形成单元

调速脉冲是根据频差方向鉴别结果和检出的 $0° < \delta < 180°$ 区间而形成的,由"0"输入动作的或门 3DA、4DA 构成的电路实现。h 点的低电位窄脉冲与 $Q = 0$ 配合,经或门 3DA,

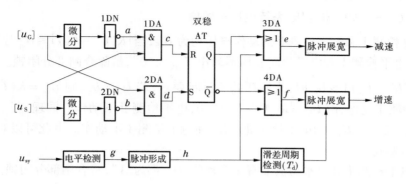

图 5-10　自动调频部分原理框图

在 e 点可得到相应的窄脉冲,经脉冲展宽电路发出相应的减速脉冲;同理,h 点的低电位窄脉冲与 $\bar{Q}=0$ 配合,经或门 4DA,在 f 点可得到相应的窄脉冲,经脉冲展宽电路发出相应的增速脉冲。

(三) 自动调压的实现

自动调压部分的作用是鉴别电压差的大小和方向。当压差满足要求时,自动解除合闸部分中的压差闭锁;当压差不满足要求时,闭锁合闸部分。当发电机电压大于系统电压时,发升压脉冲;当发电机电压小于系统电压时,发降压脉冲,使发电机电压趋于系统电压。

自动调压部分原理框图如图 5-11 所示。自动调压部分由压差大小和方向鉴别单元、调压脉冲形成单元构成。

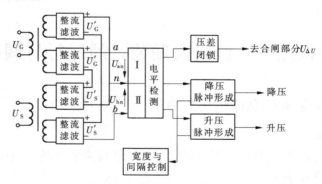

图 5-11　自动调压部分原理框图

1. 压差大小和方向鉴别

将 U_G、U_S 经电压变换、整流滤波后得到两组与电压幅值成正比的直流电压 U'_G、U'_S,组合后分别送入电平检测 Ⅰ 和电平检测 Ⅱ。若不计电平检测电路的输入电阻,电平检测 Ⅰ 的输入电压为

$$U_{an} = U'_G - U'_S = K(U_G - U_S) \tag{5-12}$$

电平检测 Ⅱ 的输入电压为

$$U_{bn} = U'_S - U'_G = K(U_S - U_G) \tag{5-13}$$

式中　K——变换系数;

U_G、U_S——发电机电压、系统电压有效值。

设电平检测 I 和电平检测 II 的动作电压均为 U_{op},当 $|K(U_G - U_S)| \leq U_{op}$ 时,表示压差满足要求,电平检测 I 和电平检测 II 均不动作,$U_{\Delta U}$ 为"0",解除合闸部分闭锁。

当 $|K(U_G - U_S)| > U_{op}$ 时,表示压差不满足要求,若 $U_G > U_S$,则 $U_{an} = K(U_G - U_S) > U_{op}$,电平检测 I 动作,而 $U_{bn} = K(U_S - U_G) < 0$,电平检测 II 不动作。同理,若 $U_S > U_G$,有 $U_{bn} = K(U_S - U_G) > U_{op}$,则电平检测 II 动作,而电平检测 I 不动作。由此可以对压差大小和方向进行鉴别。

只要电平检测 I 和电平检测 II 有一个动作,$U_{\Delta U}$ 都为"1",将合闸部分闭锁。

2. 调压脉冲形成单元

调压脉冲的形成是根据压差方向鉴别结果,形成相应的升压或降压脉冲。由于各种励磁调节器特性不同,要求调压脉冲宽度及调压脉冲间隔可以进行调节控制,便设置调压脉冲的宽度和间隔控制电路。发调压脉冲时,控制电路开放调压脉冲形成环节,允许调压脉冲的发出;进入调压脉冲间隔时,控制电路将调压脉冲形成环节闭锁,不允许调压脉冲的发出。

当 $U_G > U_S$,电平检测 I 动作时,降压脉冲形成电路受其动作信号和脉冲宽度与间隔控制电路控制,发出相应的降压脉冲。同样,当 $U_S > U_G$,电平检测 II 动作时,升压脉冲形成电路发出相应的升压脉冲。

(四)电源部分

装置直流电源有三种,由系统侧电压互感器供电,经整流滤波后获得 +55 V,采用参数式稳压得到 +40 V、+12 V。

知识点五　微机同期装置的运行与调试

一、微机同期装置的总体结构和测量

(一)总体结构

采用微机同期装置时,其控制规律是通过使用软件来实现的。微机同期装置的系统结构可以用图 5-12 来表示。

计算机通过测量模块采集所需的信息(发电机电压、系统电压),不断地对同步的三个条件(频率差、电压差、相位差)进行计算和校核。不满足时发出相应的调速和调励磁命令,通过调速器和励磁调节器调整机组的转速和电压,使上述条件得到满足。一旦满足,即发出断路器关合命令,实现机组的同步并列。

通常,微机同期装置是作为独立设备存在的。过去,为了节约投资,采用几台机组合用一套或两套同期装置。随着机组容量的增大和计算机价格的下降,现在基本上都是设置各自的微机同期装置。

(二)测量

微机同期装置要测量的值有电压差、频率差和相角差。由于快速并列要求,微机同期

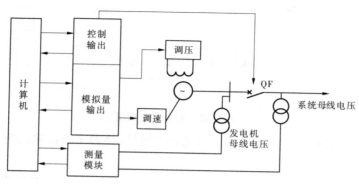

图 5-12　系统结构图

装置都有独立的快速测量模块,不与机组电量检测部分共用。此外,有的装置还有实际测定断路器关合时间的功能,以适应机组运行过程中断路器关合时间发生变化的情况。

频率差、相角差鉴别电路用以从外界输入装置的两侧 TV 二次电压中提取与相角差有关的量,进而实现对准同步三要素中频率差及相角差的检查,以确定是否符合同步条件。此外电压差和频率差的测量也作为机组电压调整和调速的依据。

来自并列点断路器两侧 TV_S 和 TV_G 的二次电压经过隔离电路隔离后通过相敏电路将正弦波转换为相同周期的矩形波,通过矩形波电压的过零点检测,即可从频率差、相角差鉴别电路中获取计算待并发电机侧及运行系统侧的频率 f_G、f_S 的信息,获取频差 f_d、角频率差 $\overline{\omega}_d$。这些值可以在每一个工频信号周期获取一个,在随机存储器中始终保留一个时段。

1.电压差的测量

最简单的办法是将发电机电压和系统电压分别整流,再将整流后的值相减,即可得电压差。这种方法比较简单,但要有相应的整流电路,还带来一定的延时。新的测量方法是直接测电压的波形,即多点采样电压的瞬时值,这样可以消除整流电路的延时。其工作原理为,根据采样得到的电压波形瞬时值,采用逐个比较的方法求出其最大值,这实质上是采用编写程序的方法计算电压差的幅值。此时,要有一个高频的采样频率,一般取 8 kHz,可能采用的最大理论误差约为 0.04%。

2.频率差鉴别

把交流电压正弦信号转换成方波,经二次分频后,它的半波时间即为交流电压的周期 T。利用正半周期高电平作为可编程定时计数器开始计数的控制信号,其下降沿即停止计数并作为中断申请信号,由 CPU 读取其中计数值 N,并使计数器复位,以便为下一周期计数做好准备。测频原理框图如图 5-13 所示。

可编程定时计数器的计时脉冲频率为 f_c,则交流电压的周期为 $T = N/f_c$,交流电压的频率为 $f = f_c/N$。

发电机电压和系统电压分别由可编程计数器计数,读取 N_G、N_S 后,求取 f_G、f_S,将其绝对值与设定的允许频率偏差整定值进行比较,做出是否允许并列的判断。

3.相角差鉴别和合闸命令的发出

相角差测量框图如图 5-14 所示,发电机电压和系统电压通过电压变换和方波整形,

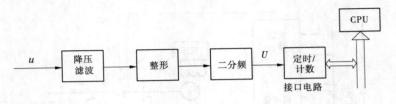

图 5-13　测频原理框图

得到两个方波,将这两个方波加至异或门的相敏电路,当两个方波输入电平不同时,异或门输出为高电平。

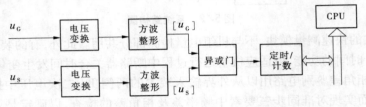

图 5-14　相角差测量框图

异或门输出高电平宽度的不同代表了相角差 δ_d 的变化。通过计数器和 CPU 可读取方波宽度的大小,求得相角差 δ_d。为了叙述方便起见,设系统频率为 50 Hz,待并发电机的频率低于 50 Hz。从电压互感器二次侧来的电压 u_G、u_S 的波形如图 5-15(a)所示,经电压变换和方波整形后得到图 5-15(b)所示的方波,两方波经过异或电路就得到图 5-15(c)所示的一系列宽度不等的矩形波。显然,这一系列矩形波的宽度 τ_i 与相角差 δ_i 相对应。

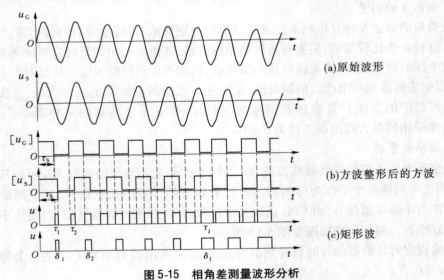

图 5-15　相角差测量波形分析

在实际装置中,有了每一个工频周期计算出来的理想导前合闸角 δ_y,又有了每半个工频周期测量出来的实时相角差 δ,只要不断搜索 $\delta = \delta_y$ 的时机,一旦出现,同期装置即可发出合闸命令,使待并发电机恰好在 $\delta = 0°$ 时并入系统。

$\overline{\omega}_d$ 和 $d\overline{\omega}_d/dt$ 也是同步装置按模糊控制原理实施均频控制的依据,装置在调频过程中不断检测这两个量,进而改变控制脉冲宽度及间隔,使其用快速而又平稳的力度使待并发电机进入允许同步条件。

4.频率差的测量

直接测量相应电压的频率,再求它们之间的差,即为频率差。测频率是采用软件鉴零的方法测量电压正弦波的周期,为了提高精度,测量 4 个周期,如图 5-16 所示。采样频率可取 8 kHz。第一次电压正向过零时,计数器开始计数,直至电压第 5 次正向过零时终止。此时,被测频率的计算为

$$f = \frac{8\,000 \times 4}{N} = \frac{32\,000}{N} \tag{5-14}$$

式中　N——计数器的存留数。

当 $N = 640$ 时,$f = 50$ Hz。此法的误差为 $\pm\frac{1}{640}$,相当于 $\pm 0.2\%$ 误差。

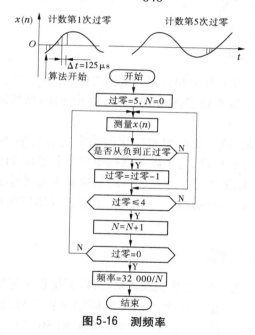

图 5-16　测频率

5.断路器关合时间的测量

在采用测量相位差的同期装置中,可以在发出合闸命令后,通过触发器触发计数门电路,放入基频脉冲,计数器开始计数,而关合后的相位差为零,此时另一触发器触发,关断计数门电路,从而可以根据记录情况来计算断路器的实际关合时间。

断路器的关合时间不是一成不变的。因此,若要准确测定该时间,就必须对关合时间进行预测,以提高其精确性。

通过对关合时间的分析可知,影响关合时间的因素有两个:一个是随时间和动作次数增加而缓变的分量,另一个是与传动机构的间隙、电源或油压波动及执行继电器、接触器等有关联的随机分量。随机分量的统计规律较复杂,用一般随机统计方法预测关合时间会产生较大的误差。

6. 断路器合闸命令发出时刻的确定

当同步并列条件得到满足以后,就要捕捉同步并列的时机,即确定何时发出断路器合闸脉冲。对发出断路器合闸命令时刻的要求是,断路器合闸命令发出后,经过一段时间(关合时间),断路器主触头闭合,要求闭合时刻相位差正好等于零。这样对机组和系统都不会有冲击。确定发出断路器合闸命令时刻的方法如下。

1)不考虑频率差变化的方法

早期的微机同期装置不考虑频率差变化对发出断路器合闸命令时刻的影响,此时发出关合断路器命令的时刻按下式确定,即

$$\theta_y = \theta_d + T \frac{d\theta}{dt} \tag{5-15}$$

式中　　θ_y——预期的关合时刻相位差角;

　　　　θ_d——当前的相位差角;

　　　　T——断路器的关合时间;

　　　　$\dfrac{d\theta}{dt}$——频率差,即滑差。

希望 θ_y 为零,或至少在允许的相位误差范围之内,如小于 2°。

采用这种方法的同步装置较多,如 ABB 公司的 RES010 微机同期装置就采用此法。

2)考虑频率差变化的方法

目前已有比较精确的、能考虑频率差变化的确定发出断路器合闸命令时刻的方法。这种算法的优点是精确度比较高,它可以考虑频率差的任意时刻变化。根据此法确定发出断路器合闸命令的时刻,断路器主触点闭合时相位差角很接近零。缺点是,计算量比较大,程序复杂,要求采用高性能的微机。近年来,也有人提出应用预测理论来确定发出断路器合闸命令的时刻。

二、微机同期装置实例

微机同期装置自 20 世纪 80 年代初投入运行,以其优良快速的准同期控制功能,在电力系统中迅速得以推广。目前国内生产的微机同期装置型号较多,但应用得较多的有 SJ - 12 型和 SID - 1、SID - 2 型。限于篇幅这里简单介绍 SID 型。

SID - 1 型微机同期装置有 SID - 1S 型和 SID - 1M 型,SID - 1S 型适用于单机同期,SID - 1M 型为多机型,可以适用于 15 台机组的同期。SID - 2 型微机同期装置有 SID - 2V 型、SID - 2T 型、SID - 2VT 型,SID - 2V 型可用于 1~15 台机组的准同期,SID - 2T 型为线路同期而设计,可用于 1~7 条线路的快速自动准同期,SID - 2VT 型可用于 1~5 台机和 1~9 条线路的快速同期。

(一)线路同期装置的主要功能

(1)每一次同期并列后都能自动测量和显示本次断路器的合闸时间。这一功能可以作为设置或修改断路器合闸导前时间的依据。

(2)同期并列的各种参数可以独立设置和修改,掉电保持。

(3)可以与计算机监控系统配合,进行远方操作。

（4）具有完善的自检功能，能定时检测控制器内部各元件的工作情况，若发现出错，立即显示相应出错信息，指出出错部位，并输出报警信号。

（5）控制器可自行产生两路试验电压，分别模拟同期点两侧电压，且待并侧电压可以改变频率。所以，试验时可以不用变频电源。

（6）控制器设置了一个键盘接口，与选配的专用开发试验装置连接时，将具有对装置更深层的开发调试功能。

（7）在满足并列条件时出现的第一个 $\delta = 0°$ 时刻，提前发出合闸脉冲，使断路器在 $\delta = 0°$ 时合闸。

（8）控制器可使用直流或交流 220 V、110 V 电源，也可使用用户指定的其他电压等级的电源。

（二）发电机同期装置的主要功能

发电机同期装置除具有线路同期装置的所有功能外，还具有如下功能：

（1）自动测量发电机和系统的频率差和电压差，能有效地进行均压控制，尽快促成准同期条件的到来。

（2）具有过电压保护功能，一旦机组出现整定的电压值，立即输出一电压控制信号。

（3）不执行同期操作时，可以作为工频频率表使用。

（三）基本工作原理

线路同期装置和机组同期装置的原理框图是一样的，由于发电机同期装置工作程序相对复杂一些，这里仅简单介绍发电机准同期装置 SID－2V 型控制器的工作原理（见图 5-17）。

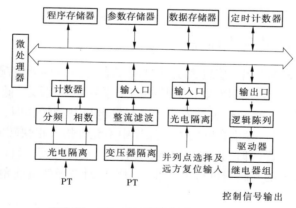

图 5-17　SID－2V 型控制器的原理框图

1.均压控制

在 SID－2V 型控制器中采用了纯硬件的电压比较电路实现均压控制。通过两个电压比较器可分别设定允许电压差的上下限值 U_H 及 U_D。当待并机组电压偏离允许值范围时，控制器即发出升压或降压命令。控制量的大小由均压控制系数决定，不同的励磁调节器具有不同的均压控制系数，这个系数在机组运行时进行试投，以取得一个控制品质最好的值。

2. 断路器合闸时间的测量

SID-2V 型控制器的计时功能是在发出并网命令开始计时,至断路器主触点闭合停止计时。停止计时信号取自断路器辅助触点。显示器上显示的合闸时间在装置失去工作电源时会丢失。

SID-2V 型控制器每半个工频周期测量一次实时的相角差 δ 值,并在每两个工频周期计算一次理想合闸导前角 δ_K,当 $\delta_K = \delta$ 时控制器即发出合闸脉冲。

3. 过电压保护

SID-2V 型控制器的过电压保护也是由电压比较器由硬件方式实现的,与均压控制一样。

4. 自检

SID-2V 型控制器在工作过程中对全部硬件,包括微处理器、存储器、接口电路、继电器等进行检查。自检出错会显示,会报警,同时闭锁合闸回路,不发出控制信号。

微机同期装置的运行过程如下所述:

(1)选择待并机,将选择信号经光电隔离后送入控制器。控制器自动调出与该机有关的工作参数。

(2)将同期点两侧的电压经变压器和光电隔离引入控制器。

(3)控制器根据引入的电压量进行电压、频率、相位等参数的处理和比较。

(4)若同期条件不满足,闭锁合闸回路发出相应的加速、减速、升压、降压信号。

(5)在满足同期条件时,发出合闸脉冲。

【核心能力训练】

一、手动准同期操作能力训练

在手动准同期合闸装置中,值班人员通过同步表的指针摆动情况来发出合闸信号。当指针向"快"的方向转动,说明发电机的频率高于系统频率;反之,低于系统频率。一般是在两频率接近相等时才将同步表投入。在进行发电机并列操作时,当指针缓慢转向红线并快要接近红线位置时,发出合闸信号。操作中不允许指针很快转向红线时合闸,也不允许指针停留在某一位置(即使是红线位置)时合闸。这就要求运行人员熟知断路器的合闸时间。合闸时间长的断路器进行手动准同期操作时考虑的提前角度要大些;反之,要小些。

(一)同期闭锁装置

为了避免在较大相角差合闸,在手动准同期回路中设置了闭锁装置。由同期监察继电器 KSY、准同期合闸闭锁小母线、同期闭锁开关 SAL 组成,如图 5-18 所示。

(二)同期监察继电器 KSY 的工作原理

每个线圈中产生一个磁通,其合成磁通与二者的电压差成比例,二者的电压差与它们之间的相角差有关,规定合闸允许相角差不大于 20°,相应的电压差不大于 35 V。即当并列时电压差小于 35 V 时,继电器不动作,动断触点 KSY1 闭合,允许发合闸脉冲;当并列时电压差大于 35 V 时,继电器动作,动断触点 KSY1 断开,闭锁发合闸脉冲。

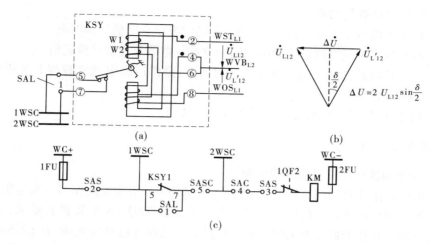

图 5-18　同期闭锁装置

（三）同期闭锁退出

当断路器不需要同期合闸时，如投到不带电压的母线上（线路对侧无电源的线路断路器），或发电机停机时，要合出口断路器，由于一侧无电压，两侧的电压差远大于35 V，继电器动作，动断触点 KSY1 始终断开，断路器无法合闸，将与 KSY1 并列的同期闭锁开关 SAL 打到"退出"位置，触点"1"接通，解除了 KSY 的闭锁，可以合闸。在手动准同期并列的过程中，为了防止由于同期装置工作不正确及运行人员误操作造成的非同期并列，除在手动准同期电路中装设同期监察继电器外，同期点断路器之间也有互相闭锁。在同一时间内只允许对一台断路器进行同期并列操作。为此，每个同期点断路器均装有同期开关 SAS，并公用一个可抽出手柄。此手柄只有在 SAS 为断开位置时才能抽出，以保证在同一时间内只能对一台断路器进行并列操作。

下面以采用同期小屏装置，发电机并列于运行母线为例，说明手动准同期的主要操作步骤。

（1）发电机升至额定值后，合上灭磁开关给发电机励磁。

（2）调节励磁电流使发电机电压升至额定值，合同期转换开关 SAS 于"投入"位置，将待并发电机与运行母线电压加到同期小母线上。

（3）操作转换开关 SAL 至"同期闭锁"位置，断开 SAL 的 1 – 3 触点，投入同期监察继电器。

（4）操作同期小屏上的手动准同期开关 SA1 到"粗略"位置，调节发电机转速和电压，使两电压表和频率表的指示一样。

（5）操作 SA1 到"精确"位置，将同期表投入，同期开关开始旋转。

（6）调节发电机转速，使同期表指针向"快"的方向缓慢旋转，即待并发电机频率略高于运行母线电压频率，将控制开关 SA1 旋转到"预备合闸"位置，待指针靠近红线时，立即将 SA1 转到"合闸"位置，使断路器合闸。由于发电机频率略高，合闸后立即带上少许有功功率，利用其同步力矩将发电机拖入同期。

(四)完成同期装置的操作

任务1：了解模拟电站断路器的合闸时间，确定发出合闸信号的时刻。

任务2：找到模拟电站同期装置中的同期监察继电器及确定其整定值。

任务3：模拟电站自动准同期装置设备的认识，操作过程中现象观察并分析结果，导前时间的正确调整。

任务4：正确书写操作票，并完成手动准同期操作。

二、检修能力训练

(一)关于调速脉冲宽度问题的处理

当水电厂采用公共同期装置方式，及用一台 ZZQ-5 型装置操作多台发电机并列时，会遇到不同类型的调速器。微机调速器能很好地达到 ZZQ-5 型装置的要求，并能以最快的速度并网。其他调速器对 ZZQ-5 型装置发出的调速脉冲宽度的要求不同，若以机械调速器整定调速脉冲宽度，易发生调速脉冲宽度过宽而使电液调速器过调；若以电液调速器整定调速脉冲宽度，易发生机械调速器拒调。

解决的措施：改变脉冲宽度调节电位器的连接方式，使 ZZQ-5 型装置能够发出两种调速脉冲。

(二)关于导前时间问题的处理

当水电站更换断路器时，新断路器的合闸时间会发生变化的情况，ZZQ-5 型装置面板上有调节断路器合闸时间的电位器，但不能做到每合一种开关就调节一次导前时间，这样误差较大且不安全。现场可以采取的方法为，以断路器合闸时间最长的时间来整定 ZZQ-5 型装置，发出合闸命令后再增加一个延时去启动继电器。

三、调试能力训练

(一)微机准同期装置的调试及电压整定

控制器在出厂前已根据用户所提供的参数和要求全部调试完毕，控制器具有很强的自检功能，能正确指出出错部位，所以其调试和维护非常方便。另外，在机箱内输入板上方设有多个测试点，分别可测试内部各重要点的波形和电压信号，必要时可打开机箱，用示波器和电压表按照各测试点的定义(见装置说明书)测试各点信号。测试信号是从这些测试点针对装置 5 V 电源的"地"取得的。

另外，在输入板上还设有 4 个多圈精密电位器，用于整定并列允许电压差及允许过电压值，其整定方法如下：

首先，将装置 work/test 开关设定在 W 状态，将开发装置模拟系统和发电机的电压(85~120 V AC 可调)接入控制器，然后接通电源按以下步骤调试：

(1)调节开发装置发电机电压为 1.15 倍额定电压，整定允许过电压值。

(2)调节开发装置把模拟发电机和系统电压均调到 100 V，使相应于发电机和系统电压测点的两点电压差为零。

(3)保持系统电压为 100 V，将发电机电压降到 $80\% U_N$ 以下，然后慢慢增至允许的最低电压值来整定电位器，如 $95\% U_N$。

（4）把发电机电压调到所允许的最高电压值，如 $105\% U_N$，然后整定电位器。

这四个调试步骤的顺序不能变动。

考虑到发电机及系统 TV 可能因熔断器熔断，或二次电缆断线等因素导致准同期控制器对发电机进行错误的控制，进而产生严重的并网冲击或使发电机过电压，控制器设置了当 TV 二次电压低于额定电压的 65% 以下时进行低压闭锁的功能。为此，控制器必须在发电机和系统电压均达到 65% 以上额定电压时才允许投入。如果在控制器工作过程中 TV 失电，控制器也将进入低压闭锁状态并报警。只有通过复位或断开控制器电源后再加电，控制器才能再次进入工作状态。

（二）微机准同期装置现场调试注意事项

（1）用 SID－2V 型准同期试验开发装置逐一核对装置的对外引线与外部的连接是否有误码。特别是输入的 TV 二次电压有否接反，调速、调压有否接反。

（2）在接线无误的情况下，可将同期方式选择开关投向"试验"位置（一般工作方式有切除、试验、手准、自准四种），并合上该发电机的同期开关。此时，除合闸回路断开外，其他所有功能均可以提供检查。检查控制器的同步表是否与同期小盘上的同步表指示一致，若相反，则需再次检查 TV 接线并调换一个 TV 次级的接线极性。如控制器的调速及调压功能已投入，可人工将频率、电压调偏，观察频率或电压的变化情况。如调节过猛，出现过调现象，导致频率与电压来回在额定值上下摆动。这说明均频控制系统（或均压控制系数）取值过大。此时，可将控制器面板中排右侧的 W/T 开关投向 T 侧（右侧），然后按一下红色的复位按钮，此时，控制器进入参数设置状态。显示器最左侧出现提示符"P"，按 KG 键调出均频控制系数（或均压控制系数）。按 KP 键，系数值按 0.01 步距递增，直到 1.00 时再按 KP 键，系数将由 0 向上递增。选择一个较上次小的系数后停止按 KP 键，再按一次 KG 键确认此整定值。然后将 W/T 开关投向 W 侧，按复位键，于是控制器又投入工作状态。手动将频率或电压调偏，观察频率或电压的变化情况，如果发现还存在过调现象，只需按前述步骤再减少均频或均压系数。如果发现调节过程很慢，频差和压差迟迟不能进入允许值，则应按前述操作增大均频控制系数或均压控制系数，直到调节过程达到既快速又平衡的状态。

应该指出，由于不同机组的调速及调压特性不一样，当一台控制器供多台发电机共用时，必须分别选定每台发电机的均频、均压控制系数。对水电厂而言，由于冬季和夏季的水头有一定的波动，也可能导致在不同水头条件下机组的调速特性有较大变化，如果出现这种情况，应重新选择该机组的均频控制系数。

（3）控制器面板上的八位数码显示器上的左、右两端，如果没有出现 F、－F、U、－U 的符号，表明频差与压差均已满足要求，此时应在第一次出现的 $\delta = 0°$ 前发出合闸命令。在同步表圆心上的红色指示灯将闪亮一下，同时数码管显示器上将出现 4 个"U"。

（4）将同期方式选择开关投向"自准"位置，进行发电机自同期试验，为可靠起见，此时可先将发电机断路器的隔离开关断开，让控制器直接操作一次断路器，但并不真并网。如果试验顺利，则可将隔离开关合上，再做真并网试验。并网前请注意观察发电机定子电流的大小，以及合闸命令是在同步表哪个角度发出的。

如果发电机断路器辅助触点的信号已接入，则在发电机并网后，控制器的显示器上将

显示断路器合闸回路的合闸时间(以毫秒计)。如未接入该信号,则显示器将显示4个
"U"。

应该指出,试验时如果控制器一直带电,则每次试验都应对装置进行复位操作;如果
是重新上电,则无需进行复位操作。

(三)检修及调试能力训练

任务:完成微机准同期装置的均频控制系数(或均压控制系数)的合理设置。

【知识梳理】

任务:完成微机准同期装置的均频控制系数(或均压控制系数)的合理设置。

(1)并列操作是指将同步发电机投入电力系统并列运行的操作,并列操作方法主要
有准同期和自同期两种。准同期并列时产生的冲击电流较小,不会使系统电压降低,并列
后容易拉入同步,但并列操作过程较长;自同期并列操作简单,并列速度快,但冲击电流较
大。凡断路器断开后两侧均有可能存在电压差的断路器,都应视为同期点。同期操作时
可采用手动准同期和自动准同期。

(2)考虑实际同步发电机并列难以同时满足三个理想并列条件,即会存在电压差或
频率差或相角差,所以并列瞬间有冲击电流,且影响并列后发电机进入同步运行的过程。
并列时存在电压差会产生无功性质的冲击电流,引起定子绕组发热和在定子端部产生冲
击力矩;并列时存在相角差会产生有功性质的冲击电流,在发电机的大轴上产生冲击力
矩;并列时存在频率差会产生周期性变化的冲击电流,影响发电机进入同步的过程,滑差
周期、滑差频率和滑差角频率都可用来表示待并发电机与系统间频率相差的程度,滑差同
期可以反映频率差,滑差周期与滑差频率成反比。

(3)手动准同期装置均为非同期闭锁的手动准同期装置。它由同期测量表计、同期
监察继电器和相应的转换开关组成,手动准同期操作是先将需要进行同期操作的断路器
两侧电压经过电压互感器变换和二次回路切换后的交流电压引到控制屏顶部的同期小母
线上,再经手动准同期装置进行合闸操作。

(4)ZZQ-5型自动准同期装置由自动合闸、自动调频、自动调压、电源四部分组成。
合闸部分的作用是利用线性整步电压来检定同步条件,当频率差和电压差均满足时,提前
一个时间发合闸脉冲,当频率差或电压差不满足要求时,闭锁合闸脉冲。调频部分作用是
鉴别频差方向,发出相应的调速脉冲,使发电机频率趋近于系统频率;调压部分作用是鉴
别电压差方向,发出相应的调压脉冲,使发电机电压趋近于系统电压;电源部分由系统侧
电压互感器供电,经整流滤波后获得+55 V,采用参数式稳压得到+40 V、+12 V。

(5)模拟式自动准同期装置在原理上存在导前时间不恒定、同步操作速度慢、受元件
参数变化的影响,会使并列时间延长,已逐渐被微机型自动准同期装置替代。微机型自动
准同期装置由微机处理器、压差鉴别电路、频率差及相角差鉴别电路、输入电路、输出电路
及电源、试验装置等组成,原理上能保证合闸冲击电流接近于零并控制准同期条件第一次
出现时就能准确投入发电机。

(6)以SID-2V型自动准同期装置为例,分析了主程序流程、定时中断子程序流程及
装置特点和现场调试注意事项。

【应知技能题训练】

一、判断题

1. 导前时间不是由线性整步电压决定的,而是由电路结构决定的,可以通过改变相应的电阻和电容参数来进行调节。　　　　　　　　　　　　　　　(　　)

2. 线性整步电压波形的最低点就是相角差为零的时刻。　　　　　　　(　　)

3. 数字式并列装置的控制规律是由软件来实现的。　　　　　　　　　(　　)

4. 交流电压正弦信号转换成方波,经二次分频后,它的半波时间就是交流电压的周期。　　　　　　　　　　　　　　　　　　　　　　　　(　　)

5. 导前时间应小于并列断路器的合闸时间。　　　　　　　　　　　　(　　)

6. 调压脉冲发给励磁装置。　　　　　　　　　　　　　　　　　　　(　　)

7. 导前时间脉冲先于导前相角脉冲发出,说明频率差符合要求。　　　(　　)

8. 水电站中每个同期开关都有一个操作把手。　　　　　　　　　　　(　　)

9. 输电线路上的断路器必须设置同期点。　　　　　　　　　　　　　(　　)

10. 待并侧的 W 相电压必须引接到同期小母线上。　　　　　　　　　(　　)

11. 同期监察继电器的作用是避免在较大的相角下合闸而造成非同期合闸。(　　)

12. 手动同期时,应该在 S 指针停止在垂直位置时操作。　　　　　　　(　　)

13. 同期点是指在断路器旁装设同期开关。　　　　　　　　　　　　　(　　)

14. 同期监察继电器在两侧电压大小相等而方向相反时返回,允许发出合闸脉冲。

　　　　　　　　　　　　　　　　　　　　　　　　　　　　　(　　)

15. 水电站中为了防止误操作,所有同期开关只有一个公用的操作把手。(　　)

16. 同期检查继电器的作用是使两侧电源不满足同期条件时不能发出合闸脉冲。

　　　　　　　　　　　　　　　　　　　　　　　　　　　　　(　　)

二、单选题

1. 线形整步电压斜率与频率差(　　　　)。

　　A. 成正比　　　　　　　　　B. 无关　　　　　　　　　C. 成反比

2. 线形整步电压中的 $\delta = 0°$ 的点(　　　)真正的 $\delta = 0°$ 的点。

　　A. 滞后于　　　　　　　　　B. 就是　　　　　　　　　C. 超前于

3. ZZQ－5 型装置中,白色指示灯由明及暗缓慢交替说明(　　　　)。

　　A. 电压差符合要求　　　　B. 频率差符合要求　　　　C. 相角差符合要求

4. ZZQ－5 型装置中,导前时间脉冲先于导前相角脉冲发出,说明(　　　)。

　　A. 频率差符合要求　　　　B. 频率差不符合要求　　　C. 都不对

5. 利用电平检测电路鉴别电压差方向时,如果 $U_G < U_S$,但电压差大于允许值,则
(　　　)。

　　A. 电平检测电路 1 动作

　　B. 电平检测电路 2 动作

　　C. 电平检测电路 1、2 动作

6. 线性整步电压不能反映(　　　)信息。

A. 频率差　　　　　　　　B. 电压差　　　　　　　　C. 角度差

7. 线形整步电压最低点($U_{syn} = 0\ V$)对应的 δ 角为(　　)。

A. 0　　　　　　　　B. π　　　　　　　　C. 视 U_G、U_S 接入的相位而定

8. 当观察到发电机方波电压下降沿对应于系统方波电压的高电平时(　　)。

A. 说明 $f_G > f_S$　　　　　　B. 说明 $f_G < f_S$　　　　　　C. 不能判断频差方向

三、多选题

微机型自动准同期装置的主要特点表述正确的是(　　)。

A. 高可靠性　　　　　　　　　　　　　B. 高精度

C. 高速度　　　　　　　　　　　　　　D. 调试复杂

四、填空题

1. 电力系统常用的同期并列方式有_____和_____。发电厂和变电所广泛采用_____同期并列方式。

2. 准同期并列的理想条件是待并发电机与运行系统满足下列条件:电压相等、频率相等及_____。

3. 同期点是指需要进行同期操作的_____。

4. 同期时必须把待并侧的_____相电压和_____相电压引接到同期小母线上去。

【应会技能题训练】

1. 电力系统中,同步发电机并列操作应满足什么要求? 为什么?

2. 电力系统中,同步发电机并列操作可以采用什么方法?

3. 什么是同步发电机准同期并列? 有什么特点? 适用于什么场合? 为什么?

4. 当同步表的指针停留在红线的位置时能否进行合闸? 为什么?

5. 如何将同期电压引到同期屏上?

6. 在什么情况下需要用到转角变压器? 应如何引接?

7. 手动准同期装置中为什么要采用同期检查继电器? 手动准同期装置为什么要采取闭锁装置?

8. 合闸脉冲为什么需要导前时间? 断路器合闸脉冲的导前时间应如何考虑?

9. 利用线性整步电压如何检测发电机是否满足准同期并列条件?

10. 已知发电机准同步并列允许压差为额定电压的 5%,允许频差为额定频率的 0.2%,并列断路器的合闸时间为 0.2 s。试问图 5-19 所示正弦整步电压波形是否满足压差和频差条件($T_d = 11\ s$)? 并画出合闸脉冲(低电位)。

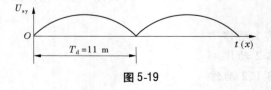

图 5-19

11. 滑差、滑差频率、滑差周期有什么关系？

12. 同步发电机准同期并列的理想条件是什么？实际并列条件是什么？

13. 说明同步发电机采用自动准同期方式并列时产生冲击电流的原因。为什么要检查并列合闸时的滑差？

14. 自动准同期装置一般由哪几部分组成？各部分的主要作用是什么？

15. ZZQ-5 型自动准同期装置是如何检查频率差大小的？

16. ZZQ-5 型自动准同期装置，鉴别频率差方向用什么方法？试说明其工作原理。

17. ZZQ-5 型自动准同期装置，鉴别电压差方向用什么方法？试说明其工作原理。

18. 微机型自动准同期装置并网后显示开关合闸时间与整定时间误差较大，如何处理？

19. 微机型自动准同期装置的控制参数中，均压控制系数和均频控制系数是怎样确定的？

20. 微机型自动准同期装置的主要功能有哪些？

21. 同期装置发出调频信号，而调速器没有进行调节，如何处理？

项目六 同步发电机自动调节励磁装置的安装检修与设计

【教材知识点解析】

知识点一 同步发电机励磁调节系统的任务

励磁控制系统的主要任务是向发电机的励磁绕组提供一个可调的直流电流(或电压),以满足发电机正常发电和电力系统安全运行的需要。无论是在稳态运行还是在暂态运行过程中,同步发电机运行状态都在很大程度上与励磁有关。对发电机的励磁进行调节和控制,不仅可以保证发电机及电力系统的可靠性、安全性和稳定性,而且可以提高发电机及电力系统的技术经济指标。同步发电机励磁调节系统框图如图 6-1 所示。同步发电机励磁调节系统的任务如下所述。

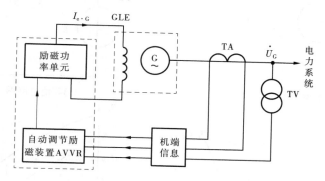

图 6-1 同步发电机励磁调节系统框图

一、系统在正常运行时,维持机端电压或系统中某点电压水平

电力系统正常运行时,负荷是经常波动的,同步发电机的功率也随之发生变化。随着负荷的变化,要求及时调节励磁电流,以维持发电机端电压或系统某点电压在给定水平,所以励磁系统担负着维持电压水平的任务。

为方便起见,可用单机运行系统来进行分析,如图 6-2(a)所示为同步发电机的运行原理图。图 6-2(b)所示为同步发电机的等值电路图,图中发电机感应电动势 $\dot{E}_q$ 与机端电压 $\dot{U}_G$ 的关系为

$$\dot{E}_q = \dot{U}_G + j\dot{I}_G dX_d \tag{6-1}$$

式中 $\dot{I}_G$——发电机定子电流;

X_d——发电机直轴同步电抗。

图 6-2(c)所示为发电机的矢量图,由此可知 $\dot{E}_q$ 与 $\dot{U}_G$ 的幅值关系为

$$E_q\cos\delta = U_G + I_r X_d \tag{6-2}$$

式中 δ——发电机的感应电动势 $\dot{E}_q$ 与机端电压 $\dot{U}_G$ 间的相角,即发电机功率角;

I_r——发电机的无功电流。

由于 δ 值一般很小,可近似认为 $\cos\delta = 1$,则式(6-2)可简化为

$$E_q \approx U_G + I_r X_d \tag{6-3}$$

式(6-3)表明,在励磁电流一定、E_q 一定的条件下,无功负荷的变化是造成机端电压偏移的主要原因。由式(6-3)可作出发电机的外特性,如图 6-2(d)所示。当无功负荷 I_{r1} 增加到 I_{r2} 时,若励磁电流维持 I_{E1} 不变,则相应机端电压 U_G 从 U_{GN} 降到 U_{G2}。此时,若要保持机端电压为 U_{GN},则应使励磁电流 I_{E1} 增加到 I_{E2},即使外特性曲线上移。同样,当无功负荷减小时,为保持机端电压为额定电压 U_{GN},励磁电流应相应减小,即使外特性曲线下移。由上述分析可见,励磁系统可维持机端或系统中某点的电压水平。

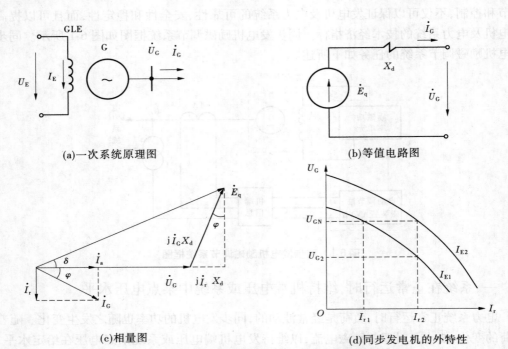

(a)一次系统原理图　　　　　　　　　(b)等值电路图

(c)相量图　　　　　　　　　(d)同步发电机的外特性

图 6-2　同步发电机运行原理示意图

二、对并联运行机组间的无功功率进行合理分配

为便于分析,设同步发电机与无限大容量母线并联运行,发电机端电压不随负荷变化而变化,如图 6-3 所示。由于发电机输出的有功功率只受调速器控制,发电机的输出功率由原动机输入功率决定,与发电机的励磁电流大小无关,当原动机输入功率不变时,发电机的输出功率为常数,即

$$P = U_G I_G \cos\varphi = 常数 \tag{6-4}$$

对隐极机而言,由其功角特性可得,发电机输出的有功功率还可表示为

$$P = \frac{E_G U_G}{X_d}\sin\delta = 常数 \tag{6-5}$$

若计及 U_G = 常数,当 X_d 不变时,式(6-4)和式(6-5)可写成

$$I_G\cos\varphi = 常数 \tag{6-6}$$

$$E_G\sin\delta = 常数 \tag{6-7}$$

发电机的矢量图如图 6-3(b)所示。由图可见,当励磁电流变化时,$\dot{E}_q$ 终端变化轨迹 A_1A_2 平行于 $\dot{U}_G$,相应定子电流 $\dot{I}_G$ 的变化轨迹为 B_1B_2。当励磁电流增大,使 $\dot{E}_q$ 增大为 $\dot{E}_{q1}$ 时,相应定子电流 $\dot{I}_G$ 增大为 $\dot{I}_{G1}$,此时无功电流由 I_r 增大为 I_{r1};当励磁电流减小,使 $\dot{E}_q$ 减小为 $\dot{E}_{q2}$ 时,相应定子电流 $\dot{I}_G$ 减小为 $\dot{I}_{G2}$,无功电流由 I_r 减小为 I_{r2}。可见,通过调节励磁电流的大小,可控制发电机发出的无功功率($I_r U_G$),使并列运行机组间的无功功率得到合理分配。

· 110 ·

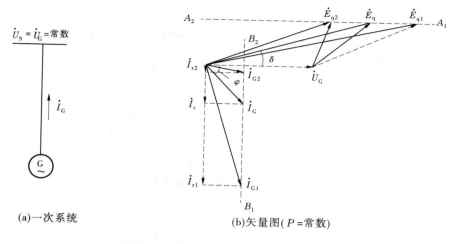

(a)一次系统　　　　　　　　　　　(b)矢量图(P =常数)

图6-3　同步发电机与无限大母线并联运行

三、提高电力系统运行的稳定性

同步发电机稳定运行是保证电力系统可靠供电的首要条件,电力系统在运行中随时可能受到各种干扰,在受到各种干扰后,发电机机组能够恢复到原来的运行状态,或者过渡到另一个新的稳定运行状态,则系统是稳定的。电力系统的稳定可分为静态稳定和暂态稳定两类。

电力系统静态稳定是指,电力系统在正常运行状态下,在遭受到任何一个小干扰(指在正常运行状态下的开关操作、负荷变化等)后,经过一定时间,能够自动地恢复到或者靠近于小干扰前的稳定运行状态的能力。电力系统具有静态稳定,是系统能够正常运行的基本条件。

电力系统暂态稳定是指,在一个特定的稳定运行条件下的电力系统,突然遭受到一个大干扰(指电力系统发生某种事故,如高压电网发生短路等)后,能够从原来的运行状态过渡到一个允许的新稳定运行状态的能力。

(一)提高电力系统的静态稳定性

以图6-4为例,发电机直接并联于无穷大系统,发电机向系统送出的有功功率可表示为

$$P_{\mathrm{G}} = \frac{E_{\mathrm{q}} U}{X_{\Sigma}} \sin\delta \tag{6-8}$$

式中　X_{Σ}——系统总阻抗;

δ——发电机空载电动势 $\dot{E}_{\mathrm{q}}$ 和受端电压 $\dot{U}$ 间的相角。

在某一励磁电流下,对应于某一固定空载电动势 E_{q} 值时,发电机传输功率 P_{G} 是功率角 δ 的正弦函数,$P(\delta)$ 关系曲线如图6-5所示,称为同步发电机的功角特性。在图6-5所示功角特性曲线上可以看出,当发电机输出功率为 P_0 时,则运行在图6-5中的 a 点是静态稳定的。当 $\delta < 90°$ 时,发电机能稳定运行;当 $\delta > 90°$ 时,发电机不能稳定运行;当 $\delta =$

90°时,最大输出功率 $P_\mathrm{m} = E_\mathrm{q}U/X_\Sigma$。

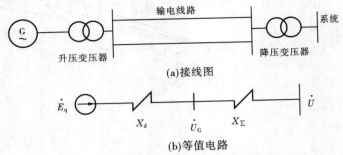

(a)接线图

(b)等值电路

图6-4　电力系统静态稳定分析图

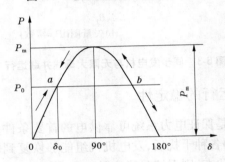

图6-5　同步发电机的功角特性

当发电机发出的有功功率 P_G 不变时,通过增加发电机的励磁电流,即增大发电机的感应电势 E_q,可使发电机的功角减小,从而提高发电机运行的稳定性。另外,当系统有功负荷增加时,发电机输出的有功功率亦应随之增加,此时,增加发电机的励磁电流,可使发电机的功角维持不变,从而保证发电机的稳定运行。

分析发电机的功角特性曲线可得到相同的结论,如当系统电压不变时,提高发电机的励磁电流,即增大发电机的感应电势 E_q,可使发电机的功角特性曲线上移,在相同的功角下,使发电机输出的有功功率增大,从而可保证发电机运行的稳定性。

(二)改善电力系统的暂态稳定性

当电力系统遭受大的扰动后,发电机机组间或电厂之间的联系立即减弱。只有当系统具有较强的暂态稳定能力时,系统中各机组才能保持同步运行。若在刚受到扰动后,励磁装置进行强励,将改善发电机的暂态稳定性。

提高同步发电机的强励能力,即提高励磁顶值电压和励磁电压的上升速度,是提高电力系统暂态稳定性最经济、最有效的手段之一。

四、改善电力系统的运行条件

当电力系统由于各种原因出现短时低电压时,励磁自动调节控制系统发挥其调节功能,即大幅度地增加励磁,以提高系统电压,在下述情况下可以改善系统的运行条件。

(一)改善异步电动机的自启动条件

电网发生短路等故障时,电网电压降低,必然使大多数用户的电动机处于制动状态。

故障切除后,由于电动机自启动需要吸收大量无功功率,以致延缓了电网电压的恢复过程。此时,如果系统中所有发电机都强行励磁,那么就可以加速电网电压的恢复,有效地改善电动机的运行条件。

（二）为发电机异步运行创造条件

同步发电机失去励磁时,需要从系统中吸收大量无功功率,造成系统电压大幅度下降,严重时甚至会危及系统的安全运行。在此情况下,如果系统中其他发电机组能提供足够的无功功率,以维持系统电压水平,则失磁的发电机可以在一定时间内以异步运行方式维持运行,不但可以确保系统安全运行,而且有利于机组热力设备的运行。

（三）提高继电保护装置工作的正确性

当系统处于低负荷运行状态时,发电机的励磁电流不大,若系统此时发生短路故障,其短路电流较小,且随时间衰减,以致带时限的继电保护不能可靠工作。励磁自动控制系统就可以通过调节发电机励磁来增大短路电流,使继电保护可靠工作。

由此可见,发电机励磁系统在改善电力系统运行方面起到了十分重要的作用。

知识点二　对自动调节励磁系统的基本要求

前面分析了同步发电机励磁自动控制系统的主要任务,在同步发电机已经确定的条件下,这些任务主要由励磁系统来实现。为了充分发挥励磁系统各部分的作用,完成发电机励磁系统的各项任务,励磁调节器和励磁功率单元应分别满足如下基本要求。

一、对励调节器的基本要求

（1）在正常运行时,励磁调节器应能反映发电机端电压的变化,自动地改变励磁电流,维持电压值在给定水平。

（2）对并列运行的发电机,要求励磁调节器能合理分配机组间的无功功率。

（3）具备强行励磁等控制功能,以提高暂态稳定和改善系统运行条件。

（4）对远距离输电的发电机组,要求励磁调节器没有失灵区。

（5）时间常数要小,调节速度要快。

二、对励磁功率单元的要求

（1）具有足够的调节容量。

由于发电机在运行中,为了维持系统电压或者发送无功功率,都是靠改变励磁电流来实现的,因此要求励磁功率单元具有足够的调节容量,以适应电力系统中各种运行工况的要求。

（2）具有足够的励磁顶值电压和励磁电压上升速度。

励磁顶值电压是励磁功率单元在强行励磁时可能提供的最高输出电压值,该值与额定工况下励磁电压之比称为强励倍数,一般取 $1.6 \sim 2$。

励磁电压上升速度是衡量励磁功率单元的动态指标,通常将励磁电压在最初 $0.5\,\mathrm{s}$ 内上升的平均速率定义为励磁电压上升速度。

知识点三　同步发电机的常见励磁方式

同步发电机的励磁方式是指发电机直流励磁电源的取得方式。发电机的励磁系统,按供电方式分他励、自励两大类。他励是指发电机的励磁电源由与发电机无直接电气联系的电源供给,如直流励磁机、交流励磁机等。他励励磁电源不受发电机运行状态的影响,可靠性较高但功能较少。自励是指励磁电源取自发电机本身,如晶闸管自并励励磁系统。自励系统由静止元件构成,取消了旋转电机,运行维护简单,但受发电机运行状态影响较大。

一、直流励磁机励磁系统

如图 6-6 所示为直流励磁机励磁系统,发电机的励磁电流由直流励磁机 GE 供给,励磁机的励磁电流则由励磁机自并励电流 i_{ZL} 和自动调节励磁装置输出电流 i_{AVR} 供给,总的励磁电流 $i = i_{ZL} + i_{AVR}$。调节 i 就可改变励磁机的直流电压,从而改变发电机励磁绕组中的电流,实现发电机电压调整的目的。

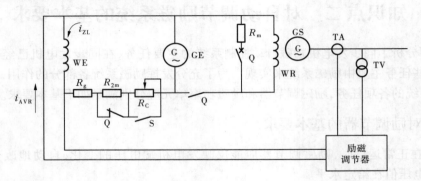

GS—同步发电机;GE—直流励磁机;R_C—磁场变阻器;R_m—灭磁电阻;
WR—发电机励磁绕组;WE—励磁机励磁绕组;Q—灭磁开关

图 6-6　直流励磁机励磁系统

励磁机励磁电流的调节方法:手动调整磁场变阻器 R_C 以改变 i_{ZL} 值;根据端电压偏差信号由励磁调节器自动调节 i_{AVR},以维持端电压为给定值。励磁电流是通过碳刷和滑环送入励磁绕组的。

直流励磁机的特点是技术成熟、可靠性较高、调节方便、价格低廉,但是碳刷和换向器容易磨损,甚至产生环火。同轴直流励磁机影响整个机组长度,目前已被淘汰。

二、交流励磁机 – 旋转整流器励磁系统

旋转整流器励磁系统又称旋转半导体励磁,属于他励式励磁系统,如图 6-7 所示。与本机同轴安装的一台旋转电枢式交流发电机作为主励磁机。由六个二极管构成的三相全波整流装置也安装在主发电机转子上,经整流后直接与发电机转子励磁绕组相连接。因为同在一个旋转体上,可以固定连接,省掉了电刷和滑环装置,所以被称为无刷励磁。交流主励磁机的励磁电流可以通过同轴交流副励磁机供给。同步发电机的励磁电流由交流

励磁机 GE 电枢输出功率经三相全波整流供给。发电机励磁调节是通过自动励磁调节装置来改变晶闸管的导通角,从而改变交流励磁机的励磁电流来进行的。

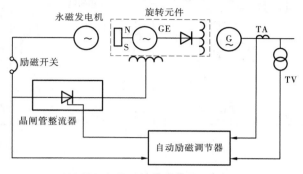

图 6-7　交流励磁机 - 旋转整流器励磁系统

无刷励磁可分为旋转晶闸管和旋转二极管两类,后者结构简单,动态响应也很好,并且取消了电刷和滑环,运行可靠性高,维护简便,在中小型机组上应用较广泛。但也存在不足:发电机事故跳闸时,只能靠二极管续流灭磁,灭磁速度慢;发电机励磁电流和励磁电压不能直接测量;旋转的硅元件和快速熔断器使熔断器承受较大的离心力,对自身的结构有特殊要求,监视熔断器是否完好有一定的难度。

三、自并励晶闸管静止励磁系统

在自并励晶闸管静止励磁系统(见图 6-8)中,发电机的励磁电源由接于发电机出口的励磁变压器 T 提供,励磁电流通过励磁调节器控制晶闸管的导通角进行调节。这种励磁系统的主要优点是简单、便于维护,反应速度也快,不存在碳刷和换向器磨损及环火等问题。缺点是强励倍数不固定,且随故障点至电源的距离不

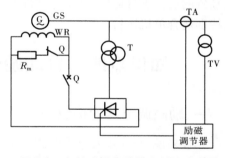

图 6-8　自并励晶闸管静止励磁系统

同而发生变化,如发电机端发生短路,将失去励磁功率,丧失强励功能。

四、自复励晶闸管静止励磁系统

与自并励晶闸管静止励磁系统相比,自复励晶闸管静止励磁系统(见图 6-9)的励磁电压由励磁变流器 TA1 二次电压和励磁变压器 T 二次电压串联后加到整流桥上。因两个电压向量相加,故不仅仅反映定子电压、电流的大小,而且反映 $\cos\varphi$ 的变化,因此又称之为相复励励磁。

当负载电流、功率因数变化时,发电机电压会做相应的变化,可以起到补偿作用。但是励磁变流器激磁电抗较大,致使整个装置效率下降。

五、三次谐波励磁

小型同步发电机常采用这种励磁方式,这是一种自励励磁方式。在发电机定子槽内

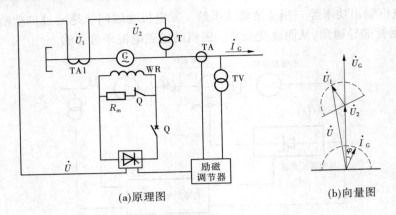

(a)原理图　　　　　　　　(b)向量图

图 6-9　自复励晶闸管静止励磁系统

安置一套单相或三相三次谐波附加绕组,并将发电机转子磁极极化形状和气隙做适当改变,以适当增加发电机气隙磁场三次谐波磁势的含量。将三次谐波绕组电动势经整流后直接送回发电机转子励磁。由于谐波电动势具有随发电机无功负荷增加而相应升高的特性,当发电机负载变动时,谐波电动势会相应变化,自动调整发电机的励磁电流,维持发电机的端电压基本不变,起到了一定的恒压作用,因此常用来作为小型发电机组的励磁。谐波励磁的造价十分低廉,而动态特性非常好,甚至可以启动一台同容量的异步电动机,因此特别适合单机运行。

知识点四　自动励磁调节器调节的基本原理

一、励磁调节器的构成

一般来说,与同步发电机励磁回路电压的建立、调整以及在必要时使其电压消失有关的元件和设备总称为励磁系统。自动调节指的是发电机的励磁电流根据端电压的变化按预定要求自动进行调节,以维持端电压为给定值。如要求端电压为恒定值,则当机端电压升高时,应减少励磁电流;当机端电压降低时,应增加励磁电流。所以,自动励磁调节装置可以看成一个以电压为被调量的负反馈控制系统。

励磁调节器的基本方框图如图 6-10 所示,各单元作用如下:

(1)变换单元:将机端电压电流互感器来的信号变换成可以反映电压、电流和功率因数大小的综合电信号。

(2)测量单元:将变换单元的综合信号进行滤波、整流、检测,输出一个与 U_G 成正比的直流电压 KU_G。

(3)综合比较单元:在该单元中,将整定电压 U_Z 与 KU_G 比较综合,合成出偏差电压 ΔU,$\Delta U = U_Z - KU_G$。当机端电压偏高时 ΔU 为负;当机端电压偏低时 ΔU 为正。

(4)放大单元:放大单元按照 ΔU 的大小和正负进行放大,输出电压 U_K。

(5)执行单元(输出单元):按照放大以后的偏差电压 U_K 驱动执行机构,调节发电机励磁电流,以达到调整机端电压的目的。当 ΔU 为负值时,减少励磁,降低发电机电压;当

· 116 ·

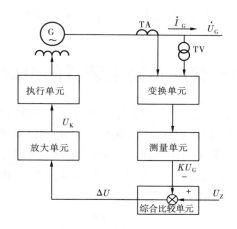

图 6-10　励磁调节器的基本方框图

ΔU 为正值时,增加励磁,提高发电机电压。因此,调节调整的结果,力求消除偏差,ΔU 称为反馈量。

二、励磁调节方式

同步发电机的励磁调节方式可分为按电压偏差的比例调节和按定子电流、功率因数的补偿调节两种。

(一)按电压偏差的比例调节

图 6-10 就是一个以电压为被调量的负反馈控制系统。调节器输出量 U_K 比例于偏差电压 ΔU。这种调节系统不管 U_G 产生变化的原因是什么,只要 U_G 变化都会出现 ΔU,调节器就能进行调节,最终使 U_G 维持在给定值上。

为了使 U_G 维持在给定水平上,通过改变晶闸管整流桥中晶闸管的导通角来维持机端电压在给定值或者改变励磁机的附加励磁电流。

(二)按定子电流、功率因数的补偿调节

同步发电机由于电枢反应的存在,当励磁电流保持不变时,在滞后功率因数下,机端电压随定子电流的增大而下降,且在同样的定子电流下,功率因数(滞后)愈低,机端电压降得愈多。因此,端电压受定子电流和功率因数变化的影响。所以,在某一功率因数下,若将定子电流整流后供给发电机励磁,则可以补偿定子电流对端电压的影响。

应当看到,这种调节方式与按电压偏差的比例调节有着本质的区别。后者是一个负反馈控制系统,将被调量与给定值比较得到的偏差电压大小放大后,作用于调节对象,力求使偏差值趋于零,而前者作为输入量的定子电流并非被调量,它只是补偿由于定子电流增加所引起的端电压的降低,仅起补偿作用,对补偿后机端电压的高低并不能直接进行调节。因而这种按定子电流的补偿调节带有盲目性。因为当定子电流变化时,通过这种补偿方式作用后端电压的变化可能是较大的,使端电压与给定值之间仍有很大差异。

另一种补偿调节方式被调量是电压,检测量中既有电流、电压,也有功率因数,这种补偿方式也称为相位补偿调节。

电气二次回路安装检修与设计

在同步发电机的自动调节励磁系统中,按定子电流补偿调节、相位补偿调节都得到了一定范围的应用。

知识点五　晶闸管静止励磁装置的组成及功能分析

TKL 型自励晶闸管励磁装置是目前使用较为典型的晶闸管励磁装置之一,适用于 1 000 ~ 10 000 kW 水轮发电机自动励磁调节装置。它能满足单机运行、并网和调相等运行方式的要求。产品基本型号有 TKL – 11 自并励和 TKL – 12 自复励两种(见图 6-11、图 6-12)。前者结构比较简单,适用于小型机组;后者由复励和电压调节器两部分组成,适用于负载突变大、强励要求高的大中型机组。

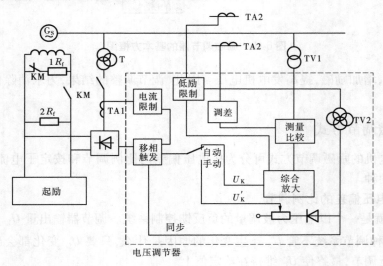

图 6-11　TKL – 11 自并励晶闸管励磁装置

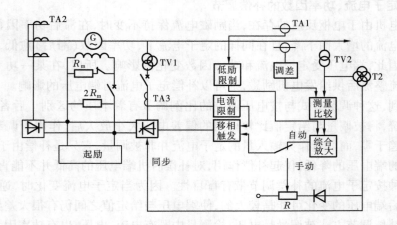

图 6-12　TKL – 12 自复励晶闸管励磁装置

晶闸管静止励磁装置一般分为主电路、励磁调节器和辅助电路三大部分。TKL－11 晶闸管励磁装置的原理接线图如图 6-13 所示。

一、主电路

　　主电路是指励磁电流形成的回路,包括励磁电源、桥式整流电路以及励磁绕组等设备。其中,晶闸管整流电路是必不可少的,其作用是将交流电压变换为可以控制的直流电压,供给发电机励磁绕组或励磁机的励磁绕组。采用的可控硅整流电路通常有三相半控桥式或三相全控桥式整流电路。

二、励磁调节器

　　励磁调节器指触发的脉冲形成的回路,控制可控硅的导通,调节励磁电流的大小。包括调差、测量比较、综合放大、手动、自动切换、移相触发单元。

　　(1)调差单元。由测量电压互感器、电流互感器和电阻组成。其输出信号能灵敏地反映发电机机端电压、定子电流和 $\cos\varphi$ 的变化。

　　(2)测量比较单元。由三相或多相整流滤波电路和比较桥组成,它将来自调差单元的电压与给定值比较,输出一个直流电压偏差信号。

　　(3)综合放大单元。因测量比较单元输出的信号微弱,故应加以放大才能满足励磁装置调节精度和动态品质的要求。此外,其他信号(如电流限制、低励限制等)需要与测量比较信号加以综合,再一起作用于移相触发电路。

　　(4)移相触发单元。将综合放大单元送来的信号转换为移相触发脉冲,改变可控硅导通角。

三、辅助电路

　　辅助电路是指为发电机和励磁装置安全运行而设置的各种电路,如起励、低励、过励、继电保护单元。

　　(1)起励单元。发电机转子励磁一般比较小,不满足自励建压的需要,故要设置起励单元供给发电机初始励磁。

　　(2)低励单元(最小励磁限制)。当电力系统无功容量剩余,发电机转为进相运行时,为了防止励磁电流过分降低,导致机组失去稳定或危及发电机安全,故设置低励单元。

　　(3)过励单元(电流限制)。当电力系统电压急剧降低、强励磁动作时,为了保护发电机和励磁装置的安全,设置过励单元,限制转子电流在安全范围内。

　　(4)继电保护单元。为了保证晶闸管及励磁系统安全运行,对运行中可能出现的过电压、严重过励、风机断相、失磁、熔断器熔断等现象进行监视,必要时作用于停机。因此,励磁系统需要装设相应的继电保护单元。

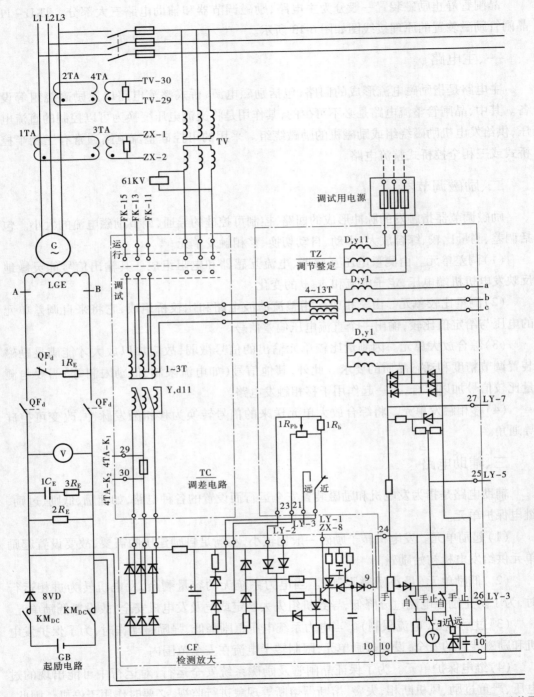

图 6-13　TKL-11 晶闸管励磁装置

· 120 ·

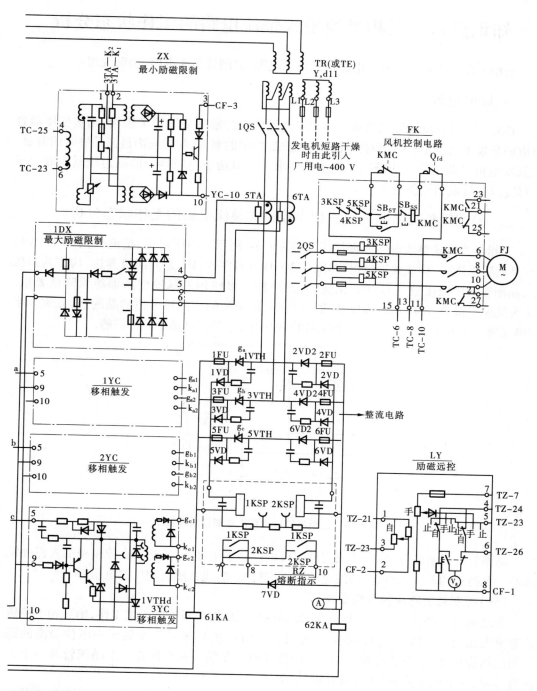

的原理接线图

知识点六　三相半控桥式整流电路的工作状态分析

三相半控桥式整流电路主电路包括励磁电源、晶闸管整流电路、励磁绕组。

一、励磁电源

TKL－11 自并励的励磁电源由接于发电机出口的励磁变压器 T 供给,励磁变压器容量应满足发电机额定负载下对励磁电压和励磁功率的要求,同时应满足强励短时的需要,以及发电机空载试验电压升高 1.3 倍的要求。一般励磁变压器 T 的副边线电压取大于 $1.7U_{IM}$(U_{IM} 是强励顶值电压)。

二、晶闸管整流电路——三相半控桥式整流电路的工作状态分析

三相半控桥式整流电路原理接线图如图 6-14 所示。由图可见,整流二极管 V2、V4、V6 是共阳极连接,构成共阳极组;晶闸管 VTH1、VTH3、VTH5 是共阴极连接,构成共阴极组,晶闸管的阴极接散热器可简化接线,并使控制极使用的脉冲变压器绝缘降低要求。V7 为续流二极管,L 和 R 为感性负载。仅在电路中桥的一侧用可控的晶闸管,故称为半控整流桥。A、B、C 三个端子接三相对称电源电压,电源供电是十分可靠的。

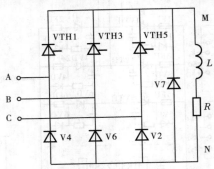

图 6-14　三相半控桥式整流电路原理接线

晶闸管的导通条件是:除要求元件阳极电位高于阴极外,还必须在控制极加入正触发脉冲。晶闸管的截止条件是:通过电流小于维持电流,或在阳极加反向电压。

(一)控制触发脉冲的移相要求

若晶闸管元件具有最大的导通角,即晶闸管元件以二极管的方式工作,则三相半控桥式整流电路变为三相全波整流电路。此时,图 6-14 中 A、B、C 三个端子中电位最高的那一相晶闸管导通,电位最低的那一相二极管导通。在任一时刻均有一个晶闸管和一个二极管导通,输出电压波形如图 6-15(b)所示。

由图 6-15 可见,晶闸管 VTH1、VTH3、VTH5 分别在 a、b、c 三点开始导通,二极管分别在 a'、b'、c' 三点开始导通,即在这些点上晶闸管的导通相别开始转换,故称 a、b、c 点为晶闸管的自然换相点。在这些自然换相点上,晶闸管有最小的控制角,即是控制角的起始点

（控制角 $\alpha = 0°$），分别滞后相应相电压 u_a、u_b、u_c 30° 相角，所以晶闸管 VTH1、VTH3、VTH5 的触发脉冲应依次滞后 120° 相角。

对 VTH1 而言，自 a 点导通后，若 VTH3 不加触发脉冲，则 VTH3 一直处于截止状态，这样 VTH1 导通的时间可到 a' 点。因为在这段区间内，VTH1 处在正向电压下，过了 a' 点后，VTH1 承受反向电压（$u_{ca} > 0$）而关断，因此 VTH1 的导通区间为 aa'。同理，VTH3 的导通区间为 bb'，VTH5 的导通区间为 cc'，触发脉冲移相范围为 0°～180°。

由以上分析可见，三相半控桥式整流电路触发脉冲的移相要求是：

（1）任一相晶闸管的触发脉冲应在滞后本相相电压 30°～210° 的区间发出。

（2）各相晶闸管的触发脉冲相位依次相差 120°。

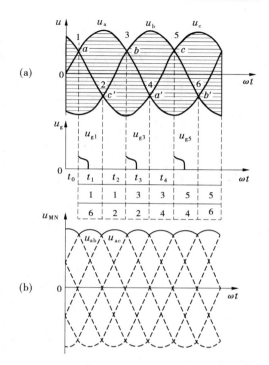

图 6-15　三相半控桥式整流电路的输出电压波形

（3）移相触发电路的工作电源必须与加至晶闸管的正向电压同步。

（二）输出电压波形

当晶闸管 VTH3 的触发脉冲 u_{g3} 出现时，正遇 B 相电压最高，VTH3 因触发而导通，VTH1 受到反向电压 u_{ba} 的作用而关断，此时输出电流经二极管 V2（V4）构成回路，负载上电压 $u_{MN} = u_{bc}（u_{ba}）$。同理，在 u_{g5} 的作用下 VTH5 导通时，因 C 相电压最高，VTH3 受到反向电压 u_{cb} 的作用而关断，输出电流经二极管 V4（V6）构成回路，负载上电压 $u_{MN} = u_{ca}（u_{cb}）$。当 VTH1 的触发脉冲 u_{g1} 作用时，VTH1 导通，VTH5 受反向电压 u_{ac} 的作用而关断。之后就重复上述过程。$\alpha = 30°$ 时的输出电压波形如图 6-16（a）所示。

通过以上分析可知，三相半控桥式整流电路的输出电压波形有如下特点：

（1）当 0°＜α≤60° 时，因原来导通的晶闸管受相邻元件导通而来的反向电压而关断，线电压未过零，故波形是连续的。当 α 角越大时，输出波形缺口越大，输出电压平均值越小。

（2）当 60°＜α＜180° 时，因原来导通的晶闸管在电流小于维持电流时自行关断，而这时相邻元件尚未触发导通，故输出波形出现间断。

（三）输出电压与控制角 α 的关系

三相半控桥式整流电路输出电压平均值 U_{av} 与 α 间的关系可表示为

$$U_{av} = 2.34 U_P \left(\frac{1 + \cos\alpha}{2} \right) = 1.35 U_{P-P} \left(\frac{1 + \cos\alpha}{2} \right) \tag{6-9}$$

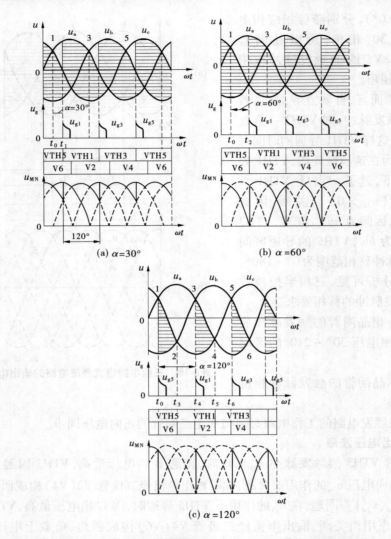

(a) $\alpha = 30°$

(b) $\alpha = 60°$

(c) $\alpha = 120°$

图 6-16　三相半控桥式整流电路在不同 α 角时的输出电压波形

式中　α——控制角，$\alpha = 0° \sim 180°$；

　　　U_{av}——输出电压平均值；

　　　U_{P-P}——加到半控桥式整流电路上的三相对称线电压有效值。

输出电压平均值 U_{av} 与 α 的关系曲线如图 6-17 所示。

可见，只要改变控制角 α 的大小，就可以改变整流输出电压的大小，以满足励磁调节装置对晶闸管实行控制的要求。

需要指出，整流元件的管压降，以及供电回路中电感的存在使一个晶闸管的导通和另一个晶闸管的关断不能瞬间完成，需有一个过渡阶段，从而造成换相压降，因此使输出直流电压值较式(6-9)计算值略低一些。

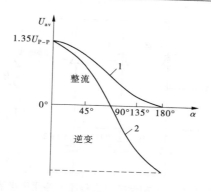

1—半控桥；2—全控桥

图 6-17　输出电压平均值 U_{av} 与 α 的关系曲线

知识点七　半控桥的续流管的作用

由于电路实际负载是有较大感抗的励磁绕组,因此在输出电压出现间断时,将出现以下两种情况:

(1)在晶闸管阳极电压过零时,感性负荷在电流下降时产生自感电势,使原来导通的晶闸管造成续流,无法关断,直到相邻元件触发导通,才受到反向电压而关断换流。输出波形出现负的部分,将造成输出平均值减少。

(2)若控制角 α 从较小值突增至180°,因自感电势的续流作用,会造成"失控"现象。

为了克服上述两种现象的出现,就在图 6-14 中加装一反向续流管 V7,有了续流管 V7后,自感电势将从两个支路通过:一是续流管 V7;二是元件 VTH1、VTH3、VTH5 与 V2、V4、V6 中形成回路的支路。续流管正向压降很小,使元件 VTH1、VTH3、VTH5 与 V2、V4、V6 中形成回路的支路流过的电流小于维持电流,故元件 VTH1、VTH3、VTH5 中原来导通的一个就在阳极电压过零时自行关断。

知识点八　三相全控桥式整流电路的整流工作状态分析

三相全控桥式整流电路原理接线如图 6-18 所示,由图可见,6 个整流元件全部采用晶闸管,VTH1、VTH3、VTH5 为共阴极连接,VTH2、VTH4、VTH6 为共阳极连接,为保证电路正常工作,对触发脉冲提出了较高的要求,除共阴极组的晶闸管需由触发脉冲控制换流外,共阳极组的晶闸管也必须靠触发脉冲换流。由于上、下两组晶闸管必须各有一个晶闸管同时导通,电路才能工作,六个晶闸管的导通顺序为 VTH1、VTH2、VTH3、VTH4、VTH5、VTH6,它们的触发脉冲相位依次相差 60°;又为了保证开始工作时能有两个晶闸管同时导通,需采用宽度大于 60°的触发脉冲,也可用双触发脉冲,例如在给 VTH1 脉冲的同时也给 VTH6 一个脉冲。三相全控桥可以工作在整流状态,也可以工作在逆变状态,后者是三相半控桥所不具备的。下面阐述对触发脉冲的要求以及整流、逆变状态的工作原理。

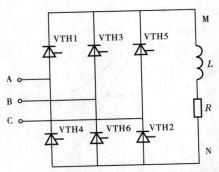

图 6-18 三相全控桥式整流电路原理接线

一、控制触发脉冲的移相要求

设全控桥式整流电路图 6-19 中的输入相电
压为 u_a、u_b、u_c，当晶闸管具有最大的导通角（控制角 $\alpha = 0°$）时，即以二极管的方式工作，则各晶闸管的触发脉冲在它们对应自然换相点时刻发出，在自然换相点上相应晶闸管触发脉冲的控制角 $\alpha = 0°$，即是控制角 α 的起始点。如图 6-19 所示，输出电压波形与半控桥式整流电路的控制角 $\alpha = 0°$ 时一样，各元件每周期导通持续 120°。因此，对三相全控桥的触发脉冲应满足如下移相要求：

（1）六个晶闸管元件共需六个移相触发电路，每隔 60° 换流一次，每次有两个元件导通，一个是阳极电位最高的一只，另一个是阴极电位最低的一只，常用双脉冲触发电路。

（2）任一相的晶闸管触发脉冲均在滞后本相相电压 30°～120° 的区间发出，最大移相范围为 0°～180°，0°～90° 为整流工作方式，90°～180° 为逆变工作方式。

（3）移相触发电路的工作电源应与晶闸管阳极电压同步。

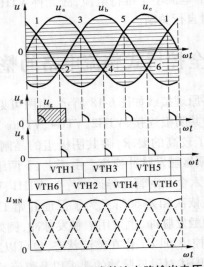

图 6-19 三相全控桥式整流电路输出电压波形

二、整流工作状态分析

整流工作状态就是将输入的交流电压转换为直流电压。对三相全控桥式整流电路，控制角 $\alpha = 0° \sim 90°$ 时为整流工作方式。下面具体分析：

（1）当控制角 $\alpha = 60°$ 时，在触发脉冲 u_{g1}、u_{g6} 作用下，VTH1、VTH6 导通，输出电压 $u_{MN} = u_{ab}$。经 $60°$ 电角度后，在触发脉冲 u_{g2}、u_{g1} 作用下，VTH1 保持导通，VTH2 也导通，由于此时 B 相电压高于 C 相电压，$u_{bc} > 0$，VTH6 在此反向电压作用下关断，输出电压 $u_{MN} = u_{ac}$。再经 $60°$ 电角度后，在触发脉冲 u_{g2}、u_{g3} 作用下，VTH2、VTH3 导通，由于此时 B 相电压高于 A 相电压，VTH1 在反向电压 u_{ba} 作用下关断，输出电压 $u_{MN} = u_{bc}$。输出电压 u_{MN} 的波形如图 6-20（a）所示。

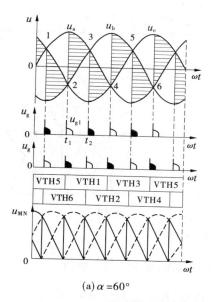

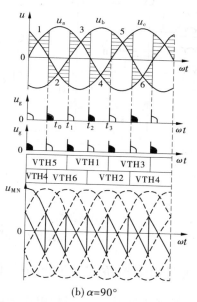

（a）$\alpha = 60°$　　　　　　　（b）$\alpha = 90°$

图 6-20　三相全控桥式整流电路输出电压波形

由前面分析可知，当控制角 $\alpha \leqslant 60°$ 时，共阴极组输出的阴极电位在每一瞬间都高于共阳极组的阳极电位，输出电压 u_{MN} 的瞬时值都大于零，波形是连续的。

（2）在 $60° < \alpha < 90°$ 条件下，输出电压 u_{MN} 有正值和负值两部分，其中正值部分的面积大于负值部分的面积，因而总的平均值仍是正值。当控制角 α 增大时，正值部分面积减小，负值部分面积增大，总的平均值降低。当 $\alpha = 90°$ 时，正值部分面积和负值部分面积相等，输出电压平均值降到零，即 $u_{MN} = 0$，此时输出电压 u_{MN} 的波形如图 6-20（b）所示。

知识点九　三相全控桥式整流电路的逆变工作状态分析

逆变工作状态就是当 $90° < \alpha < 180°$ 时，输出电压平均值 U_{av} 为负值，将直流电压转换为交流电压，其实质是将负载电感 L 中储存的能量向交流电源侧倒送，使 L 中磁场能量很快释放。图 6-21 为 $\alpha = 120°$ 时输出电压波形，ωt_3 时刻虽然 u_{ab} 过零变负，但电感 L 上阻止

电流 i 减小的感应电动势 e_L 较大,使 $e_L - u_{ab}$ 仍为正值,VTH1 和 VTH6 仍承受正向压降导通。这时 e_L 与电流 i 的方向一致,直流侧发出功率,即将原来在整流状态下储存于磁场的能量释放出来送回到交流侧。交流侧电压瞬时值 u_{ab} 与电流 i 方向相反,交流侧吸收功率,将能量送回交流电网。

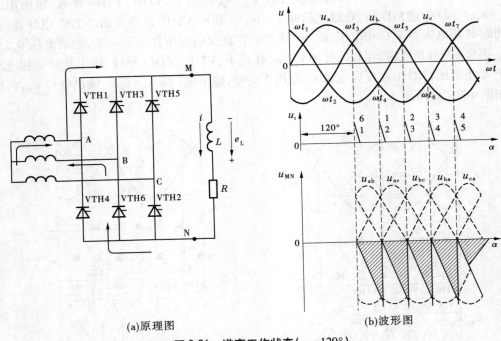

(a)原理图   (b)波形图

图 6-21 逆变工作状态($\alpha = 120°$)

一、三相全控桥式整流电路工作在逆变状态需要满足的条件

(1)要实现逆变,应使输出电压平均值 U_{av} 为负值,控制角 $90° < \alpha < 180°$。

(2)要实现逆变,负载必须为电感性(如发电机的励磁绕组),且原先三相全控桥在整流状态下工作,即转子绕组已储存有能量。显然,当负载为纯电阻时,三相全控桥电路不能实现逆变。

(3)逆变就是直流侧电感中储存的能量向交流电源反馈的过程,因而逆变时交流侧电源不能消失。

二、输出电压与控制角的关系

三相全控桥式整流电路在电感性负载时,输出电压平均值 U_{av} 为

$$U_{av} = 1.35U_{P-P}\cos\alpha = 2.34U_P\cos\alpha \tag{6-10}$$

综上所述,三相全控桥式整流电路在 $0° < \alpha < 90°$ 时处于整流工作状态,改变 α 角,可以调节发电机励磁电流;在 $90° < \alpha < 180°$ 时,电路处于逆变工作状态,可以实现对发电机的自动灭磁。

知识点十　半导体励磁调节器的组成及工作状态分析

一、电流调差环节工作状态分析

把发电机端电压与其无功电流之间的关系称为发电机的外特性。由于发电机无功电流的去磁作用,无功电流越大,发电机端电压越低。调差环节的作用是:改变发电机的外特性的倾斜度(改变调差系数大小),实现并列运行及机组间无功负荷的自动合理分配,如图6-22所示。

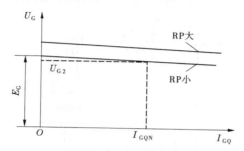

图6-22　发电机的外特性

(一)调差系数的含义

为了表示直线的倾斜程度,可用调差系数来表征,即

$$K_u = \frac{U_{GO} - U_G}{U_{GN}} \tag{6-11}$$

式中　U_{GO}——发电机空载额定电压;

U_{GN}——额定无功电流时发电机机端电压;

U_G——发电机额定电压。

显然,调差系数越小,无功电流变化时发电机电压变动越小。调差系数也可以理解为发电机无功电流从零增加到额定值时,机端电压相对下降了多少。发电机本身具有的是正调差特性($K_u > 0$)。这种自然调差系数是不可以改变的,显然不能满足发电机运行要求。图6-23所示为发电机的几种外特性曲线。

(二)调差环节的调节原理

由图6-24可以看出,输入到励磁调节器的电压 U_G' 为机端电压和无功电流的函数,即

$$U_G' = U_G + RI_{GQ} \tag{6-12}$$

式中　I_{GQ}——发电机的无功电流;

R——调差电阻。

当发电机电流增大时,励磁调节器感受到发电机电压的升高,于是降低励磁电流,使发电机电压下降,得到下降的直线。只要选择不同的电阻值,便可以得到斜率不同的直线。因此,引入调差环节后,可以改变发电机的外特性。

如果使 $U_G' = U_G - RI_{GQ}$,则当发电机电流增大后,励磁调节器感受到发电机电压的下

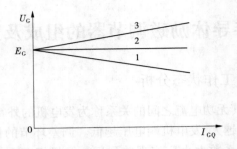

1—$K_u > 0$,正调差特性;2—$K_u = 0$,无调差特性;3—$K_u < 0$,负调差特性

图 6-23　不同调差系数所对应的发电机外特性

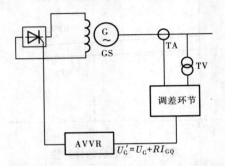

图 6-24　接有调差环节的励磁调节电路的框图

降,于是增加励磁电流,使发电机电压上升,得到上升的直线,形成了负调差特性。

(三)电流调差电路的接线形式

电流调差电路的接线形式有单相电流调差和两相电流调差。

单相电流调差电路见图 6-25(a),由电流互感器 TA1、中间变流器 TA2、调差电阻 R
等组成。

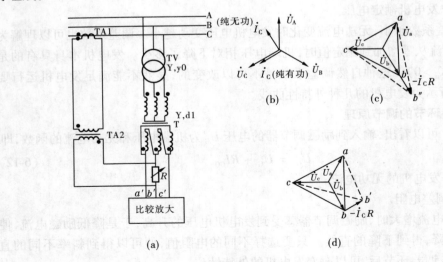

图 6-25　单相电流调差电路

图 6-25 中,TA1 接于发电机引出线 C 相,由 TA1 二次电流反映定子电流,经中间变流器 TA2 转变为弱电流信号,在电阻 R 上产生压降,叠加到测量变压器二次电压上,从而使输出信号既反映端电压,又反映定子电流和 $\cos\varphi$ 的变化。其原理如下:

单相电流调差电路电压相量图见 6-25(c)、(d),测量变压器 T 为 Y,d1 接线方式,其二次电压 $\dot{U}_{ab}$、$\dot{U}_{bc}$、$\dot{U}_{ca}$ 分别滞后一次线电压 $\dot{U}_{AB}$、$\dot{U}_{BC}$、$\dot{U}_{CA}$ 30°,电压三角形如图 6-25(c) 中的 $\triangle abc$,当叠加 $-\dot{I}_C R$ 后,各相二次相电压为

$$\begin{cases} \dot{U}_a' = \dot{U}_a \\ \dot{U}_b' = \dot{U}_b - \dot{I}_C R \\ \dot{U}_c' = \dot{U}_c \end{cases} \tag{6-13}$$

当负载为有功性质时,$-\dot{I}_C R$ 与 $\dot{U}_c$ 相位相反,可得电压三角形 $\triangle ab'c$,如图 6-25(d) 所示。$\triangle ab'c$ 与 $\triangle abc$ 相比变化不大,表明该调差电路对有功电流的变化反应不灵敏。当负载为无功性质时,$-\dot{I}_C R$ 超前 $\dot{U}_c$ 90°,可得到电压三角形 $\triangle ab''c$,见图 6-25(c),很明显,$\triangle ab''c$ 比 $\triangle abc$ 的面积要大,其结果经三相整流滤波后,得到的直流电压信号明显增大,导致减小晶闸管的导通角,降低发电机端电压 $\dot{U}_G$。其调节原理可以这样理解,当无功功率增大时,电流增大,$\triangle ab''c$ 面积增大,励磁调节器感觉到发电机电压虚假增高,通过调节,使发电机电压下降;反之,使发电机电压上升,形成了发电机的正调节性能。

二、测量比较单元的工作状态分析

测量比较单元的作用是测量发电机电压并将之转变成直流电压,再与给定的基准电压相比较,得出电压偏差信号。测量比较单元通常是由正序电压滤过器、测量变压器、多相桥式整流电路、滤波电路、电压比较整定电路组成,如图 6-26 所示。

图 6-26　测量比较单元构成框图

(一)正序电压滤过器

正序电压滤过器功能是提高测量比较单元的灵敏度,即提高励磁调节装置的灵敏度。当系统发生不对称短路故障时,正序电压滤过器的输出电压是对称的三相正序电压,只反映输入电压的正序分量,可有效提高强励的灵敏度。

(二)测量变压器及多相桥式整流电路

由于正序电压滤过器输出的是三相正序电压,因此还需经测量变压器、整流和滤波电路,变成与发电机端电压成比例的平稳的直流电压。为了使直流电压平稳,通常采用多相桥式整流电路和相应的滤波电路。一般来说,整流电路相数越多,整流后的直流越平稳,谐波次数越高,相应的滤波回路时间常数减小,从而提高了测量比较单元的响应速度。

（三）滤波电路

由于测量整流电路输出的直流电压中含有谐波分量，即除直流分量外，还有高次谐波分量，为了得到平稳的直流电压，必须进行滤波，以保证调节器平稳地工作。

（四）电压比较整定电路

电压比较是将滤波环节输出的与机端电压成正比的直流电压 KU_G（其中 $0 < K < 1$）与比较电路中的基准电压进行比较，得出一个电压偏差信号 ΔU_G，输出到综合放大单元。电压整定是对发电机电压给定值进行整定，使发电机电压或无功功率能满足运行工况的要求。

为了调整发电机的运行工况，采用电位器 RP 构成电压整定电路，调整电位器 RP 滑动触点的位置，就可改变电压的给定值，即对电压的基准值进行整定。R_{RP} 增大时，特性曲线右移，基准电压整定值增大，从而增大了发电机机端的整定电压。减小 R_{RP} 时，基准电压整定值减小，起到整定电压的作用。

三、综合放大单元的工作状态分析

综合放大单元的任务是根据励磁调节装置的功能，线性地综合测量、反馈以及限制等各种信号，并将其放大，以得到适应移相触发单元所需要的控制电压，即有综合和放大两方面的作用。

四、移相触发单元的工作状态分析

移相触发单元的任务是产生触发脉冲，其相位可以改变，用来改变整流桥中晶闸管元件的控制角 α，使其输出电压随控制电压的大小而改变，从而达到调节励磁的目的。移相触发单元由同步、移相、脉冲形成、脉冲放大和输出环节组成，如图 6-27 所示。

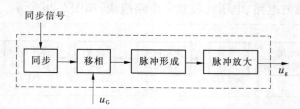

图 6-27　移相触发单元组成框图

晶闸管整流电路要求在晶闸管每次承受正向电压的某一时刻，向它的控制极送出触发脉冲，才能使晶闸管导通。而且当控制电压一定时，各相的控制角相同。晶闸管触发脉冲与主电路之间的这种相位配合关系，称为同步。根据全控桥式整流电路的工作特点，当 $0° < \alpha < 90°$ 时，全控桥工作在整流状态；当 $90° < \alpha < 180°$ 时，全控桥工作在逆变状态。为适应三相全控整流桥电路的工作特点，移相触发单元电路除引入同步电压外，还有限制控制角 α 的最大电压值 $U_{\alpha max}$ 和最小电压值 $U_{\alpha min}$ 的作用。最小控制角限制在 $\alpha_{min} = 10°$，满足强励的要求。最大控制角限制在 $\alpha_{max} = 90° + 36.6° = 126.6°$（90° 指的是逆变状态的逆变角，36.6° 指的是晶闸管的换相角），满足三相全控桥处于逆变工作状态的要求，以实现发电机的逆变灭磁。

知识点十一 保护及辅助电路的组成及功能分析

一、起励电路的功能分析

发电机停机后转子铁芯剩磁比较微弱,不易满足机组开机时自励建压需要,故一般均附设起励辅助工作电路,一般采用蓄电池起励或交流整流起励和残压起励。厂用蓄电池起励接线如图 6-28(a)所示,包括接通起励回路的直流接触器 QM 和防反充电管 V。

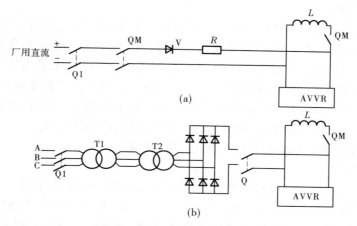

图 6-28 厂用蓄电池起励接线

起励建立的机端电压达 40% 时,调节器和半控桥即能可靠地工作,进行自励。但为了能较快地建立起励电压,起励电源容量和电压的选择,应按短时内建立 50% ~ 70% 机端电压考虑。这样选择蓄电池电压大约为额定励磁电压的 1/4。

发电机残压太低时,晶闸管阳极电压过低,无法正常工作,但如在三相半控桥的任一只晶闸管元件上并接一只硅二极管,试验证明经过几十秒即可建立发电机额定电压。

二、最大励磁限制(强励限制)电路的功能分析

最大励磁电流限制功能是把整流桥最大输出电流限制在一定限度内的安全保护措施。因为晶闸管励磁调节灵敏,发电机电压下降 5% 就能将导通角开到最大(控制角最小),进行强励。强励电流能达到额定励磁电流的 2 倍,但对发电机励磁线圈和半控桥整流器都不利,所以必须加以限制。装置设计的强励能力限制在额定励磁电流的 1.6 倍。最大励磁电流限制电路测量整流桥的输入交流电流,当交流电流达到限制值时,输出电流限制信号,自动限制控制角的减小,从而将整流桥输出的最大电流限制在一定数值。

三、最小励磁限制电路的功能分析

电力系统高压线路空载运行,或无功补偿电容器在电力系统负荷低谷时未及时切除,都可能造成电力系统无功功率过剩,而造成并网运行的发电机进相运行。在自并励励磁

系统中,电压负反馈作用将使发电机励磁电流大为降低。从同步发电机 V 形曲线可知,发电机欠激有一个稳定极限,进入这一不稳定区,发电机将无法稳定运行,而且有功带得越多的发电机,越容易失步,故必须设置最小励磁限制,保证发电机稳定运行。最小励磁限制功能是,当发电机的励磁电流减小到危及发电机的静态稳定运行时,最小励磁限制发出信号至综合放大单元,限制励磁电流减小,保证发电机的稳定运行。

四、晶闸管励磁装置的继电保护回路分析

晶闸管励磁装置的继电保护回路如图 6-29 所示。

(一)过电压保护

晶闸管励磁装置的频率特性较好,在频率 45~55 Hz 范围内变化时,发电机电压变化率不大于 15%,而且频率上升时,电压变化率还趋于减小,故不必担心甩负荷发生的过电压。晶闸管励磁装置设置过电压的目的,主要是防备相位错乱、误操作和万一出现的晶闸管失控引起的过电压。这种情况往往发生在起励时及未带负荷之前和突然甩负荷之后。为了保证发电机安全,在过电压达到发电机层间试验值($1.3U_{GN}$)之前,保护装置迅速将灭磁开关跳闸。由过电压继电器 61KV 构成(见图 6-13、图 6-29),按 1.2~1.3 倍的额定电压整定,作用于跳发电机断路器和灭磁开关事故停机。

(二)过励保护

发电机正常强励时受到电流限制单元的限制,最大励磁电流不超过 1.6 倍的额定励磁电流。过励是指三相半控桥由于相位错乱,直流侧短路,强励过程中电流限制单元失效,机组等紧急停机频率下降,励磁变压器高压保险一相熔断(造成三相磁通不平衡,引起铁芯过热)等原因造成的严重过励情况。

过励保护由电流继电器 61KA 构成,按躲过正常强励电流整定,可取 $(2~2.2)I_{LN}$,作用于发电机断路器和灭磁开关跳闸并事故停机(见图 6-13)。

(三)失磁保护

发电机一旦失磁,不但把它原来承担的那部分无功加到其他并联机组,而且还要从系统吸收感性无功电流。如果系统容量小、负荷重,这台机组在系统中地位又不容忽视,则可能引起系统过载而甩掉一部分用户,严重的甚至导致系统瓦解,失磁机组也因端部发热而造成不良后果。这时应立即将它从系统切除。失磁的原因除灭磁开关误跳开外,在灭磁开关合闸的状态下还可能是调节器故障、整流桥故障、误操作、直流侧短路、发电机机端或近端短路、系统电压升高而最小励磁限制失灵等。由欠流继电器 62KA 监视转子励磁电流,整定值可取 0.8~0.9 倍空载额定励磁电流(见图 6-13),保护动作时作用于跳断路器和灭磁开关等事故停机。

(四)风机断相保护

风机三相电源熔断器一相熔断不容易发现,继续运行可能会烧坏风机。三相熔断器上分别装小熔断器(见图 6-13 中的风机控制电路),断相时继电器 3KSP、4KSP、5KSP 动作,其动断触点断开,将风机控制接触器电源切断并发出信号。

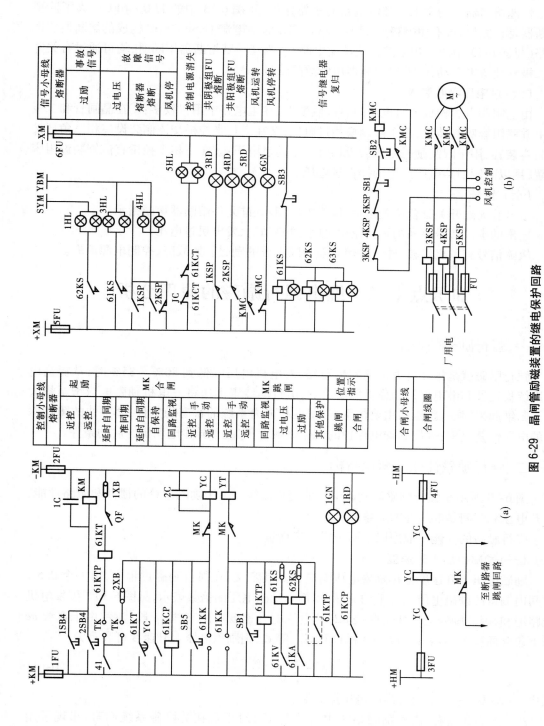

图 6-29　晶闸管励磁装置的继电保护回路

（五）硅元件熔断器熔断指示

快速熔断器作为主电路整流电路的短路保护，见图 6-13 中的 1FU～6FU。为了监视熔断器是否完好，设有由二极管 1VD～6VD 和电流继电器 1KSP、2KSP 构成的熔断器监视回路（见图 6-13 中的三相半控桥式整流电路）。当任一臂熔断器熔断时，均可通过有关并联二极管使继电器动作，发出熔断器熔断故障信号。

（六）过电压吸收装置

由电阻和电容构成的过电压阻容吸收装置，在主电路中用得较多：①在晶闸管和二极管上并联阻容吸收装置，用于限制换相过电压；②在三相半控桥交流侧装设三相三角形接线阻容装置，用于限制励磁变压器投切时产生的过电压；③在三相半控桥直流侧装设阻容装置，用以限制回路电感产生的操作过电压。

（七）信号

信号有灭磁开关分合位置指示、风机停转指示、硅元件熔断器熔断指示。
输出的事故信号有晶闸管整流桥过励、励磁消失、发电机过电压。
故障信号有风机停转、硅元件熔断器熔断组成的励磁装置故障、控制电源消失。

知识点十二　继电强行励磁的原理分析

一、强行励磁的作用

强行励磁就是指在电力系统发生短路，发电机电压降低到 80%～85% 时，从提高电力系统稳定性和继电保护动作灵敏度出发，由自动装置迅速将发电机励磁电流增至最大值。归纳起来，强行励磁的主要作用有：①提高电力系统的暂态稳定性；②加快故障切除后的电压恢复过程；③提高继电保护的动作灵敏度；④改善异步电动机的启动条件。

二、强行励磁性能的衡量指标

图 6-30 所示是强行励磁后励磁电压的变化曲线。由于励磁系统的惯性和磁路性能，上升电压和时间是非线性的关系。
强行励磁的性能一般用以下两个指标来衡量。

（一）励磁电压上升速度

励磁电压上升速度也称励磁电压响应比。其定义：在强行励磁过程中，第一个 0.5 s 时间内测得的励磁电压上升平均速度，用额定励磁电压的倍数表示，见图 6-30。因发电机磁路饱和，因此励磁电压变化曲线 ad，其电压上升速度可用直线 ac 段代替，由于直线 ac 以下包含面积 S_{abc} 与曲线 ad 包含的面积 S_{abcd} 等效，则励磁电压上升速度可表示为

$$\mu = \frac{U_{cb}/U_{EN}}{0.5} \tag{6-14}$$

式中　U_{cb}/U_{EN}——等速升高的电压标幺值。

μ 一般为 2 左右，快速励磁系统中可达 6～7，对于现在的励磁系统而言，出现了用 0.1 s 或 0.2 s 来定义的上升速度。

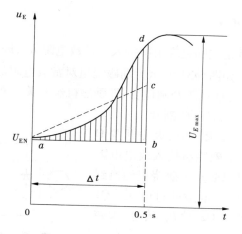

图 6-30　强励时发电机励磁电压变化曲线

（二）强励顶值电压倍数 k_q

强励顶值电压倍数是指强励时达到的最高励磁电压与额定励磁电压之比：

$$k_q = \frac{U_{Emax}}{U_{EN}} \tag{6-15}$$

式中　k_q——强励顶值电压倍数；

U_{Emax}、U_{EN}——强励顶值电压和额定励磁电压。

强励顶值电压倍数越大，暂态同步电势 E_q 越高，对电力系统稳定越有利。但是提高强励顶值电压，必须提高转子绕组的绝缘水平，增加励磁电源容量，影响机组和配套设备造价。故强励顶值电压倍数也不能要求过高，应根据电力系统的需要和发电机结构等因素合理选择，一般取 1.8～2 倍。

此外，强励允许时间也是一个应予注意的指标。强励的允许时间决定转子绕组允许的过负荷能力，表面风冷发电机强励时间可长达 1 min。

知识点十三　发电机灭磁的实施

运行中的同步发电机，如果出现内部故障或出口故障，继电保护装置应快速动作，将发电机从系统中切除，但发电机的感应电势仍然存在，继续供给短路点故障电流，将会使发电设备或绝缘材料等严重损坏。因此，当发电机内部故障或出口故障时，在跳开发电机出口断路器的同时，应迅速将发电机灭磁。

所谓灭磁，就是把转子绕组的磁场尽快减弱到最小程度。考虑到励磁绕组是一个大电感，突然断开励磁回路必将产生很高的过电压，危及转子绕组绝缘，所以用断开励磁回路的方法灭磁是不恰当的。为此，在断开励磁回路之前，应将转子绕组自动接到放电电阻或其他装置中去，使磁场中储存的能量迅速消耗掉。因此，灭磁时间要短，灭磁过程中转子过电压不应超过允许值。以下分别介绍几种常用的灭磁方法。

一、利用放电电阻灭磁

利用放电电阻灭磁就是在励磁绕组中接入一常数电阻 R_m，即将励磁绕组所储存的能量转变为热能而消耗掉。如图 6-31 所示为励磁绕组对常数电阻放电灭磁的原理接线图。当发电机正常运行时，开关 Q 处于合闸位置，即励磁机经开关 Q 的主触头 Q1 供电给发电机的转子绕组励磁电流，而触头 Q2 断开。

当发电机退出运行需要灭磁时，灭磁开关 Q 跳闸，触头 Q2 先闭合，使励磁绕组接入放电电阻 R_m，然后触头 Q1 断开，可以防止励磁绕组切换到放电电阻时由于开路而产生危险的过电压。Q1 断开后，励磁绕组 GLE 通过 Q2 对 R_m 放电，灭磁就开始了。

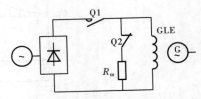

图 6-31　励磁绕组对常数电阻
放电灭磁原理接线图

利用放电电阻 R_m 灭磁的实质是将磁场能转换为热能，消耗在电阻上。这种传统的对常规电阻放电来灭磁的方法，其灭磁速度较慢。

二、用可控整流桥逆变灭磁

可控整流桥逆变灭磁方式只适合于励磁电源采用全控桥整流的机组。由三相全控整流桥的工作原理可知，在正常工作情况下，控制角 $0° < \alpha < 90°$，全控桥工作在整流状态，供给发电机励磁电流。当需要灭磁时，将全控桥的控制角 α 减小到最小逆变角，全控桥就可以从整流状态过渡到逆变状态。在逆变状态下，励磁绕组中储存的能量就逐渐被反送回交流电源侧。由于励磁绕组是无源的，随着储存能量的衰减和逆变电流的降低，逆变过程将随之结束。

这种灭磁方式由于能量直接通过逆变桥从直流侧反送到交流侧，所以不需要灭磁开关。它具有接线简单、经济等优点。但在自并励励磁系统中，逆变电压受机端电压的影响很大，当发生机端三相短路时，发电机端电压下降到很低，从而导致励磁电压较小，逆变灭磁时间加长，严重的甚至可能致使逆变灭磁失败，总过程不如交流励磁机励磁系统快。在实际现场运行中，逆变灭磁更多的是作为备用灭磁方案用于正常停机。

三、利用灭弧栅灭磁

利用灭弧栅灭磁的实质是将磁场能转换为电弧能，消耗于灭弧栅片中。由于灭磁速度快，灭弧栅广泛应用于大、中型发电机组中。

如图 6-32 所示，当发电机正常运行时，灭磁开关 Q 处于合闸状态，触头 Q1、Q4 闭合，Q2、Q3 断开。当 Q 跳闸灭磁时，Q2、Q3 闭合，Q1 和 Q4 断开。接入限流电阻 R_y，是为了防止励磁电源被短接，在极短时间内，Q3 紧接着也断开，在断开的过程中产生电弧，横向磁场将电弧引入灭弧栅中，电弧被灭弧栅分割成很多短弧，同时径向磁场使电弧在灭弧栅内快速旋转，散失热量，直到熄灭。

在灭磁过程中，励磁电流逐渐衰减，当衰减到较小数值时，灭弧栅电弧不能维持，可能

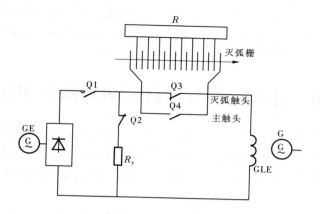

图 6-32　灭弧栅灭磁原理图

出现电流中断而引起过电压。为限制过电压,灭弧栅并接多段电阻,避免整个电弧同时熄灭,实现按顺序熄灭。只要适当选择灭弧栅旁路电阻,就可将过电压限制在规定值以内。

四、非线性电阻灭磁

非线性电阻灭磁原理电路如图 6-33 所示。在正常运行时,开关 K 是闭合的,转子的端电压维持在正常水平。由于非线性电阻 R_n 的阻值非常大,此时没有达到 R_n 的导通电压值(也称为击穿电压),因此 R_n 支路相当于开路。当收到灭磁指令后,开关 K 跳开,由于转子励磁绕组电感的作用,R_n 的端电压迅速升高,当达到 R_n 的导通电压值时,R_n 的阻值迅速下降到很小值,电流 i_n 快速增大。当 i_n 等于励磁绕组回路中的励磁电流时,开关 K 的电弧熄灭,整个回路完成"换流"。这样,所有能量将在 R_n 和励磁绕组内阻上消耗掉。

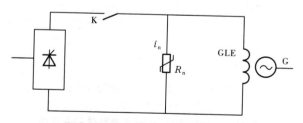

图 6-33　非线性电阻灭磁原理电路

由于 R_n 的端电压对流过它的电流不敏感,电流的衰减对端电压影响不大,所以电流衰减速度一直维持在较快的水平。因此,这种灭磁方式的灭磁速度基本恒定。

由此可见,非线性电阻灭磁是利用非线性电阻的非线性伏安特性,保证灭磁过程中灭磁电压能较好地维持在一个较高水平,从而保持电流快速衰减,达到快速灭磁的目的。国内厂家生产的非线性电阻灭磁装置由氧化锌非线性电阻构成。氧化锌元件非线性电阻的系数很小,正常电压下漏电流很小,可直接跨接在励磁绕组两端,灭磁可靠。

综上所述,发电机的灭磁实际上是将励磁绕阻储存的能量消耗掉。采用线性电阻灭磁,是将励磁绕阻储存的能量转变为热能,并消耗在该电阻上;采用可控整流励磁系统中的逆变灭磁,是将励磁绕阻储存的能量馈送给励磁电源;采用灭弧栅灭磁,是将磁场能转换为电弧能,并消耗于灭弧栅片中;采用非线性电阻灭磁,是将能量在 R_n 和励磁绕组内阻上消耗掉。

知识点十四　并列运行发电机无功负荷合理分配的实施

并列运行的同步发电机,在电力系统无功负荷发生变化时,将引起各机组间无功负荷的重新分配。如果自动调节励磁装置的调差系数调整得当,可以实现无功负荷的合理分配,使无功电力潮流合理分布,电网损失最小,并使并列运行各机组按本身特性运行,实现优化运行。

并列运行发电机无功负荷的自动分配是由发电机调压特性决定的。所谓调压特性,是指发电机端电压 U_1 与定子电流无功分量 I_{GQ} 的关系,前文已谈到了调差系数对发电机调压特性的影响,因此并联运行发电机间无功功率合理分配就是合理整定各发电机励磁调节器的调差系数。分析如下。

一、一台正调差特性、一台无差特性的发电机并联在同一母线上运行

一台正调差特性、一台无差特性发电机的调压特性曲线如图 6-34 所示。其中 $1^\#$ 发电机调差系数为零,如图 6-34 所示的直线 1;$2^\#$ 发电机调差系数为正,如图 6-34 所示的直线 2。当两台机并列在母线电压为 U_1 运行时,$2^\#$ 机组承担的无功电流为 I_{GQ1},而增加的无功负荷全部由 $1^\#$ 机组承担。这种无功分配方式是不合理的。所以,实际上很少用。

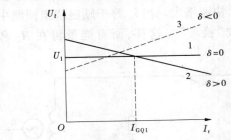

1—具有无差特性;2—具有正调差特性;
3—具有负调差特性

**图 6-34　一台正调差、一台无差特性的发电机
并联运行的调压特性曲线**

二、一台正调差、一台负调差特性的发电机并联在同一母线上运行

如图 6-35 所示,$3^\#$ 机组为负调差,$2^\#$ 机组为正调差。当两台发电机在同一母线上并联运行时,若并联点母线电压为 U_1,两台发电机相应的无功电流为 I_{GQ1} 和 I_{GQ2},但这是不能稳定运行的,因为当具有负调差特性的 $3^\#$ 发电机无功电流增加时,励磁调节器感受的电压下降,这驱使该台发电机励磁增加,结果无功电流将进一步增加,机组无法稳定运行。

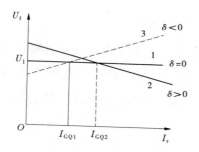

1—具有无差特性；2—具有正调差特性；
3—具有负调差特性

**图 6-35　一台正调差、一台负调差特性的发电机
并联的调压特性曲线**

三、两台正调差特性发电机并联运行

如图 6-36 所示，$1^{\#}$机组和 $2^{\#}$机组均为正调差特性，且 $1^{\#}$机组的调差系数小于 $2^{\#}$机组调差系数。若在并联点母线电压为 U_1，两台发电机相应的无功负荷电流分别为 I_{GQ1}、I_{GQ2}，如果系统的无功负荷增加，母线电压下降，励磁调节器进行调节使母线电压维持在新的稳定值 U 运行，这时两台机组所承担的无功负荷分别为 I_{GQ11}、I_{GQ22}，机组所承担的无功负荷增量分别为 ΔI_1、ΔI_2，机组所承担无功负荷增量之和即为系统的无功负荷增加值。

可见，两台正调差特性发电机并联运行可以维持无功电流的稳定分配，两台机组能稳定运行，保持并联点母线电压在正常水平。

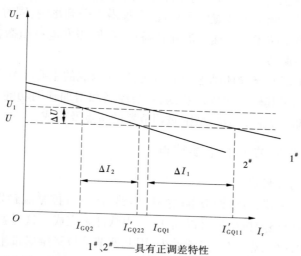

$1^{\#}$、$2^{\#}$——具有正调差特性

图 6-36　两台正调差特性发电机并联运行的调压特性曲线

当发动机在公共母线上并联运行时，如果系统无功负荷变化，机组的无功负荷电流是与母线电压偏差成正比、与机组的调差系数成反比的，因此机组所承担无功负荷的比例与调差系数的大小有关，调差系数小的机组承担无功负荷电流大。为了使无功负荷能够分配合理和稳定，调差系数不宜过小。

四、发电机经变压器后并联运行

若将变压器 T_1、T_2 的电抗 X_{T1}、X_{T2} 分别合并到发电机 G_1、G_2 的阻抗中,则对并联点高压母线 U_S 来说,其外特性应该是下倾的,即正调差特性,但考虑到两台发电机感受到的电压是机端电压 U_{G1}、U_{G2},计及变压器压降,$j\dot{I}_{GQ1}X_{T1}$、$j\dot{I}_{GQ2}X_{T2}$ 与 U_S 同相位,故有

$$U_{G1} = U_S + I_{GQ1}X_{T1}$$
$$U_{G2} = U_S + I_{GQ2}X_{T2}$$

如果增大负的调差系数,其大小正好补偿变压器阻抗上的压降,这样调节器可以维持高压母线基本恒定不变,这对提高电力系统稳定性是十分有利的。

五、两台无调差特性发电机并联运行

无调差特性的 I_{GQ} 与 U_G 无关。两台发电机的无功负荷分配是随意的,不能稳定运行。

知识点十五 同步发电机的微机型励磁调节器的硬件构成

一套励磁控制调节系统通常由励磁控制装置和励磁功率装置构成。对于不同的励磁方式(开关式或可控硅式励磁,自励或他励),不同的励磁功率,其励磁装置各不相同。对于可控硅式励磁方式,励磁调节器输出的是可控硅触发角。由于半导体调节器功能均由硬件实现,增加功能就必须增加相应的硬件,大量的硬件电路使得励磁调节器装置十分复杂,增加了维护工作量,降低了装置的可靠性,发展潜力受到影响,同时,随着计算机技术、数字控制技术和微电子技术的飞速发展和日益成熟,同步发电机组微机型励磁调节器已逐渐替代半导体励磁调节器。

微机型励磁调节器与半导体励磁调节器比较,在构成的主要环节上都是相似的,但微机型励磁调节器借助于其软件优势,在实现复杂控制和增加辅助功能等方面有很大的优越性和灵活性。本知识点讨论微机型励磁调节器的特点及构成。

一、微机型励磁调节器的主要特点

(1)硬件简单,可靠性高。

由于采用了微处理器,以往调节器的操作回路、部分可控整流触发回路、各种保护功能、机械或电子的电压整定机构都可以简化,采用软件来完成。这样就大大减少了印刷电路板的数量,电路元件少、焊点少、接插件少,因此调节器故障维修带来的停机时间大大减少,使装置可靠性得到极大提高。

(2)硬件易实现标准化,便于产品更新换代。

微机型励磁调节器,硬件的功能主要是输入发电机的参数,如电压、电流、励磁电压、励磁电流等,输出各控制、报警信号及触发脉冲。对于不同容量、不同型号的发电机,只要改变软件及输出功率部分就可以了。这样便于标准化生产,便于产品升级换代,硬件的调

试工作量也大大减少。

（3）便于实现复杂的控制方式。

由于计算机强有力的判断和逻辑运算能力及软件的灵活性，可以在励磁控制中实现复杂的控制方式，如最优控制、自适应控制、人工智能等，往往要求大量的计算和判断，这对半导体励磁调节器几乎是不可能实现的，而微机型励磁调节器为实现复杂的控制提供了可能性。

（4）通信方便。

可以通过通信总线、串行接口或常规模拟量方式方便灵活地与上位计算机通信、接收上位计算机控制命令。上位计算机可直接改变机组给定电压值，非常简单地实现全厂机组的无功成组调节及母线电压的实时控制，便于实现全厂的自动化。

（5）显示直观。

发电机的各种运行状态、运行参数、保护定值等都可以通过显示面板的数码管显示出来，不仅显示十进制数，还可显示十六进制数。除此之外，还可显示各种故障信号，为运行人员提供了极大的方便。

二、HWJT-08DS 双通道微机型励磁调节系统的硬件构成

HWJT-08DS 双通道微机型励磁调节系统由双通道微机控制器、励磁监控单元、独立励磁电流调节通道（选项）、可编程逻辑控制回路（选项）、调节系统功率输出组成。

其中，调节系统功率输出由以下四部分组成：功率整流桥（可控硅整流桥及 IGBT 开关式功率输出）、发电机灭磁装置（线性灭磁及非线性灭磁）、发电机转子过电压保护装置、起励装置。

知识点十六　双通道微机型励磁控制器各部分的功能分析

双通道微机型励磁控制器的结构布置如图 6-37 所示。由图可见，单个通道的微机型励磁控制器主要构成部分为模拟信号转换板采集板、主机板、接口板、控制电源板（两块：交流输入一块，直流输入一块，但两者间可以互换）、功放电源板（两种：一种用于可控硅式励磁方式，输出为六个可控硅触发脉冲；另一种用于 IGBT 开关式励磁方式，输出为脉宽调制方波 PWM）。

一、模拟信号转换板

除控制箱外，该单元板经过有源隔离转换，最多可将一组励磁 TV、一组仪表 TV、一组系统（母线）TV、一组励磁电源 TV 和一组发电机定子 TA、一组发电机总励磁电流 TA、一组发电机单柜励磁电流 TA 等七组单元信号进行变换，经过变换输出七组标准交流电压信号。

二、$1^{\#}(2^{\#})$ 通道采集板的功能

采集板的主要功能是将励磁调节系统所需的模拟量信号转换成微处理器可以接收的

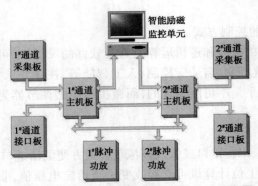

图 6-37　双通道微机型励磁控制器的结构布置

信号,供微处理器处理。由模拟信号转换板后进入采集板采集,采集的主要变量有励磁 TV 电压、仪表 TV 电压、系统 TV 电压、同步电压、转子电压、定子电流、转子励磁电流 (LEM)、转子交流电流、本套励磁电流(LEM)、本套励磁电流(交流)等。

三、$1^{\#}(2^{\#})$ 通道接口板的功能

接口板的面板上设有 4 个按钮:增磁,红色带灯不带锁;减磁,红色带灯不带锁;手动,红色带灯带锁;灭磁,红色带灯带锁。

(一)接口板的输入

13 路外接点输入如下:开机、关机、并网、风机、$1^{\#}$功率柜(可控硅)/$1^{\#}$正组故障(IG-BT)、$2^{\#}$功率柜(可控硅)/$1^{\#}$反组故障、$3^{\#}$功率柜(可控硅)/$2^{\#}$正组故障、$4^{\#}$功率柜(可控硅)/$2^{\#}$反组故障、备用。

13 路外部信号经过光耦或继电器隔离,并经过抗干扰、防误处理通过母板送到主机板。本装置的全部 I/O 输入包括 13 路外接点输入、4 路本机插件按钮输入。

4 路插件按钮输入如下:增磁、减磁、手动、灭磁。

(二)输出

所有的异常、故障均为双节点输出,包括公共节点、低频保护、过励限制、误强励、低励限制、灭磁、PT 断线、系统故障、通信故障、备用。

四、$1^{\#}(2^{\#})$ 通道主机板

主机板是控制回路和信号处理的核心。具有独立的自动、手动控制功能,满足用户各种正常和特殊的励磁控制要求。

(一)主机板的面板设置

主机板的面板上设有 1 个按钮、7 个发光管,它们分别为:

按钮:切脉冲——红色带灯带锁带防护盖。

发光管:运行——闪烁绿色发光管;

手动、灭磁、异常、切脉冲、功率柜——红色发光管;

通信(励磁监控单元通信异常)——红色发光管。

（二）输入

主机板有 8 路模拟输入量：励磁 TV、仪表 TV、系统 TV、同步 UT、转子 UL、定子 IF、转子 IL、双套 IL。

13 路控制信号：

增磁——增加给定 U_g。

减磁——减少给定 U_g。

手动——恒定励磁工作方式。

灭磁——①并网：无效；②解列：给定清零，灭磁。

开机——①并网：无效；②解列：当 $U_F < 30$ V，U_g 置位到设定值或系统 TV 电压对应值。

关机——①并网：自动调节无功输出到零，等发电机解列；②解列：逆变灭磁；③定义为其他功能。

并网——发电机出口断路器（DL 开关）状态。

风机——功率柜风机状态或功率单元温度状态。

$1^\#$功率柜/$1^\#$正组模块故障——功率柜触发、熔断故障/模块触发、烧毁故障。

$2^\#$功率柜/$1^\#$反组模块故障——功率柜触发、熔断故障/模块触发、烧毁故障。

$3^\#$功率柜/$2^\#$正组模块故障——功率柜触发、熔断故障/模块触发、烧毁故障。

$4^\#$功率柜/$2^\#$反组模块故障——功率柜触发、熔断故障/模块触发、烧毁故障。

备用——备用输入通道。

（三）主机板的输出

主机板的 6 路/2 路触发脉冲输出：A 相脉冲、B 相脉冲、C 相脉冲、－A 相脉冲、－B 相脉冲、－C 相脉冲/正组 PWM 脉冲、反组 PWM 脉冲。

主机板有 8 路状态信号：

低频保护——低频过励磁保护。

过励限制——转子过热限制。

过励保护——硬件过励保护、软件过励保护（误强励）。

低励限制——发电机无功进相、低无功限制。

断线保护——TV 断线保护，励磁 TV 断线、仪表 TV 断线保护。

灭磁状态——逆变灭磁（可控硅励磁）/正组输出为零、反组输出。

系统故障——系统自检故障、风机故障、手动控制、脉冲切除。

通信故障——励磁监控单元通信、双套通信故障。

通信状态信号输出。

五、控制电源板

控制电源板的主要功能是将电厂的交流及直流输入电压转换成调节器工作所需的电压，为调节器提供工作电源。

工作电源适应范围：

三相线输入电压：额定工作电压 100 V 时，60～270 V。

直流输入电压：额定工作电压 220 V 时，100～400 V；额定工作电压 110 V 时，50～

200 V。

交流输入可取自励磁变压器、励磁 TV、厂用交流电源、永磁机等。

知识点十七　HWJT－08DS 微机励磁系统的软件系统组成及功能

HWJT－08DS 微机励磁系统的应用程序包括两部分：主程序和控制调节程序。

一、主程序的流程和功能

（一）系统初始化

系统初始化程序在调节器开始运行时，对计算机板以及接口板进行模式和初始状态设置，它包括对中断的初始化、串行口和并行口初始化等，初始化结束，调节就准备就绪，一旦起励条件满足，调节器即可进入调节和控制状态。

（二）开机条件判别及开机前设置

由于各厂的开机条件不尽相同，因而程序将首先按各厂的开机条件判别是否起励。

开机前对电压给定值进行设置，并将一些故障限制标志复位。

（三）开中断

开机条件满足后，微机励磁调节器将进入调节和控制状态，由于调节和控制程序作为中断程序调用，因此必须进行开中断操作，开中断后，中断信号出现，CPU 将中断主程序的执行，转而执行中断程序，中断程序执行完毕，返回继续执行主程序。

（四）故障检测设置

调节器中，配置了对励磁系统故障检测程序，这些程序根据实时性的要求放置在主程序中或中断程序中，如 TV 断线判别、稳压电源检测、自恢复、硬件检测信号等。

（五）终端显示和微机命令接口

为了监视发电机和调节器的运行情况，通过工控机，动态地将发电机和调节器的一些参量和状态量显示在屏幕上。

在调试过程中经常需要修改一些参数，为此可通过工控机接口将参数写入。通过人机接口命令还能进行一些动态试验，如 10% 阶跃响应（具体操作见调试设备使用说明）。

二、控制调节程序的流程和功能

（1）电压的调差计算。调差计算是为保证在扩大单元接线时，各台并联机组间无功合理分配而进行的一种无功补偿。

（2）限制流程。发电机工作时，为保证安全运行和不轻易跳闸，备有许多限制功能。在目前微机型励磁调节器中就有发电机空载下最大磁通 V/f 限制、反时限强励顶值限制，以及滞相无功反时限或延时限制、进相无功瞬时限制等，限制判别程序就是判断发电机是否进入了这些限制状态。由于这些限制特性往往是非线性的，必须根据反映这些特性的非线性曲线来判别。

①V/f 限制。为防止发电机及其出口变压器出现磁饱和采用 V/f 限制。当发电机频

率为 47.5 Hz 时,则限制电压给定值不大于 U_{FG1},若频率进一步下降,则 V/f 限制曲线将限制电压给定值;当频率小于 45 Hz 时,则逆变灭磁。

②反时限强励限制判别。为了防止发电机转子励磁绕组长期过负荷而采取的限制励磁的措施,从转子励磁绕组发热考虑,当强励时,其容许的强励时间 t 随发电机的励磁电流 I_{fd} 的增大而减小。

③过励限制判别。为保证发电机的安全运行,根据发电机的 $P \sim Q$ 特性曲线,限制发电机在一定的有功功率 P 下输出的滞相无功负荷 Q;其限制曲线与发电机功率特性曲线中的励磁电流限制曲线配合。

④欠励限制判别。在发电机进相运行,输出一定的有功功率 P 下,为保持静态稳定运行,必须防止励磁电流降低到稳定运行所要求的数值以下。即发电机输出的进相无功 Q_c 必须限制在曲线内。

知识点十八　智能励磁监控单元的功能分析

为了实现更直观、更全面地显示信息,也为了更方便、更可靠地实现与用户监控系统的配合,并为励磁系统提供更完善、更便捷的试验等功能,HWJT-08DS 微机型励磁系统采用标准工业控制计算机配以大屏幕液晶显示器构成励磁监控单元,能够实现励磁系统和各套控制部分及功率回路的工作参数、状态、数据、曲线等信息显示,以及试验录波、故障录波及其他试验和特殊操作的控制。通过智能励磁监控单元实现人机界面、试验录波、故障录波及通信等励磁调节系统的后台功能。

各种界面数据显示定义如下:

UFl:励磁 TV 电压。

UFy:仪表 TV 电压。

UFx:系统 TV 电压(未使用,显示前两电压高值)。

UFt:励磁 TV、仪表 TV 的高值。

IF:发电机定子电流。

IL:发电机转子电流。

F:发电机频率,停机时显示 50.00 Hz。

P:发电机有功(供参考)。

Q:发电机无功(供参考)。

Ug:自动给定。

Ig:手动给定。

Hz:自动脉冲宽度。

Hs:手动脉冲宽度。

Hd:低励脉冲宽度。

Hg:工作脉冲宽度。

主界面(见图 6-38)的功能如下。

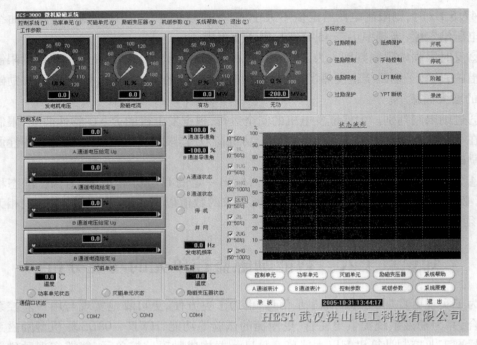

图 6-38 主界面显示

一、工作参数

在主界面中,可以直接获得发电机电压、励磁电流、发电机有功功率、发电机无功功率的实际值及标幺值(标幺值为实际值与额定值的比值),如图 6-39 所示,表计中黄色区域表示告警范围,红色表示故障,绿色表示正常。表计上的指针所指的数为标幺值,下面数值显示的为实际值。

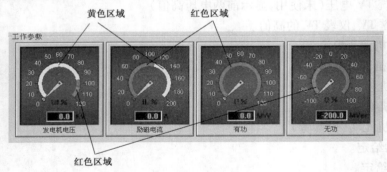

图 6-39 工作参数

二、控制系统

在控制系统中,可以直接看到 A 通道、B 通道电压、电流给定 U_g、I_g 的标幺值和实际值,A、B 通道的触发角,发电机的频率,如图 6-40 所示。状态灯采用红灯显示发电机当前的状态,例如当发电机并网时,并网灯闪烁;A、B 通道单元状态灯红灯表示 A、B 通道运行是否正常,如果 A 通道或者 B 通道运行出现故障或异常,则 A、B 通道单元状态灯红灯闪烁。

图 6-40   A、B 通道单元运行状态

三、系统状态

在主界面中,可以直接通过开机、增磁、减磁、灭磁按钮操作励磁系统,通过红色二极管显示发电机励磁系统当前的状态(见图 6-41)。

图 6-41   励磁系统当前的状态

四、内部操作按钮

主界面右下角的控制按钮(见图 6-42)与主菜单的作用是一样的,将鼠标放在按钮上,点击左键,可以进入各个子界面,点击"退出"按钮,则退出 ECS－3000 励磁监控软件。

在系统原理示意图(见图 6-43)中,可以直接看到当前机组的系统图。在"系统状

图 6-42　内部操作按钮

态"、"工作参数"、"控制系统"中可看到系统当前值及当前状态。按"返回"按钮返回主界面。

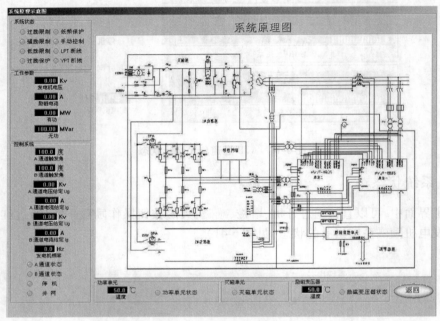

图 6-43　系统原理示意图

五、其他

如图 6-44 所示,主界面中还可以显示功率单元、灭磁单元以及励磁变压器的状态(红灯表示状态正常),以及功率单元和励磁变压器的温度(显示的是最高温度),在通信状态中,COM1、COM2、COM3、COM4 状态灯为绿色分别表示的是各通信口状态正常,状态灯为红色,表示通信不正常。

六、控制单元参数设置

如图 6-45 所示,修改参数步骤如下:点击"修改当前参数"按钮,此时所选参数将清空,未选参数变灰,点击界面左下方的数字键盘进行数值输入,点击"退格"按钮删除上一

图 6-44 其他运行状态

次输入的数字,修改完成以后,点击"修改应用"按钮存盘且发送到 A、B 通道,并会提示参数是否发送正确。点击"返回"按钮回到主界面。

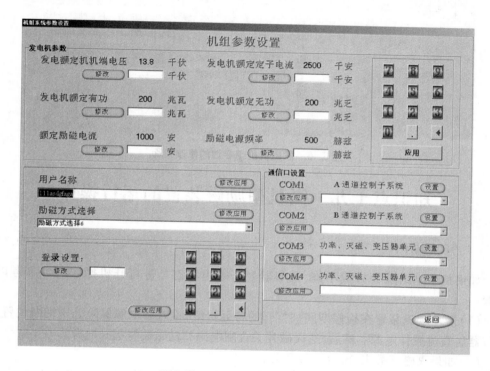

图 6-45 控制单元参数设置页面

  如图 6-46 所示发电机机组参数的修改:首先点击"修改"按钮,再点击界面右上方的数字键盘输入数值,输入完成后点击数字键盘中的"应用"按钮来保存参数。"用户名称"及"励磁方式选择"可直接修改,点击"修改应用"按钮保存设置。在通信口设置中可以设置 COM1、COM2、COM3、COM4 分别代表的是 A 通道控制子系统,B 通道控制子系统,功率、灭磁、变压器单元,监控系统通信的通信接口中的某个接口,点击"设置"按钮,设置完成后再点击"修改应用"按钮保存设置。点击"返回"按钮返回主界面。

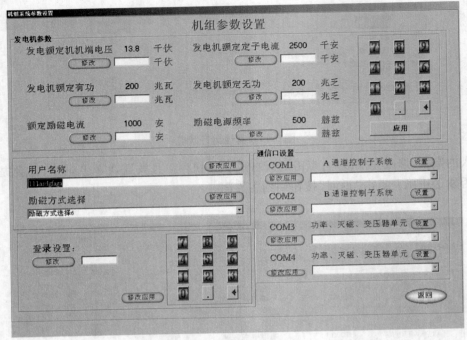

图 6-46　发电机机组参数的修改页面

知识点十九　微机型励磁装置的运行操作

一、开机操作

如果机组刚结束大修或小修,调节器处于断电状态。进行开机操作时可参考以下步骤:

(1)恢复励磁装置在检修期间被打开的各处接线,检查各电源保险处于切断位置,向调节器送直流操作电源。然后,送灭磁开关合闸电源和励磁装置起励电源。

(2)如果灭磁开关未合,合灭磁开关。

(3)测量电源保险原边的各电压值,确认无误后投上各保险,投 3SA、2SA、1SA。

(4)通过调节器插件面板上的电源指示灯确认调节器电源工作正常。励磁监控单元显示屏上无异常指示(如果"灭磁"红灯亮,请检查灭磁开关是否未合,或停机令未复归)。

(5)如果是自动起励流程,检查自动起励压板是否投入。

(6)投功率部分的交流刀闸,随后合直流开关,检查各开关位置指示正确。

以上步骤完成后,机组即可开机升压。如果机组一直处于备用状态,运行人员在开机前需检查的项目是上述第(2)、(4)、(5)项;如果机组已处于运行状态,运行人员进行定期巡视时需检查第(4)项。除此之外,还应注意功率柜的均流状况,以及每台功率柜励磁电流表的指示是否和平常位置接近。

如果励磁系统采用自并励方式,需投入起励回路为发电机提供初始励磁电流。如果起励回路投入 7 s(此时间可整定)后机端电压仍未升至 30% 额定电压,将会发出一个"起励失败"信号。此信号必须手动复归才能开始下一次起励操作。所以,发电机起励建压必须满足以下条件:

(1)FMK(灭磁开关)合上。

(2)发电机出口断路器未合上(发电机处于空载状态)。

(3)起励失败继电器未动作,或已复归。

(4)机组转速达到 95%,且调节器收到开机令,如果此时自动起励压板投入,励磁装置自动开始起励;否则,只有手动按下"起励"按钮,起励过程才会开始。起励开始后,发电机的机端电压会升至起励前调节器预先设定的电压给定值。一般情况下,此预设值都设为 100% 额定值。

二、停机操作

(1)减有功负荷至零,减发电机无功负荷至零(同时进行)。

(2)发电机与系统解列,向励磁装置发"停机"命令,机端电压自动降为零(在机组停机降转速的过程中,调节器可能会由机端 TV 测得电压频率低于 45 Hz,引起"低频保护"动作。所以,中控室"励磁故障"光字牌会动作,此为正常现象。当 TV 电压足够低后,调节器的"低频保护"和中控室光字牌均会自行复归)。

三、投入和退出操作

(1)如前所述,如果投运励磁装置,那么励磁装置的开关、按钮必然处于如下状态:

FMK(灭磁开关)合上,起励电源投入;所有电源断路器 1QF ~7QF 投入;1SA1、1SA2、1SA3 投入;"切脉冲"按钮、"灭磁"按钮弹起(未按下),功率柜的交流侧刀闸、直流侧开关处于"合"位置。

如果自动开机,则自动起励压板投入,并且向调节器发"开机"(或 95% 转速信号)命令;如果以手动方式起励,则需在转速升至额定后,确认调节器的电压给定正确置位,然后操作"起励"按钮起励升压。

(2)欲使励磁装置退出运行,则向其发出停机令,然后分断 FMK。如有必要,切功率柜的交流刀闸、直流开关,使励磁装置的功率回路完全退出。欲在装置运行时退出某一台功率柜,一定要先切直流侧自动开关,然后切除交流侧刀闸;欲在装置运行时退出某一套调节器,一定要先按下此套调节器的"切脉冲"按钮,然后切相应的 1SA1 或 1SA2。

(3)如果使励磁装置完全停电,则需在完成上述措施(2)的基础上,切 1SA1、1SA2、1SA3 和 1QF ~7QF。注意:在切 1SA3 和 4QF 之前,一定要确认励磁监控单元(工控机)屏幕出现"可以安全关闭计算机"字样。为达成此目的,需在退出"××电厂#×机励磁监控程序"之后,点击"开始"任务栏,然后点击"关闭计算机"。

综上所述,如果机组以自动方式开机、关机,其升压、灭磁过程均能自动完成。运行人员只需进行"增/减磁"操作来控制发电机机端电压或无功功率大小,一般不需要进行其他操作。检修人员可参考以上说明,在装置启、停过程中正确操作设备。

【核心能力训练】

一、励磁装置设计的思路

由于微机型励磁调节器的设计能满足不同励磁方式、不同功率方式下的励磁系统控制,因此微机型励磁系统的设计要从以下几个方面来进行:

(1)确定系统的励磁方式。常见的励磁方式有自并励励磁系统、自复励励磁系统、微机型励磁系统、直流励磁机励磁系统等。

(2)确定励磁调节所需的励磁容量,即被控制对象的额定励磁电压、电流,空载励磁电压、电流,励磁系统所需的强励倍数等。

(3)确定系统的励磁用 TA 变比、励磁 TV 及仪表 TV 的容量、接线组别,输出光字牌的要求,远方控制及仪表。

(4)交直流励磁控制电源(调节器用)的取向及电压等级。

(5)完成微机励磁系统的设计(画出原理图)。

(6)完成晶体管静止励磁装置整流电路的安装接线,观察调节过程。

二、励磁系统的检修与调试能力的训练

(一)励磁系统的检修与调试的基本要求和方法

1. 准备工作

准备图纸、工具、仪表、记录表格,检修内容、步骤、注意事项及必要的安装措施处理方案、开具工作票、必要的安全措施填写清楚,设备停电后做好必要的安全隔离措施并记录,检验回路无电,用兆欧表测量有关回路绝缘并记录。

2. 装置有关部位检查、清扫

装置各有关部位、继电器及其元件检查、清扫时要注意外壳的灰尘,内部的机械部分、连接部分及绝缘电阻的测试等,对于有动作值的继电器必须进行参数校验,各插件板内元件焊接牢固,无漏焊,无虚焊和毛刺,功率电源输入输出电缆接头紧密,功率元件固定良好,散热措施良好无异常,有关调节电位器检查应无严重磨损情况,调节过程中电阻值应能均匀变化,无跳跃现象。

3. 基本试验方法和要求

1)绝缘电阻的测定

二次控制回路用 500 V 的兆欧表测定对地绝缘电阻不低于 1 MΩ,励磁系统中回路用 1 000 V 兆欧表测定对地绝缘电阻不低于 1 MΩ。

2)磁场 QF 及灭磁开关试验

用 1 000 V 兆欧表测量断开的两极触头间主回路中所有导电部分与地之间,绝缘电阻不应小于 5 MΩ,主触头及各辅助触头接触良好,主触头经通电试验测得电压降正常。

3)整流元件的测试

当采用半导体的测试方法对整流管测得的参数有下列情况时应予更换:

(1)断态重复峰值电压 U_{DRM} 或反向不重复峰值电压 U_{RSM} 小于规定值。

（2）断态重复峰值电流 I_{DRM} 或反向峰值电流 I_{RRM} 超过规定值。

（3）正向电压 U_F 或额定通态平均电流下的通态电压 U_T 超过规定值。

4）脉冲变压器的试验

用示波器测量输出脉冲的幅值和宽度，结果符合要求且不发生畸变，脉冲前沿为 1～2 ms。

5）辅助单元的试验

（1）起励试验：模拟操作、动作可靠。

（2）稳压电源特性试验：电源电压变化，其输出电压的误差不大于 1%；负载变化，其输出电压的误差不超过 2%。

（3）辅助单元整定值检查：过励限制、低励限制等参数整定测试并用模拟的方法检查动作情况。

6）灭磁试验

发电机在空载和 U_N 下跳灭磁开关或磁场 QF 灭磁，录制发电机电压、励磁电压、励磁电流和开关断口电压的波形。

7）2H 试运行

测发电机电压、发电机电流、励磁电压、励磁电流和各部位的温升情况。

（二）微机型励磁装置的故障现象及处理方法

1．一般性异常现象的处理方法

在运行过程中，如果励磁装置发生"过励保护"动作，则相应的故障调节器将会自动退出。同时，"励磁事故"光字牌亮。假如两台调节器均发生上述故障，则装置自动退出运行。如果有其他种类的异常发生，则中控室"励磁故障"光字牌亮，具体是哪一种异常信号可由励磁监控单元显示屏面板上异常指示灯（红色）指示。

"断线"灯亮，表明励磁 TV 或仪表 TV 发生断线故障，调节器自动转至未断线 TV 工作。机组可照常运行。一旦 TV 故障恢复，断线信号复归。

"过励"灯亮，表示"过励限制"动作，调节器将限制其输出。励磁电流下降至整定值，经过大约 20 s 延时（与限制后的电流情况有关，在保证发电机转子良好散热后，过励才会复归），过励限制复归，调节器照常运行。

"低励"灯亮，表示"低励限制"动作，调节器将限制其输出进一步下降。励磁电流自动增加，低励状态解除，低励灯熄灭，调节器照常运行。

"低频"灯亮，表示调节器测得的 TV 电压频率比整定值低，"低频保护"动作，调节器将电压给定清零，即输出为零。

"灭磁"灯亮，表示调节器将电压和电流给定清零，使机端电压和励磁电流下降为零。

"低频"和"灭磁"的动作结果相同，都是使励磁装置输出为零，且两者在发电机并网后被闭锁失效。

以上所述为励磁调节器内部的各种保护功能，这些保护动作信号均作为励磁装置运行中的异常信号，并不表示调节器有故障或损坏。但对于一般电厂中控室光字回路，这些信号均会引起"励磁故障"光字牌动作（合用光字）。

2. 事故和故障现象及处理的方法

1) 励磁调节器的"过励保护"动作

故障现象:使调节器自动退出,同时"过励保护"信号亮且不能复归。"过励保护"并不等同于前述的"过励限制",后者在调节器限制输出后能自动复归,且调节器能继续运行。

处理方法:这种情况是已有明确定义的励磁故障。发生上述情况后应停机检查装置的相关单元是否正常。

2) 功率柜输出电流异常

故障现象:两柜电流不一致且相差较大。在正常条件下,功率柜的均流系数一般不小于85%。功率柜电流不均衡可能是由功率柜元件损坏引起的。例如,某只整流管损坏或快熔分断导致此支路开路,供给变流回路的直流电压下降使其输出下降,但由于调节器会维持机端电压恒定,另一柜的输出电流就会随之增大。

处理方法:运行人员应降低励磁电流的输出,减少功率柜的电流负荷,或者停机检查。

3) 励磁变压器温升或噪声过大

故障现象:励磁变压器的测温仪表指示某相温度超过 115 ℃。

一般励磁变压器配有冷却风机,风机会在变压器本体温度达到 90 ℃ 时启动,超过 130 ℃ 时报警。一般情况下不会有温升过高的情况出现。

处理方法:如果温度上升至 115 ℃,可能是风机未启动或变压器本身的问题。一旦温度持续上升达到 130 ℃,应停机检查。

假如变压器在运行时发出与往常不同的噪声和振动,很可能是由三相电流不平衡所致。检查功率柜的输出电流是否均衡,处置方法同前"功率柜输出电流异常"项。

4) 功率柜快熔分断

故障现象:功率柜柜门上的熔断指示灯亮,同时中控室有"励磁事故"光字牌发光。

此故障会导致功率柜输出电流不一致。

处理方法:如果是单柜有熔断器熔断,退出该功率柜,发电机可以正常运行,调节器自动限制强励的倍数。如多台功率柜都出现此类故障,应立即停机处理。

5) 功率柜直流侧开关跳开

故障现象:功率柜在正常运行时突然将直流侧出口开关跳开,柜门指示灯指示其为"分"状态。

功率柜发生过流会引起该柜出口开关跳开,除此之外只能是开关误跳或误操作开关。

处理方法:同前"功率柜输出电流异常"项。

6) 调节器电源故障

故障现象:调节器外输入正常,电源插件指示消失。

此现象表明此调节器内部电源有故障。励磁装置的运行由另一台调节器执行。

处理方法:按下故障调节器的"切脉冲"开关,使其退出运行。待将来停机后再作处理。

7) 发电机无功摆动

故障现象:发电机无功发生振荡,且不能平息。

处理方法:通过励磁监控单元的液晶显示屏观察调节器的占空比或可控硅的触发角输出是否有大幅波动。选定有故障或异常的一台调节器,按下它的"切脉冲"开关使其退出运行。如果故障未消失,弹起此调节器的"切脉冲"开关,使其重新投入。然后切除另一台(发电机的有功摆动也会引起其无功变化,调节器会控制这种无功变化使其不会成为摆动,但转子电压可能会比平常的变化范围大,这显然是一种正常现象。不同寻常的无功摆动有可能是由系统波动或相邻机组负荷变化引起的;调节器本身的测量或功率回路异常也会引起发电机端电压或无功负荷的波动,但这种可能性较小)。

8)发电机无法建压

故障现象:正常开机时,机组转速已经达到额定值,但发电机无机端电压。

处理方法:首先检查是否有"起励失败"信号。如果有此信号,证明起励操作的条件均已满足,应重点检查下列项目:

(1)起励电源是否投入?

(2)"灭磁"按钮是否处于"断"位置?

(3)功率柜的交流刀闸和直流开关是否合上?

(4)调节器的电压给定是否置位成功?

如果无"起励失败"信号,则可以断定起励条件未满足,重点应核查下列项目:

(1)灭磁开关合否?

(2)自动起励压板是否投入?

(3)自动开机令到来否?

无法建压的故障排除后,可在机组维持额定转速的情况下,手动起励升压。

综合各种异常情况可以看出,励磁装置的功率部分出现异常后,应及时降负荷以保证发电机和励磁设备继续安全运行,并尽可能停机处理。控制部分出现异常后,调节器会试图利用各种保护功能使得发电机继续运行,如异常情况仍持续甚至扩大,则可将其视为励磁发生故障,应停机检修。

三、微机励磁系统运行及维护的注意问题

(一)运行人员注意问题

(1)不允许修改微机型励磁调节器的工作参数。

(2)不允许在发电机空载建立电压后进行阶跃操作。

(3)不允许进行"手动""自动"切换操作(调节器的"手动"按钮和控制柜的"手动"投切开关)。

(4)不允许切除单套或双套的输出脉冲(调节器"切脉冲"按钮)。

(5)不允许在励磁监控单元正常运行时切除控制柜的3SA。

(6)除特殊情况外,在发电机正常工作(调节器有输出)时不允许随意投切控制和功率柜的各种开关。

(二)维修人员注意的问题

(1)修改微机型励磁调节器的工作参数不得超出参数表中规定的范围。

(2)不得随意在发电机空载建压后进行阶跃操作。

（3）不得随意进行"手动""自动"切换操作（调节器的"手动"按钮和控制柜的"手动"投切开关）。

（4）不得随意投切单套或双套的输出脉冲（调节器"切脉冲"按钮）。

（5）不允许在励磁监控单元正常运行时切除控制柜的3SA。

（6）除特殊情况外，在发电机正常工作（调节器有输出）时不允许随意投切控制和功率柜的各种开关。

（三）日常维护注意的问题

在停机状况下，通常仅须注意以下几点：

（1）查看各插件是否松动。

（2）清扫功率器件和电缆、母排，以消除由此引起的短路、绝缘降低、散热不良等事故隐患。

（3）励磁系统上电检查各按钮位置及指示灯等是否正常。

（四）运行及维护技能训练任务

任务1：同步发电机的微机型励磁装置的开机操作。

任务2：同步发电机的微机型励磁装置的参数设置。

任务3：功率柜输出电流异常的故障分析。

任务4：移相特性和脉冲波形的检查。

任务5：进行异常现象分析和排除。

【知识梳理】

（1）同步发电机励磁调节系统的任务是，在系统正常运行时维持机端电压或系统中某点电压水平；对并联运行机组间的无功功率进行合理分配；提高电力系统运行的稳定性；改善电力系统的运行条件。

（2）同步发电机的励磁方式是指发电机直流励磁电源的取得方式。发电机的励磁系统，按供电方式分他励、自励两大类。他励是指发电机的励磁电源由与发电机无直接电气联系的电源供给，如直流励磁机、交流励磁机等。他励励磁电源不受发电机运行状态的影响，可靠性较高但功能较少。自励是指励磁电源取自发电机本身，如晶闸管自并励励磁系统。

（3）自动励磁调节指的是发电机的励磁电流根据端电压的变化按预定要求自动进行调节，以维持端电压为给定值。如要求端电压为恒定值，则当机端电压升高时，应减少励磁电流；当机端电压降低时，应增加励磁电流。所以，自动励磁调节装置可以看成一个以电压为被调量的负反馈控制系统。同步发电机的励磁调节方式可分为按电压偏差的比例调节和按定子电流、功率因数的补偿调节两种。

（4）晶闸管静止励磁装置一般分为主电路、励磁调节器和辅助电路三大部分。其中，主电路是指励磁电流形成的回路，包括励磁电源、桥式整流电路以及励磁绕组等设备。晶闸管整流电路是必不可少的，其作用是将交流电压转换为可以控制的直流电压，供给发电机励磁绕组或励磁机的励磁绕组。采用的可控硅整流电路通常有三相半控桥式或三相全控桥式整流电路。励磁调节器指触发的脉冲形成的回路，控制可控硅的导通，调节励磁电流的大小,包括调差、测量比较、综合放大、手动、自动切换、移相触发单元。辅助电路为发电机和励磁装置安全运行而设置的各种电路,如起励、低励、过励、继电保护。

(5)三相半控桥式整流电路由共阳极连接的整流二极管 V2、V4、V6 和由共阴极组连接的晶闸管 VTH1、VTH2、VTH5 组成。各相晶闸管的触发脉冲相位依次相差 120°。其输出电压波形的特点是,当 $0° < \alpha \leqslant 60°$ 时,波形是连续的;当 $60° < \alpha \leqslant 180°$ 时,输出波形出现间断。

(6)半控桥的续流管的作用是消除输出波形出现负的部分以弥补输出电压平均值的减少;停机时消除"失控"现象。

(7)三相全控桥式整流电路由共阴极连接的晶闸管 VTH1、VTH3、VTH6 和共阳极连接的晶闸管 VTH2、VTH4、VTH6 组成。

(8)三相全控桥可以工作在整流状态,也可以工作在逆变状态。整流工作状态就是将输入的交流电压转换为直流电压,当控制角为 $\alpha = 0° \sim 90°$ 时为整流工作方式;逆变工作状态就是,当 $\alpha = 90° \sim 180°$ 时,输出电压平均值 U_{av} 为负值,将直流电压转换为交流电压,其实质是将负载电感 L 中储存的能量向交流电源侧倒送,使 L 中磁场能量很快释放。

(9)电流调差电路的作用是:改变发电机的外特性的倾斜度(即改变调差系数大小),实现并列运行及机组间无功负荷的自动合理分配。把发电机端电压与其无功电流之间的关系称为发电机的外特性。由于发电机无功电流的去磁作用,无功电流越大,发电机端电压越低。

(10)保护及辅助电路有起励单元、最大励磁限制(强励限制)单元、最小励磁限制单元、过电压保护、过励保护、失磁保护、风机断相保护、硅元件熔断器熔断指示、过电压吸收装置及相应的事故及故障信号。

(11)发电机的灭磁就是把转子绕组的磁场尽快减弱到最小程度。常用的灭磁方法有利用放电电阻灭磁、可控整流桥逆变灭磁、灭弧栅灭磁、非线性电阻灭磁。

(12)HWJT-08DS 微机型励磁系统能够实现励磁系统和各套控制部分及功率回路的工作参数、状态、数据、曲线等信息显示,以及试验录波、故障录波及其他试验和特殊操作的控制。通过励磁监控单元实现人机界面、试验录波、故障录波及通信等励磁调节系统的后台功能。

【应知的技能题训练】

一、判断题

1.防止可控硅过载的措施是利用断路器。　　　　　　　　　　　　　　　(　　)

2.灭磁实质是将励磁绕组的剩磁减小到零的状态。　　　　　　　　　　　(　　)

3.在三相全控整流电路中,出现一相脉冲丢失的后果是在逆变时会出现过电压。

(　　)

4.三相全控桥式整流电路工作在整流状态时将输入的三相交流电压转换为直流电压。

(　　)

5.在三相全控桥工作中,定义 α 为控制角,β 为逆变角,β 与 α 的关系是 $\beta = 180 + \alpha$。

(　　)

6. 移相触发单元将综合放大单元来的信号转换为移相触发脉冲,改变可控硅导通角。
（　　）

7. 励磁自动调节的作用之一:在并联运行的发电机之间,合理分配有功负荷。
（　　）

8. 三相全控桥式整流电路工作在逆变状态时将直流电压转换为三相交流电压。
（　　）

9. 发电机的外特性是指机端电压和有功负荷电流的关系。（　　）

10. 调差系数越大,无功电流变化时发电机电压变动越小。（　　）

11. 发电机的调差系数反映了其带无功的能力,调差系数小的带无功的能力强,调差系数大的带无功的能力弱。
（　　）

12. 三相全控桥式整流电路,当需要灭磁时,最理想的控制角为145°~150°。（　　）

13. 微机型励磁调节器的采集板的主要功能是将励磁调节系统所需的模拟量信号转换成微处理器可以接收的信号,采集板中的是交流量。
（　　）

14. 微机型励磁控制器的主机板有8路模拟量输入和6路触发脉冲输出,满足三相全控桥的要求。
（　　）

15. 微机型励磁的欠励限制判别是指在发电机进相运行时,为保持静态稳定运行,限制发电机输出的进相有功 P 在限制范围内。
（　　）

二、单选题

1. 具有正调差特性的同步发电机,当输出的无功电流增大时,机端电压（　　）。
   A. 不变
   B. 增大
   C. 以上两条都有可能
   D. 减小

2. 自动励磁调节器的强励倍数一般取（　　）。
   A. 2~2.5
   B. 2.5~3
   C. 1.2~1.6
   D. 1.6~2.0

3. 机端并联运行的各发电机组的调差特性（　　）。
   A. 可以为负
   B. 可以为零
   C. 必须为零
   D. 必须为正

4. 采用全控整流桥逆变灭磁时,励磁绕组能量主要转移给（　　）。
   A. 灭磁开关
   B. 灭磁回路
   C. 晶闸管元件
   D. 励磁电源

5. 若上下平移与系统并联运行的发电机外特性曲线,将主要改变其（　　）。
   A. 有功功率
   B. 无功功率
   C. 电压
   D. 频率

6. 同步发电机的外特性曲线可以用其斜率和截距来描述。在励磁调节器中,改变外特性曲线截距的手段是改变（　　）。
   A. 调差单元中调差电阻的大小
   B. 调差单元中电流接线的极性
   C. 测量比较单元的电压给定值
   D. 综合放大单元的放大倍数

7. 电力系统中,经过变压器升压并联运行的两台发电机组的调差系数必须（　　）。

A.两台均为零调差　　　　　　　　　　　B.两台均为负调差

　　C.两台均为正调差　　　　　　　　　　　D.调差无特别限制

8.励磁调节器试验时,若发现调差极性搞反了,则应(　　　)。

　　A.改变输入电流的极性　　　　　　　　　B.改变输入电压的极性

　　C.同时改变输入电流和输入电压的极性　　D.改变调差电阻的大小

9.同步发电机灭磁时,不能采用的方法是(　　　)。

　　A.断开励磁电流回路　　　　　　　　　　B.逆变灭磁

　　C.励磁绕组对非线性电阻放电　　　　　　D.励磁绕组对固定电阻放电

10.微机型励磁调节器便于实现复杂的控制方式,这是由于其(　　　)。

　　A.硬件简单可靠　　　　　　　　　　　　B.控制功能用软件实现

　　C.显示直观　　　　　　　　　　　　　　D.硬件的标准化设计

11.励磁调节器中的调差单元输入量是(　　　)。

　　A.定子电压　　　　　　　　　　　　　　B.定子电流

　　C.无功功率和无功电流　　　　　　　　　D.定子电压和定子电流

12.同步发电机的励磁电流是(　　　)。

　　A.恒定的直流电流　　　　　　　　　　　B.可调的直流电流

　　C.恒定的交流电流　　　　　　　　　　　D.可调的交流电流

三、多选题

1.同步发电机励磁调节系统的任务是(　　　)。

　　A.系统在正常运行时,维持机端电压或系统中某点电压水平

　　B.系统在正常运行时,维持系统有功功率的恒定

　　C.对并联运行机组间的无功功率进行合理分配

　　D.提高电力系统运行的稳定性

2.晶闸管的截止条件是(　　　)。

　　A.通过电流小于维持电流　　　　　　　　B.元件阳极电位高于阴极

　　C.在控制极加入正触发脉冲　　　　　　　D.在阳极加反向电压

3.对三相全控桥的触发脉冲应满足的移相要求是(　　　)。

　　A.6个晶闸管元件共需6个移相触发电路,每隔60°换流一次

　　B. 0°~90°为整流工作方式,90°~180°为逆变工作方式

　　C.移相触发电路的工作电源应与晶闸管阳极电压同步

　　D. 各相晶闸管的触发脉冲相位依次相差120°

4.电路处于逆变工作状态,可以实现对发电机的自动灭磁。逆变灭磁的特点是
(　　　)。

　　A.从整流状态过渡到逆变,励磁电压方向不变,但励磁电流的方向反转

　　B.逆变必须有足够高的电源电压才有效

　　C.灭磁速度与逆变角 β 大小有关,根据经验 β 一般取0°为宜

　　D.从整流状态过渡到逆变,励磁电流方向不变,但励磁电压的方向反转

5.微机型励磁调节器,硬件的功能主要是(　　　)。

A. 为程序的编制、调试和修改等服务

B. 输入发电机的参数如电压、电流、励磁电压、励磁电流等

C. 实现励磁调节和完成数据处理、控制计算、控制命令的发出及限制、保护等功能的程序

D. 输出各控制、报警信号及触发脉冲

6. 当电力系统高压线路空载运行或无功补偿电容器在系统负荷低谷时未及时切除,造成电力系统无功功率过剩,发电机进相运行时,关于进相运行,下列说法正确的是( )。

A. 发电机的定子电流由落后功率因数角度变为超前,发电机将从系统吸收感性无功功率

B. 必须设置低励限制单元,以限制发电机最小励磁电流

C. 有功功率带得越少的发电机,越易失步

D. 当励磁过分降低时,发电机失去静态稳定或发电机端部过热,危及设备安全

7. 在三相半控桥式整流电路中续流管的作用是( )。

A. 消除输出波形出现负的部分,避免输出平均值减小

B. 消除"失控"现象

C. 使输出在一个周期内有六个波形,避免输出平均值减小

D. 用于逆变时,从交流侧吸收功率,将能量送回交流电网

8. 三相全控桥式整流电路工作在逆变状态需要的条件是( )。

A. 必须有实现逆变的二极管元件

B. 应使输出电压平均值 U_{av} 为负值

C. 负载必须为电感性,转子绕组已储存有能量

D. 逆变时交流侧电源不能消失

9. 设置调差电路的目的是( )。

A. 可以改变调差系数的极性

B. 改变发电机带有功的能力,满足发电机运行要求

C. 可以改变调差系数的大小

D. 改变发电机带无功的能力,满足发电机运行要求

10. 衡量发电机强励能力的两项重要技术指标是( )。

A. 强励时间

B. 励磁电压响应比

C. 强励倍数

D. 强励时,实际能达到的最高励磁电压 U_{Emax}

【应会技能题训练】

1. 三相半控桥为什么要加装续流管? 运行中续流管坏了会出现什么现象?

2. 三相全控桥实现逆变的条件是什么?

3. 最大励磁限制电路有何作用? 为什么还要装设 61KA?

4. 什么是进相运行？进相运行对电力系统有什么影响？如何消除该影响？

5. 励磁装置设置了哪些继电保护？如何实现？

6. 灭磁的含义和作用是什么？常见的灭磁方法有哪些？

7. 在励磁调节器中为什么要设置调差单元？

8. 说明并联运行发电机间无功负荷分配与调差系数的关系。

9. 并联机组运行时，对调差系数有何要求？哪些外特性不适合并联运行？为什么？

10. 微机型励磁系统日常维护的项目有哪些？

11. 微机型励磁调节器开环调试的方法是什么？

12. 励磁变压器的测温仪表指示某相温度超过 115 ℃，说明故障原因及处理的方法。

13. 微机型励磁装置的功率部分和控制部分出现异常后，应如何处理？

14. 微机型励磁装置在运行及维护中应注意的问题是什么？

项目七 水电站水力机组自动控制装置的维护检修与设计

【教材知识点解析】

知识点一 机组自动程序控制的任务和要求

水轮发电机组自动程序控制是机组自动控制系统的重要组成部分,其任务是借助于自动化元件和装置,组成一个不间断进行的操作程序,以取代生产过程中的各种手工操作,从而实现单机生产流程的自动化。随着生产技术的发展和自动化水平的提高,机组的自动程序控制与水电站全站性调节装置、远动装置和计算机等有良好的接口,以实现水电站全站性综合自动化。所以,机组自动程序控制是水电站全站性综合自动化的基础。

机组的自动程序控制的要求,与水轮发电机的型式与结构,调速器的型式,油、气、水系统辅助设备的特点及机组运行方式等有关。对于不同的机型,上述条件都各不相同,尽管如此,它们对机组自动程序控制的要求却是大体相同的,其要求综述如下:

(1)根据一个操作指令,机组应能迅速可靠地完成开机、停机及各种运行工况的转换。

(2)根据电网频率、电压的变化自动地进行机组有功功率、无功功率的调节。

(3)在电网出现有功缺额的情况下,根据电网频率降低的程度,自动投入备用机组,将调相机组转换为发电运行或将运行机组带满全部负荷。

(4)能根据运行的需要,改变并列运行机组间负荷的分配,对于轴流转桨式水轮机还应根据水头的变化改变其协联关系,使水轮机在高效率工况下运行。

(5)当机组或辅助设备出现事故或故障时,应能迅速准确地进行诊断,将事故机组从电网解列,或发出相应报警信号。

(6)在实现上述要求的前提下,机组自动控制系统应力求简单、可靠,便于运行人员监视和操作,并注意提高二次回路的绝缘水平。

知识点二　机组的自动控制

为了方便实现对机组的控制,水轮发电机组的状态通常用以下几种来描述,主要有停机态、空转态、空载态、发电态、调相态。各状态之间可以相互转换,并能根据实际需要灵活选择。下面以某计算机监控的水电站为例对机组自动控制操作程序进行说明。

一、机组正常开机

机组正常开机一般可分解为三个步骤进行,首先由停机态转空转态,即将机组导叶开度开至"空载"位置,将转速由零升至额定转速;然后由空转态转空载态,即合上灭磁开关,给转子绕组通入励磁电流,将发电机电压由零升至额定电压;最后由空载态转发电态,即通过同期并列操作,合上机端出口断路器使机组与系统并网,并根据需要带上负荷。

(一)停机态→空转态

机组在停机状态接到空转令、空载令或发电令后,即可执行停机态转空转态流程,见图7-1。

机组开机前应具备以下条件:①机组无事故;②制动闸在落下位置,制动气压正常;③发电机断路器在跳闸位置;④机前主阀或快速闸门在全开位置;⑤导水机构全关,开度限制指示为零;⑥灭磁开关在断开位置。

当上述开机准备条件具备后,机组开机准备灯亮,表明机组可以启动。

水轮发电机组如遇有下列情况之一者,禁止启动:

(1)进水闸门、尾水闸门及蝶阀尚未全开。

(2)水轮机或发电机主要保护失灵。

(3)轴承油位、油色不合格。

(4)冷却水不能正常供给。

(5)油压装置或调速器失灵。

(6)制动装置故障,不能安全停机。

机组接收到开机令(开机令包括空转令、空载令及发电令)后,首先逐项检查开机条件是否具备,如开机条件不满足,系统将自动发出报警信号或执行相应操作使条件满足。然后拔出导叶锁锭(也称接力器锁锭),开启冷却水电磁阀,关闭主轴密封围带补气电磁阀。检查冷却润滑水正常后,调速器执行开机令,将开度限制机构行程开关开至"空载"位置,启动机组,将导叶开度匀速开至"空载"位置,待机组转速上升至95%额定转速(n_e)以上时,机组即进入空转态。

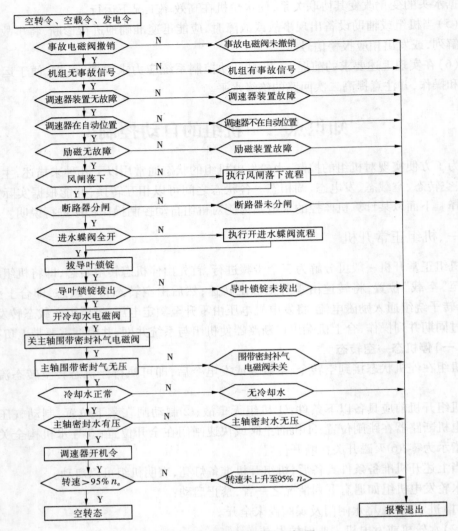

图 7-1 停机态转空转态流程框图

（二）空转态→空载态

其流程见图 7-2。当机组转速上升至 95% 额定转速时，灭磁开关自动合上，然后增加励磁电流使机端出口电压升至额定电压 U_e 附近，机组即进入空载态。

（三）空载态→发电态

（以准同期并列为例）其流程见图 7-3。机组进入空载态后，投入同期装置，调整机组电压、频率使其满足同期并列条件，合上出口断路器，按要求带上有功功率及无功功率，机组即进入发电态。

二、机组正常停机

机组正常停机时一般分为三个步骤进行，首先由发电态转至空载态，然后由空载态转

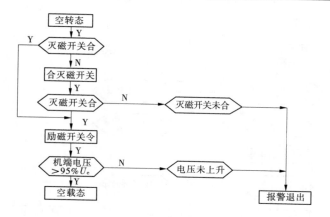

图 7-2　空转态转空载态流程框图

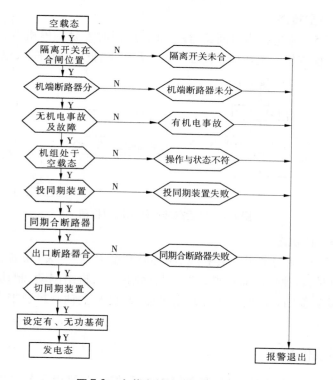

图 7-3　空载态转发电态流程框图

至空转态,最后由空转态转至停机态。

(一)发电态→空载态

其流程见图 7-4。机组接收到停机或空载令后,首先卸去机组全部有功负荷及无功负荷,然后将导叶开度限制机构指针打到"空载"。当导叶开度至"空载"位置时,其位置接点使发电机出口断路器跳闸,发电机与系统解列,机组进入空载态。

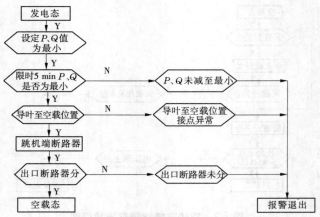

图 7-4　发电态转空载态流程框图

（二）空载态→空转态

其流程见图 7-5。发电机出口断路器跳闸时，应同时发励磁停机令，使灭磁开关联动跳闸，延时 30 s 后检查机端电压应下降至 5％U_e 及以下，此时机组进入空转态。

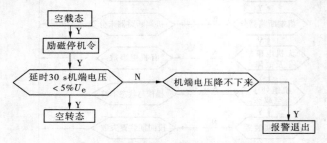

图 7-5　空载态转空转态流程框图

（三）空转态→停机态

其流程见图 7-6。调速器执行停机令，将导叶开度关至"全关"位置，当机组转速下降至 35％ 额定转速时，转速信号器接点动作使制动闸投入，机组制动，制动时间继电器经延时后断开，使制动闸复归。同时关闭冷却水电磁阀、打开主轴密封围带电磁阀等，至此机组进入停机态。

三、机组事故停机

机组事故停机一般分事故停机、紧急停机两种情况，其流程框图如图 7-7 所示。

（一）事故停机

当轴承过热、调速器油压事故性下降、电气事故等保护动作时，则会发出机组事故停机脉冲，使机组事故停机。事故停机脉冲也可由事故停机按钮发出。事故停机过程中为了加快机组停机速度，避免机组事故扩大，调速器紧急停机电磁阀动作，使水轮机导叶迅速关闭至"全关"位置，而不再经过先卸负荷、后全关导水叶的程序。

（二）紧急停机

当机组发生飞逸事故，或事故停机过程中遇剪断销剪断事故时，则会发出紧急停机脉

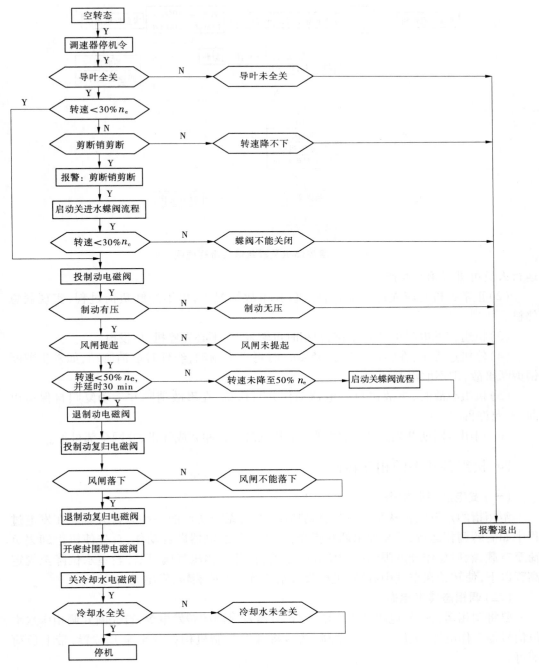

图 7-6 空转态转停机态流程框图

冲,使机组事故停机,并使机前主阀关闭。

如遇机组紧急情况,可按紧急停机按钮发出紧急停机命令脉冲。

在机组开停机过程中应能实现以下功能:

(1)开、停机未完成,应能发出相应信号;在开、停机过程中如发现机组有异常情况,

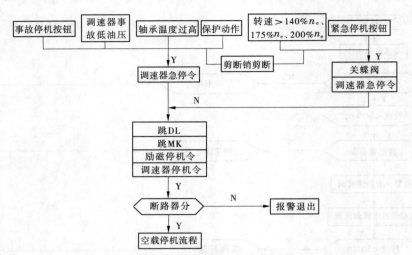

图 7-7　事故停机及紧急停机流程框图

运行人员可进行相反操作。

（2）正常停机时应先卸负荷、后停机；在事故情况下，可不经卸负荷过程，实现紧急停机。

（3）机组在发电时可转调相；在调相时可转发电，不必先停机、后发电。

（4）停机过程中，在转速下降至 $35\% n_e$ 时将机组制动，经延时取消制动；如发生剪断销剪断事故，则不取消制动。

（5）机组事故时，事故出口继电器动作并自保持，在事故消除并手动复归自保持以前，不允许再次开机。

（6）利用自同期并列方式，可实现一个开机命令脉冲完成开机、并网全部过程。

四、机组各状态的相互转换

（一）发电态转调相态

调相指的是发电机从系统吸收有功功率、发出无功功率的一种运行方式。在发电过程中如需转调相运行，只需发出调相指令，调相启动继电器即会动作，首先使机组卸去负荷至空载，然后操作开度限制机构使导叶全关，打开调相压气阀，把转轮室水位降至规定高程以下，使转轮在空气中旋转，机组吸收系统有功维持旋转，发出无功功率。

（二）调相态转发电态

要将调相运行的发电机转为发电运行，只需发出调相转发电令，首先断开调相压水水位信号器工作电源，关闭压气电磁阀，然后将开度限制机构打开至全开位置，带上负荷即可。

（三）调相态转停机态

如需在调相运行中停机，可直接发出停机令，这时因导叶已关闭，停机继电器动作后立即跳发电机出口断路器和灭磁开关，实现停机。

（四）停机态转调相态

如发电机在停机状态要启动作调相运行，则必须先由发电机启动机组，由停机态转为发电态,再将发电机转调相运行。

【核心能力训练】

一、设计能力训练

(一)水电站水力机械保护设计基本思路

水轮发电机组在发电运行中由于本身及外部原因,都可能发生一些故障,而发电机是电力系统中最重要的设备,发电机的安全工作对电力系统的稳定运行和对用户不间断供电起着决定性的作用。因此,针对发电机运行中可能出现的故障,在发电机上必须装设比较完善的继电保护装置。同样,在水轮机上也必须装设有关的保护装置。

水轮机出现的故障和装设的保护装置如下:

(1)机组推力轴承、上导轴承、下导轴承、水导轴承过热事故,水轮机自动关机。

(2)调速器压油槽油压下降到事故油压时,机组自动停机。

(3)调相运行时,为了防止机组误跳闸解列时低速运转,机组自动停机进行保护。

(4)发电机的差动保护等电气保护动作时,机组自动停机。

(5)水轮机轴承润滑水中断,而备用水又未及时投入时,机组自动停机。

(6)下列特殊紧急情况下,还可以自动或手动关闭进水主阀(蝶阀),对机组进行保护:

①机组在事故停机过程中又遇到剪断销被剪断事故时,剪断销信号装置动作,自动事故紧急停机。

②机组转速达140%额定转速时,自动事故紧急停机。

③当调速器本身故障,无法停机时,可以手动操作事故紧急停机按钮紧急停机。

(7)故障信号,提示运行人员去检查处理。一般有如下故障提示信号:

①轴承温度及其油箱内油温异常升高,但又没有达到停机时的事故温度,则自动发出提示故障告警信号。

②空气冷却器热风温度异常升高,则自动发出提示故障告警信号。

③在停机过程完成后,制动风闸未落下时,则自动发出"制动风闸未落下"提示故障告警信号。

④机组在运行中,轴承油位油面不正常时,则自动发出"轴承油位油面不正常"提示故障告警信号。

(二)设计能力训练任务

完成水电站水力机组的保护设计。

二、水力机组自动控制装置的检修能力训练

(一)水轮发电机组及其自动控制系统常见故障及事故处理方法

机组在运行发电过程中因外界或自身原因,会出现异常现象与故障。这些异常会通过仪表或保护装置反映出来,如继电器掉牌,发出音响和光字牌信号或计算机监控系统的语音提示。此时值班人员要根据运行规程规定,以及语音和光字牌提示的故障及事故性

质认真思考,在值长统一指挥下,迅速而有条不紊地处理,并使故障不再扩大,避免造成严重后果。

机组发生事故时,通过机组自身的保护装置自动停机,但是运行人员不能因此而放松警惕,要防备保护装置失灵。如发现事故苗头,危及机组安全,应按运行规程规定及时停机。对于不能装设保护装置的故障或事故,如突发金属撞击声、发电机振荡等,应报告值长酌情紧急处理。下面介绍常见的机组故障及处理方法。

1. 机组过速

1)原因

机组甩负荷,调速器失灵;或者关闭时间整定值过大,使机组转速大于过速继电器整定值(一般为额定转速的140%),机组紧急停机,同时,主阀自动关闭。

2)处理方法

运行人员应密切监视机组停机过程情况和主阀关闭情况。停机后要全面检查机组,并做好记录,由专责人员检查调速器和过速保护整定值。确认完好后,值长下令方可再次启动。

3)注意事项

当调速器失灵引起机组过速,又遇到保护自动控制回路故障时,机组不自动停机,运行人员应迅速按紧急停机按钮或手动操作调速器的紧急停机阀,使导水机构关闭。若无效,应迅速关闭主阀。

2. 剪断销剪断

1)原因

导水机构在动作过程中,个别导叶被异物卡住或其他原因使导叶不能转动时,该导叶的剪断销被剪断,其他导叶依然转动,以此保护导水机构安全。

2)剪断销剪断表现的现象

(1)剪断销信号装置发信号,"水力机械故障"光字牌亮。

(2)主副导叶臂分离或拐臂与连杆分离。

(3)因水力不平衡使机组振动,摆度、噪声增大。

3)防范措施

(1)提高上游进口拦污栅质量,并保持完好率,防止过大漂浮物进入引水室后进入导叶。

(2)提高导水机构质量,导叶应灵活转动。

(3)采用尼龙轴承时应先浸水、后加工,防止因间隙过小,尼龙套浸水膨胀后抱死轴颈,使导叶转动不灵活。

4)处理方法

(1)立即通知有关检修专责人员。将调速器切到手动位置,调整导叶开度(负荷)以适应修理需要,便于在不停机条件下更换剪断销,并查明原因,当个别导叶卡住异物时需要作特别处理。

(2)若在运行中无法处理,应及早停机,关闭主阀后,更换导叶剪断销。

3. 轴承油位

轴承油位保持正常值是保证轴承安全正常运行的重要条件之一。轴承油槽上的油位计应标出清晰可见的标准油位线。立轴机组在运行中因离心力作用,油位会略有升高,但也有一个稳定的油位,油位允许偏差±10 mm。机组运行中运行油位超出允许范围,将会出现轴承故障或事故,危及机组安全运行。

1)轴承油位过低

轴承油位过低使轴承润滑油不足,引起轴承过热,是运行中轴承烧瓦的主要原因之一,应引起运行人员注意。通常在轴承上装有低油位浮子继电器保护。当油位过低时,继电器动作,"水力机械故障"光字牌亮,警铃响,应通知油务专责人员加油。

2)轴承油位过高

轴承油位过高将引起轴承甩油,会污染环境和发电机绕组。运行机组油位过高的主要原因是冷却器漏水,使水流入轴承油中,漏水使汽轮机油乳化,呈乳白色。经值长现场确认后,申请停机检查,化验油中含水情况,并通知检修专责人员来现场修理冷却器。

4. 机组运行中冷却水中断

冷却水中断示流继电器动作,"水力机械故障"光字牌亮,故障电铃告警。检查时,冷却器进口处压力表指示为零。冷却水中断原因有误操作、阀门故障、取水口或滤水器堵塞等。采用水泵供水的机组水泵故障也会引起冷却水中断。

冷却水中断应立即查明原因,及时处理加以消除后,方可继续维持运行。

5. 轴承温度不正常升高

机组启动后,温度上升速度有一定规律。正常运行机组轴承温度随着室温升降,变化遵循一定规律。轴承温度在较短时间内上升过快,但其值还未超过事故停机温度,此时应首先检查油位、油色和冷却水的水位与流量有无异常,做好记录,及时报告值长。轴承温度不正常上升,继续发展往往是烧瓦的先兆,运行人员应予特别注意,查明原因,研究是否停机检查。轴承解体后能发现轴瓦局部高温痕迹。

6. 轴承故障温度

轴瓦温度达到故障温度(60 ℃)时,信号继电器动作,"水力机械故障"光字牌亮,警铃响。

运行人员应立即检查轴承冷却系统工作情况,水压和流量是否正常。为维持运行,可临时采取增大冷却水量和提高水压的方法。若温度继续升高,应立即申请停机,查明原因进行处理。

7. 轴承事故温度

轴瓦温度达70 ℃时,事故继电器动作,"水力机械事故"光字牌亮,警笛响。调速器自动关闭,机组紧急自动停机。

运行人员监视自动停机过程,若自动系统失灵或未投入,则采用手动停机操作,并做好记录,立即向上报告,并会同检修专责人员分析,作出正确结论,查出事故原因,并检修处理好。

(二)检修能力训练任务

任务1:机组发轴承油温升高信号,应该检查哪些内容?如何处理?试确定检修方案。完成检修内容。

　　任务2：水电站水轮发电机手动开机时的故障处理。

　　任务3：水轮发电机自动控制装置的故障处理。

　　任务4：完成手动开、停机操作。

【知识梳理】

　　(1)水轮发电机组的状态通常描述为停机态、空转态、空载态、发电态、调相态。机组正常开机一般分为三个步骤：停机态→空转态→空载态→发电态；机组正常停机也分为三个步骤：发电态→空载态→空转态→停机态。

　　(2)机组开机前应检查开机条件是否具备：①机组无事故；②制动闸在落下位置，制动气压正常；③发电机断路器在跳闸位置；④机前主阀或快速闸门在全开位置；⑤导水机构全关，开度限制指示为零；⑥灭磁开关在断开位置。

　　(3)熟悉水轮机出现的故障和装设的保护装置。

　　(4)掌握水力机组常见的故障现象及处理方法。

【应知技能题训练】

一、填空题

　　1.水轮发电机组有正常开机、正常停机、事故停机、停机转调相、＿＿＿＿＿＿＿＿、发电转调相、＿＿＿＿＿＿＿＿七个自动控制程序

　　2.水轮机在运行中发生气蚀时，尾水管噪声增大，机组振动，摆度加大。基本原因是：＿＿＿＿＿＿＿＿。运行人员应＿＿＿＿＿＿＿＿，避开水轮机在不稳定振动区运行。

　　3.小型机组出力不足,常见原因是＿＿＿＿＿＿＿＿。

　　4.机组过速原因是＿＿＿＿＿＿＿＿或者关闭时间整定值过大。

　　5.水轮机抬机事故常见于＿＿＿＿＿＿＿＿、＿＿＿＿＿＿＿＿轴流式水轮机。

　　6.轴瓦温度达＿＿＿＿＿＿＿＿时，事故继电器动作，"水力机械事故"光字牌亮，警笛响。机组紧急自动停机。

二、选择题

　　1.当发现定子温度升高异常,并超过105 ℃时,初步判断是发生了(　　　　)。

　　A.发电机振荡　　　　　　　　B.发电机冷却风温度过高

　　C.发电机失去励磁　　　　　　D.发电机的非同期并列

　　2.水轮发电机组中为了保证其安全可靠的运行,设置了相应的保护,其中保护作用于机组事故停机的事故有(　　　)。

　　A.轴承温度过高;事故停机过程中,剪断销被剪;压油槽油位不正常

　　B.轴承温度过高;油压装置的油压低于事故油压;备用油泵投入无润滑油

　　C.轴温升高,压油槽油位不正常,空气冷却器温度升高;导叶剪断销剪断

　　D.转速上升到$140\%n_e$;事故停机过程中,剪断销被剪

　　3.水轮发电机当水导润滑水失去时应动作于(　　　)。

　　A.发故障信号　　　　　　　　B.发事故信号

C. 不发信号　　　　　　　　D. 紧急事故停机并关闭闸门

 4. 要将调相运行的发电机转为发电运行, 只需发出调相转发电令, 首先断开调相压水
(　　)工作电源, 关闭压气电磁阀, 然后将(　　)。

  A. 示流信号器; 开度限制机构打开至全开位置

  B. 水位信号器; 开度限制机构打开至全开位置

 5. 水电站运行的电气设备借助于(　　)来反映设备的运行状态。

  A. 励磁系统　　　　　　　　B. 保护系统

  C. 信号系统　　　　　　　　D. 直流系统

 6. 发电机在开机时必须(　　)冷却水, 而在停机时(　　)冷却水。

  A. 打开, 打开　　　　　　　B. 打开, 关闭

  C. 关闭, 打开　　　　　　　D. 关闭, 关闭

 7. 关于发电机调相操作, 正确的是(　　)。

  A. 先卸负荷, 然后关闭导叶, 最后开调相压气阀

  B. 先关闭导叶, 然后卸负荷, 最后开调相压气阀

  C. 先开调相压气阀, 然后关闭导叶, 最后卸负荷

  D. 先开调相压气阀, 然后卸负荷, 最后关闭导叶

【应会技能题训练】

 1. 机组自动程序控制有哪些?

 2. 什么叫发电机调相运行?

 3. 试分析轴承油位不正常时的故障现象及处理方法。

 4. 水轮机装有哪些水力机械保护?

 5. 运行冷却水源中断有什么后果? 如何处理?

项目八　水电站水力机械自动装置的检修与设计

【教材知识点解析】

知识点一　控制系统中的自动化元件分类

　　水轮发电机组的自动化元件是实现水力机械自动化的基础。根据自动化元件的作用和水电站不同的控制方式,水轮发电机组的自动化元件主要分为信号元件、执行元件以及电动单元组合仪表三大类。

一、信号元件

　　信号元件主要有转速信号器、温度信号器、液位信号器、压力信号器、剪断销信号器等,用来监视机组转速是否正常,各部轴承和发电机定子温度是否超限,各部冷却水是否中断,油槽油位、调相压水水位是否降低或升高,油、气、水系统压力是否下降及剪断销是否剪断。

二、执行元件

　　执行元件主要有电磁阀、电磁空气阀、电磁配压阀和液压阀等,用于控制油、气、水系统管路的通断。

三、电动单元组合仪表

电动单元组合仪表由变送器和显示器两个单元组合而成。变送器有测量压力、液位、流量等类型,将被测量转换成 $0 \sim 10$ mA 的直流信号,然后由共同的指示报警仪或记录仪显示。也可将直流信号经模/数转换装置变为数字量,输入电子计算机处理和存储,由屏幕或数字仪表显示。

知识点二　自动控制的信号元件

一、转速信号器

(一)转速信号器的用途

转速信号器也称转速继电器 ZSJ,用来测量机组的转速,以反映机组的不同工况。机组转速是运行工况的一个重要参数。在机组自动控制中,根据机组不同的转速值,转速信号器应能及时地发出不同的命令和信号,以对机组进行自动控制或保护。例如:当机组突然甩负荷且调速器失灵,机组转速剧烈升高至 $140\% n_e$ 时,由转速信号器的 $140\% n_e$ (n_e 为额定转速)接点发出事故紧急停机并关闭机前主阀命令,同时发出过速信号;当机组调速器失灵,机组转速上升至 $115\% n_e$ 时,由转速信号器 $115\% n_e$ 接点发出过速信号使过速装置动作,命令机组事故停机,机组采用自同期并列方式;当机组转速上升至 $98\% n_e$,由转速信号器 $98\% n_e$ 接点发出自同期合闸脉冲时,发电机出口断路器合闸,将机组投入系统;在停机过程中,当机组转速下降到 $35\% n_e$ 时,由转速信号器 $35\% n_e$ 接点发出制动命令脉冲,投入机组制动装置。

(二)转速信号器的类型

目前使用的转速信号器,主要有机械型、电磁型和半导体型三类,现分别介绍如下。

1.机械型转速信号器

没有永磁机的小型水轮发电机组常使用机械型转速信号器。机械型转速信号器根据离心力作用的原理制作,当机组转速升高时,飞球离心力增大,克服弹簧力而飞出,拨动微动开关发出信号。这种转速信号器结构简单,调整弹簧张力即可改变转速动作值。但这种转速信号器在转速突变时有冲过头现象,接点整定也较困难,接点有时还有误动现象。

2.电磁型(也称电压型)转速信号器

电磁型转速信号器由永磁发电机和电压继电器构成,主要根据永磁发电机电压与转速成正比关系设计。电磁型转速信号器采用若干个电压继电器接于永磁发电机电压回路而构成,当转速值不同时,使相应整定值的电压继电器启动或返回。常用的电磁型转速信号器有 ZZX – 2 型和 ZZX – 3A 型两种。

ZZX – 3A 型转速信号器内部接线如图 8-1 所示,图中 2KV ~ 5KV 等电压继电器的整定值分别为相应于 85%、140%、115%、95% 额定转速时的电压,1KV 的整定值为相应于 35% 额定转速时的电压,1KV 的电源由永磁发电机经整流而得,为避免永磁机的电压过低,导致交流电压继电器的接点发生振动而不稳,应选用直流电压继电器。电阻 R2 的阻

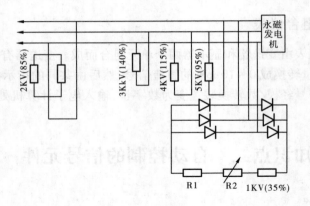

图 8-1　ZZX－3A 型转速信号器内部接线

值可调,R2 的阻值愈大,1KV 的启动电压愈高。

3. 半导体型测速装置

目前,国内水轮发电机半导体测速装置用的速度传感器主要有永磁发电机、测速齿盘,还有使用发电机残压或电压频率反映发电机转速的,半导体型测速装置在水电站中应用日益广泛。就电路而言主要有以下几种,利用永磁发电机电压与转速成正比来测速,利用永磁发电机、测速齿盘或发电机残压频率随机组转速变化的关系来测速。该测速装置测量精度相对较高,具有良好的低速测量特性,并可通过 LCD 数字显示屏显示频率值,方便可靠。

二、温度信号器

(一)温度信号器的用途

温度信号器用于检测水轮机导轴承、上下导轴承、推力轴承的温度及发电机空气冷却器的进出口风温、变压器的油温等。当温度升高至允许上限值时,发出故障信号;当温度继续上升至危险的过高值时,发出事故信号并可作用于跳闸或停机。

(二)温度信号器的类型

水电站常用的温度信号器有 WTZ 型电接点温度信号器、WXG 型电接点玻璃水银温度计和热电阻温度传感器。

1. WTZ 型电接点温度信号器

WTZ 型电接点温度信号器是基于灌在一定容积密闭感温包内的气体或液体饱和蒸汽的温度与压力之间具有一定的变化关系构成的。测温系统由感温包、毛细管、弹簧管组成(见图 8-2)。当温度变化时,感温包内液体的饱和蒸汽压力随之变动,经毛细管使弹簧管产生位移,借助于杠杆传动指示机构使轴转动,并带动指针转动使指针指示温度读数。

电接点压力温度信号器存在下列缺点:仪表反应迟钝,毛细管易坏且无法修复,接点容量小,接点压力不够,易产生接触不良,容易烧毛等。

2. WXG 型电接点玻璃水银温度计

WXG 型电接点玻璃水银温度计由附有电接点的水银温度计构成。一只温度计整定一个动作值,需要四个测温点时要用四只温度计。当温度升高至允许上限时,则接点闭合,发出相应信号。

3.热电阻温度传感器

热电阻温度传感器具有体积小、精度高、接口方便、传输距离远等特点,如图8-3所示。常用的有热电偶温度传感器,热电偶的电极用两种不同的导体材质制成,当测量端与参比端存在温差时,便会产生热电势,工作仪表则会显示与电势相关的温度,同时发出相应的信号。

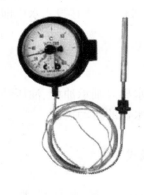

图 8-2　WTZ 型电接点温度信号器

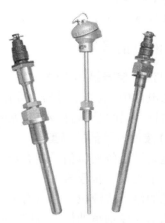

图 8-3　热电阻温度传感器

三、压力信号器

(一)压力信号器的用途

在水电站中,压力信号器主要用于油、气、水系统的压力监视。例如,在机组制动闸的管路上装设压力信号器,用以监视风闸是否落下;在压油槽和储气筒上用压力信号器实现保持压力恒定的自动控制。

(二)压力信号器类型

水电站常用的压力信号器主要为电接点式压力信号器和压力变送器。

1.电接点式压力信号器

电接点式压力信号器(见图8-4)是一种兼有刻度指示和发信号接点的仪表。当被测介质压力作用于弹簧管时,其末端产生相应的弹性变形——位移,经传动机构放大后,由指示装置在度盘上指示出来,同时指针带动电接点装置的活动触点与设定指针上的触点(上限或下限)相接触的瞬时,致使控制系统接通或断开电路,以达到自动控制和发信报警的目的。电接点式压力表的优点是:易于调整,不易受振动影响。缺点是:接点容量小,要通过中间继电器才能启动磁力启动器;在动作值附近时有抖动现象,易产生拉弧而烧坏接点。

图 8-4　电接点式压力信号器

为了解决上述问题,在电接点装置的电接触信号针上装有可调节的永久磁钢,可以增加接点吸力,加快接触动作,从而使触点接触可靠,消除电弧,能有效地避免仪表由于工作环境振动或介质压力脉动造成触点的频繁关断。

2.压力变送器

压力变送器有电容式、电感式、压阻式等多种类型。水电站中应用最为广泛的是扩散硅压阻式压力变送器,它采用高性能的扩散硅压阻式压力传感器作为测量元件,经过高可靠性的放大处理电路及精密温度补偿,将被测介质的表压力或绝对压力转换为标准的电压或电流信号。具有体积小巧、使用安装方便、性能稳定、灵敏度高等优点,直接投入水中即可测量。

四、液位信号器

(一)液位信号器的用途

在水电站中,液位信号器主要用于机组推力、下导、水导等轴承油槽、油压装置漏油箱的油位监视,水轮机顶盖排水、集水井排水、调相压水等水位的自动控制。

(二)液位信号器的类型

水电站常用的液位信号器有浮子式、电极式、磁翻板式等类型。

1.浮子式液位信号器

常见的浮子式液位信号器有 FX 系列、YW-67 型、ZUX-150 型及 FL 型。监视发电机推力轴承及导轴承油槽油位时,常用 ZUX-150 型及 FX-2 型浮子式液位信号器(见图8-5)。监视稀油润滑的水轮机导轴承油槽油位时,常用 FX-1 型。监视漏油箱油位、水轮机顶盖和蓄水池水位时,常用 FX-3 型和 FL 型。

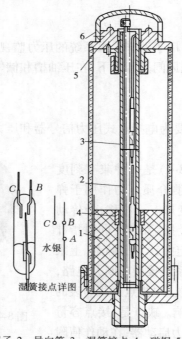

1—浮子;2—导向管;3—湿簧接点;4—磁钢;5—接线管;6—罩
图8-5 FX-2型浮子式液位信号器

浮子式液位信号器都可分为浮子和电气接点开关两个组成部分。随着液位的升降，浮子上的永久磁钢或玻璃泡内的水银使导向管的干(湿)簧接点或水银开关动作，发出相应的液位信号，以达到自动控制的目的。

2. 电极式液位信号器

电极式液位信号器用于监视转轮室水位，它与 ZSX－2 型(或 ZSX－3 型)液位信号装置(见图 8-6)配合给转轮室供压缩空气，使转轮室水位保持在水轮机转轮以下，减小机组作调相运行时的有功损耗，也用于监视水轮机顶盖及集水井水位。

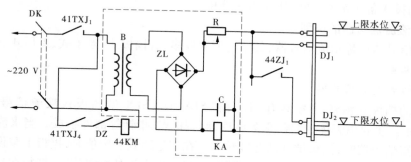

图 8-6 ZSX－2 型液位信号装置工作原理图

电极式液位信号器的电极 DJ_1、DJ_2 是两个相互绝缘的导体，通常是不接通的，当水位上升把两个电极都浸入水中时，利用水的导电性使这两个电极成为电的通路，发出相应的水位信号。当电极 DJ_1、DJ_2 浸没水中时，电流继电器 KA 动作，经中间继电器发出高水位信号，并打开调相补气电磁阀以驱动液压阀，向转轮室充压缩空气，将水压下；当水位降至 DJ_2 以下时，KA 复归，补气终止。

根据运行经验，这类液位信号器，如采取以下措施，一般可获得比较好的效果：①金属电极镀铬防锈或采用碳棒电极；②当用于集水井排水时，在油污、泥沙较多情况下，应经常清洗以保持良好导电性能；③适当提高电极上的工作电压，并在电极上加套管。

3. 磁翻板式液位计

磁翻板式液位计是根据浮力原理和磁性耦合作用原理工作的，见图 8-7。

图 8-7 磁翻板式液位计

当被测容器中的液位升降时，液位计主导管中的浮子也随之升降，浮子内的永久磁钢通过磁耦合传递到现场指示器，驱动红白翻柱转 180°，当液位上升时，翻柱由白色转为红色，当液位下降时翻柱由红色转为白色，指示器的红、白界位处为容器内介质液位的实际高度，从而实现液位的指示。该系列产品可以做到高密封、防泄漏和在高温、高压、高黏度、强腐蚀性条件下安全可靠地测量液位，显示醒目，读数直观，且测量范围大，配上液位报警、控制开关，可实现液位或界位的上、下限报警和控制，配上 UX 型液位变送器,可将液位、界位信号转换成二线制 4～20 mA DC 标准信号,实现远距离检测、指示、记录与控制。

五、液流信号器

(一)液流信号器的用途

在水电站中,液流信号器主要用于发电机冷却水、水轮机导轴承润滑水(如采用水导时)、上下导轴承冷却水等水流情况的监视。当水流中断或很小时,由液流信号器发出信号,并自动投入备用水源,或作用于事故停机。

(二)液流信号器的类型

液流信号器也称示流信号器,其结构形式较多,有挡板式、浮子式、差压式、开关式等。现介绍前两种。

1.挡板式液流信号器

常用的挡板式液流信号器有 SL 型和 SLX 型。SLX 型挡板式液流信号器结构如图 8-8 所示。主要由壳体、挡板、永久磁铁、湿簧接点、指针等部件组成。当水流按指定方向流经液流信号器时,挡板被冲动绕轴转动。在流量达到一定值时,挡板上装设的磁铁接近湿簧接点,使接点动作,发出水流正常信号;当流量小于某一定值时,挡板在自重和弹簧力作用下,返回中间位置,磁铁离开湿簧接点,于是接点返回。随挡板转动的指针,可指示流量大小。

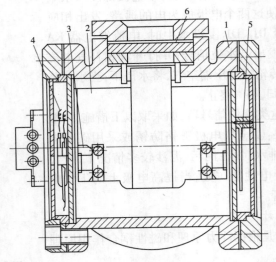

1—壳体;2—挡板;3—永久磁铁;4—湿簧接点;5—指针;6—盖

图 8-8　SLX 型挡板式液流信号器结构

2.浮子式液流信号器

常用的 SX－50 型液流信号器主要由壳体、湿簧接点、浮筒及永磁环等构成。液流信号器在水流按规定方向流动时,由水流将浮筒及永久磁钢推动上升到一定位置,常闭湿簧接点断开;当水流流量减少到一定值或全部中断时,浮筒及永久磁铁在重力作用下落下,湿簧接点接通,发水流降低或中断信号,投入备用水源或延时使机组停机。

六、剪断销信号器

(一) 剪断销信号器的用途

水轮机在运转过程中,若导叶间被漂浮硬物卡住,则在操作时可能造成导水机构损坏事故。为了防止这种事故发生,一般水轮机均装设剪断销保护。在导水机构拐臂与连接杆处采用脆性材料制成的剪断销,当有硬物将导叶卡住时,剪断销即被剪断,使导水机构拐臂与连杆分离。为了及时发出剪断信号,在每个剪断销销轴中心孔内附设剪断销信号器。在水电站运行中,如正常停机时发生剪断销剪断,只发报警信号;如遇事故停机同时发生剪断销剪断,则作用于紧急事故停机并使机前主阀关闭。

(二) 剪断销信号器的类型

目前,水电站常见的剪断销信号器分为 CJX 型和 JX 型两种,还有新型的 JDS 型剪断销信号装置。

1. CJX 型常闭式剪断销信号器

CJX 型常闭式剪断销信号器与剪断销信号装置配合使用。该剪断销信号器(见图 8-9)采用脆性材料为壳体,内部采用印刷电路,用环氧树脂封浇,有较好的绝缘性能。使用时将信号器插入剪断销的轴向中心孔内,当剪断销断裂时,信号器同时发出信号。

2. JX 型剪断销信号器

JX 型剪断销信号器分常开触点式和常闭触点式两种,其结构图见图 8-10。常开触点式主要由触点螺钉、动触点、弹簧、螺杆及销体等组成。正常时两个触点螺钉不通,当导叶被卡住,导叶关闭造成剪断销被剪断时,动触点即在弹簧力作用下将触点螺钉接通发出信号。常闭触点式由有机玻璃制成的销体和串入销体的一根导线及接线螺钉构成,装在剪断销的轴向中心孔内。水轮机剪断销内的闭式信号器分两组串联,然后将 1JX、2JX 按图 8-11 接线与 JXZ-2 型剪断销信号装置配合工作。调整 R2 使正常时电桥处于平衡状

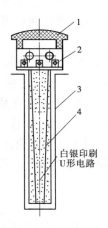

1—盖;2—出线板;

3—壳体;4—填料(环氧树脂)

图 8-9 CJX 型常闭式剪断销信号器

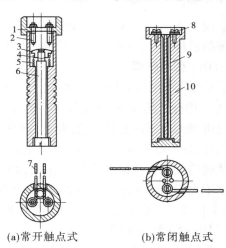

(a)常开触点式　　　(b)常闭触点式

1—接线座;2—触点螺钉;3—销体;4—动触点;5—弹簧;

6—螺杆;7—软接线;8—接线螺钉;9—导线;10—销体

图 8-10 JX 型剪断销信号器

态,当剪断销被剪断时,电桥平衡被打破,电流继电器 KA1、KA2 动作,发出剪断销折断信号。

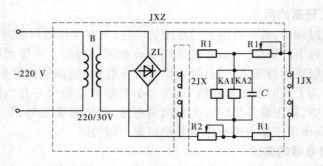

图 8-11　剪断销信号装置接线

3.JDS 型剪断销信号装置

JDS 型剪断销信号装置采用单片机智能控制,采集 24 路剪断销信号器的信号。当水轮机某个剪断销信号器被剪断时,信号器销体及导线同时被剪断,装置液晶显示出第几路信号器被剪断及总共报警路数等信息,同时继电器动作,并将数据经 RS485 接口远传。

知识点三　自动控制的执行元件类型及功能

为了实现机组的自动控制,必须在油、气、水系统上装设各类远方操作的阀门,以控制油、水、气系统管道的通断,主要有电磁阀、电磁配压阀和液压阀等。

一、电磁阀的类型及功能

电磁阀用于油、气、水管路系统的自动启闭,它将信号器发出的电气信号转换为管路自动启闭的机械操作,一般由电磁铁和阀体两部分构成。现简单介绍几种常用的电磁阀。

(一)DF₁ 型电磁阀

DF_1 型电磁阀结构如图 8-12 所示。图中位置处于断电后关闭状态。此时,依靠橡胶膜上腔 A 工作介质的压力,使橡胶膜与阀座之间保持良好的密封。当电磁铁 4 通电时,动铁芯因电磁力作用向上移动,打开上盖的排除孔,上腔压力下降,在工作介质压力作用下使阀门开启;当电磁铁 4 断电时,排出孔被动铁芯堵住,上腔压力上升,靠橡胶膜上下腔压力差使阀门关闭。这种电磁阀利用阀体内部工作介质进行放大,故操作消耗功率小,其额定功率不大于 10 VA,适用于要求消耗功率较小的自动控制系统。但电磁阀在开启过程中,要求其线圈始终带电,这是 DF_1 型电磁阀的缺点。

(二)DF – 50 型电磁阀

DF – 50 型电磁阀在油、气、水系统的管道上应用广泛,它和 DF_1 型电磁阀不同,DF_1 型电磁阀是单线圈的,阀门开启时线圈需长时间带电,而 DF – 50 型电磁阀用 ZT 型双线圈的直流电磁铁操作,仅需短时通电,并有锁扣机构,其操作接线见图 8-13。图中 KA 为开启按钮,GA 为关闭按钮,FK 为电磁阀辅助开关,并由锁扣将其锁在开启位置,由 FK 切断

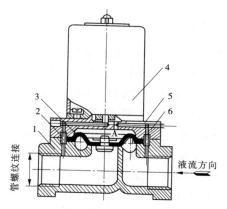

1—阀体；2、6—导管；3—橡胶膜；4—电磁铁；5—上盖

图 8-12　DF₁ 型电磁阀结构

开启回路，由 FK4 闭合做好关闭准备；要关闭电磁阀，只须按下 GA 按钮，电流通过脱扣线圈 DF3，电磁阀门即行关闭，并由 FK3 断开关闭回路，由 FK4 闭合做好开启准备。这种电磁阀的吸引线圈和脱扣线圈均只在短时间通电，完成开启或关闭后，接点 FK4、FK3 即将电路自动切断。

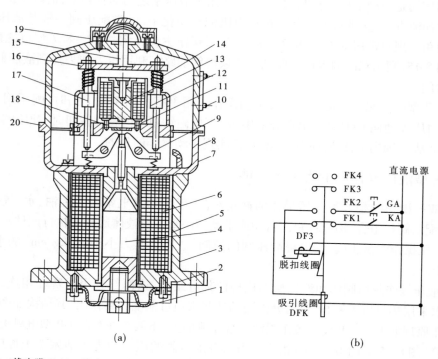

(a)　　　　　　　　　　　　　　　　(b)

1—橡皮膜；2、11—接头；3—底座；4—动铁芯；5—铜套；6—吸引线圈；7、13—静铁芯；8—中座；9—操纵件；
10—铭牌；12—脱扣线圈；14—磁轭；15—按钮；16—衔铁；17—导杆；18—提升架；19—罩；20—盖

图 8-13　ZT 型直流电磁铁结构及接线图

二、电磁空气阀 DKF 的类型及功能

电磁空气阀用于控制压缩空气系统管道的通断，主要由电磁铁、阀体、阀芯、阀套等组成。DKF22 型电磁空气阀为二位二通电磁截止阀，用于压力油罐或其他高压自动补气系统的控制。DKF23 型电磁空气阀（见图 8-14）为二位三通电磁换向阀，它用带有辅助接点的电磁铁来控制一级放大的空气阀，以改变受控管路中的气流方向，用于水电机组刹车控制系统及其他压缩空气系统的控制。该阀采用封装型电磁铁，电磁铁由两组线圈组成，一组供动作用，另一组供维持用。可降低长时通电的温升，并有两对信号接点，可发出本阀相应工作位置的信号，便于远控和微机监控。该阀还设有手动操作按钮，它既可直接指示阀的工作位置，同时在没有电源电压的情况下，也能进行手动操作。

图 8-14　DKF23 型电磁空气阀

三、电磁配压阀 DP 的类型及功能

电磁配压阀是一种由磁铁控制的滑阀，主要用于液压系统的油管路上，借以变换被控液压元件的油流方向，实现远方控制。在水力机械自动化中，电磁配压阀一般与液压阀、油阀组合使用。现对常用的 DP – 8/7 型电磁配压阀作主要介绍。DP – 8/7 型电磁配压阀结构见图 8-15，利用双线圈电磁铁驱动，切换滑阀油路；利用压力油去控制液压阀 SF 的开启或者闭合。

DP – 8/7 型电磁配压阀也可以进行手动操作。用手将手柄 4 往上抬时，配压阀活塞上升，压力油从 A 通向 D，C 通向 B 排出；用手按下电磁铁顶部的释放按钮时，配压阀活塞下落，压力油从 A 通向 C，D 通向 B 排出，从而实现手动操作的目的。

四、SF 型液压操作阀的类型及功能

SF 型液压操作阀是一种油压操作的截止阀门，可用于水电站内各种油、水、气管路上，与电磁配压阀相组合，构成远距离自动或手动控制管系内液体通断的执行元件。液压阀是使用油压操作的截止阀，受电磁配压阀的控制，适用于压力小于 10 kg/cm² 的水、气系统管路上。

SF 型液压操作阀由阀体和液压操作机构两部分组成，这两部分用活塞杆相连，中间部分油与水采用垫料压盖密封，密封处渗漏的油与水通过泄漏管路排出，其结构如图 8-16 所示。动作原理如下：SF 型液压操作阀活塞缸左侧的上、下两个油管与 DP 型电磁配压阀的两个油管（图 8-15 中的 B、C 管）相连。当来自配压阀的压力油进入活塞 7 上腔时，操作阀的下腔排油，活塞便下移，通过活塞杆 8 使阀盘 4 紧压在橡胶封环 5 上，将水管关闭。当来自配压阀的压力油进入活塞 7 下腔时，操作阀的上腔排油，活塞便上移，将水管开启。

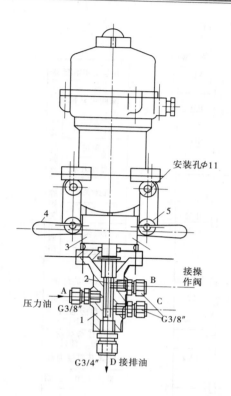

1—躯壳;2—活塞;3—电磁铁;4—手柄;5—安装孔
图 8-15 DP－8/7 型电磁配压阀

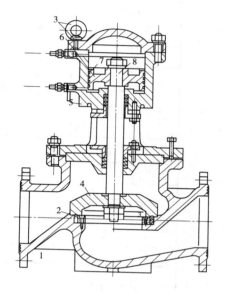

1—阀体;2—隔板;3—行程开关;4—阀盘;
5—橡胶封环;6—接力汽缸;7—活塞;8—活塞杆
图 8-16 SF 型液压操作阀

知识点四 进水阀(主阀)的自动控制

水轮发电机组的进水阀(主阀)装在水轮机的蜗壳进口处之前,根据开停机程序,正常开机必须先打开主阀;正常停机一般要在关闭导叶后关闭主阀(如果导叶关闭紧密,为了缩短下次机组的启动时间,正常停机也可以不关主阀);当机组检修时或机组出现飞车事故、事故停机过程中剪断销被剪断时,用于切断进入水轮机的水流。但机组的进水阀(主阀)不能用于调节进入水轮机的流量,它只有全关和全开两种状态。机组进水阀(主阀)在开启时要求阀前和阀后压力平衡,即静水状态下开阀,但进水阀(主阀)可以在动水状态下关阀。

水力机组的进水阀(主阀)一般都采用蝶阀或球阀,而以蝶阀为多见。在中小型水电站中,蝶阀操作(控制)系统有液压和电动两种操作(控制)系统。液压操作(控制)系统较复杂,球阀的操作(控制)系统以液压操作(控制)为主。下面以液压操作(控制)的蝶阀控制系统为例来说明水力机组进水阀(主阀)自动控制系统接线图。

一、液压操作蝶阀自动控制接线图

液压操作蝶阀自动控制接线见图 8-17。开关及位置触点如图 8-18 所示。该自动控制接线按就地操作和在机旁屏上操作启闭蝶阀进行设计。

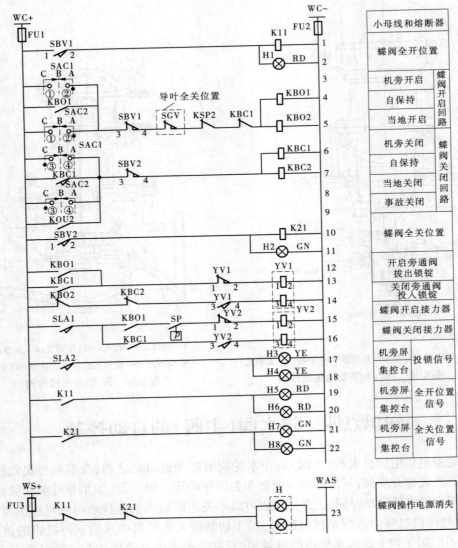

图8-17　液压操作蝶阀自动控制接线图

二、蝶阀的开启

(一)开启条件

蝶阀在开启前必须具备下列开启条件:

(1)蝶阀处于全关位置,全开位置动断触点 SBV1 的 3、4 处于闭合状态(见图8-17回路5)。全关位置动合触点 SBV2 的 1、2 闭合(见图8-17回路10),就地控制箱上蝶阀全关位置绿色信号灯 H2 亮,全关位置重复继电器 K21 动作,其动合触点闭合(见图8-17回路21),点亮机旁屏上和集控台上的绿色信号灯 H7 和 H8。

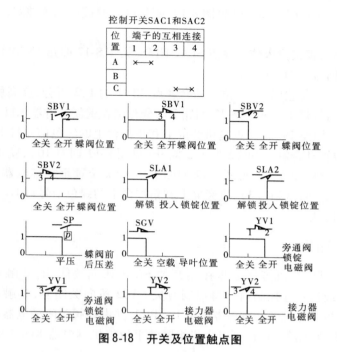

图 8-18　开关及位置触点图

（2）水轮机导叶处于全关位置,导叶全关位置行程开关 SGV 的动断触点处于闭合状态（见图 8-17 回路 5）。

（3）机组无事故,机组停机继电器 KSP2 的动断触点处于闭合状态（见图 8-17 回路 5）。

（4）蝶阀关闭继电器 KBC1 未动作,其动断触点处于闭合状态。

（二）开启操作

当蝶阀具备了开启条件时,可以在机旁屏上将控制开关 SAC1 扭向开启侧,其触点①－②接通（见图 8-17 回路 3）,或在就地控制箱上将控制开关 SAC2 扭向开启侧,其触点①－②接通（见图 8-17 回路 5）,接通蝶阀开启继电器 KBO1、KBO2,并由蝶阀开启继电器 KBO1 的动合触点自保持（见图 8-17 回路 4）。

蝶阀开启继电器 KBO1 的动合触点闭合（见图 8-17 回路 12）,接通开启旁通阀拔出锁锭电磁阀 YV1。当电磁阀 YV1 动作后,其动断位置触点 1、2 断开（见图 8-17 回路 13）,其动合位置触点 3、4 闭合（见图 8-17 回路 14）,并接通相关油路,开启蝶阀的旁通阀,拔出锁锭。

当锁锭拔出后,锁锭拔出位置触点 SLA1 闭合（见图 8-17 回路 15）,等水轮机蜗壳充满水,蝶阀前后平压后,压力信号器 SP 的动合触点闭合,接通蝶阀开启接力器电磁阀 YV2,当电磁阀动作至开启位置时,其动断位置触点 1、2 断开（见图 8-17 回路 15）,其动合位置触点 3、4 闭合（见图 8-17 回路 16）,则蝶阀开启接力器即向开启方向动作。

当蝶阀开启至全开位置时,全开位置动断触点 SBV1 的 3、4 断开（见图 8-17 回路 5）,使蝶阀开启继电器 KBO1、KBO2 复归。

蝶阀开启继电器 KBO2 复归后,其动断触点闭合（见图 8-17 回路 14）,接通旁通阀关闭锁锭投入电磁阀 YV1,当电磁阀 YV1 动作后,其动断位置触点 1、2 闭合（见图 8-17 回路 13),其动合位置触点 3、4 断开(见图 8-17 回路 14),并接通相关油路,关闭蝶阀的旁通阀,投入锁锭。

当锁锭投入后,锁锭投入位置触点 SLA2 闭合(见图 8-17 回路 17、18),装在机旁屏和集控台上的黄色信号灯 H3、H4 亮。

当蝶阀处于全开位置时,全开位置动合触点 SBV1 的 1、2 闭合,点亮就地控制箱上蝶阀全开位置红色信号灯 H1(见图 8-17 回路 2),全开位置重复继电器 K11 动作,其动合触点闭合(见图 8-17 回路 19、20),点亮机旁屏上和集控台上的红色信号灯 H5 和 H6。当蝶阀开启时,全关位置动合触点 SBV2 的 1、2 断开(见图 8-17 回路 10),就地控制箱上蝶阀全关位置绿色信号灯 H2 熄灭(见图 8-17 回路 11),全关位置重复继电器 K21 复归,动合触点断开(见图 8-17 回路 21、22),机旁屏上和集控台上的绿色信号灯 H7 和 H8 熄灭。至此为止,蝶阀开启完毕。

三、蝶阀的关闭

蝶阀的关闭,可以在机旁屏上将控制开关 SAC1 拨向关闭侧,其触点 3、4 接通(见图 8-17 回路 6),或在就地控制箱上将控制开关 SAC2 拨向关闭侧,其触点 3、4 接通(见图 8-17 回路 8),接通蝶阀关闭继电器 KBC1、KBC2,并由蝶阀关闭继电器 KBC1 的动合触点自保持(见图 8-17 回路 7),也可以由机组紧急事故停机继电器 KOU2 的动合触点发出关闭蝶阀命令。

蝶阀关闭继电器 KBC1 的动合触点闭合(见图 8-17 回路 13),接通开启旁通阀拔出锁锭电磁阀 YV1,当电磁阀 YV1 动作后,其动断位置触点 1、2 断开(见图 8-17 回路 13),其动合位置触点 3、4 闭合(见图 8-17 回路 14),并接通相关油路,开启蝶阀的旁通阀,拔出锁锭。

当锁锭拔出后,锁锭拔出位置触点 SLA1 闭合(见图 8-17 回路 15),接通蝶阀关闭接力器电磁阀 YV2,当电磁阀动作至关闭位置时,其动断位置触点 1、2 闭合(见图 8-17 回路 15),其动合位置触点 3、4 断开(见图 8-17 回路 16),蝶阀关闭接力器则向关闭方向动作。

当蝶阀关闭至全关位置时,全关位置动断触点 SBV2 的 3、4 断开(见图 8-17 回路 7),使蝶阀关闭继电器 KBC1、KBC2 复归。

蝶阀关闭继电器 KBC2 复归后,其动断触点闭合(见图 8-17 回路 14),接通旁通阀关闭锁锭投入电磁阀 YV1。当电磁阀 YV1 动作后,其动断位置触点 1、2 闭合(见图 8-17 回路 13),其动合位置触点 3、4 断开(见图 8-17 回路 14),并接通相关油路,关闭蝶阀的旁通阀,投入锁锭。

当锁锭投入后,锁锭投入位置触点 SLA2 闭合(见图 8-17 回路 17、18),装在机旁屏和集控台上的黄色信号灯 H3、H4 亮。

当蝶阀处于全关位置时,全关位置动合触点 SBV2 的 1、2 闭合,点亮就地控制箱上蝶阀全关位置绿色信号灯 H2(见图 8-17 回路 10),全关位置重复继电器 K21 动作,动合触点闭合(见图 8-17 回路 21、22),点亮机旁屏上和集控台上的绿色信号灯 H7 和 H8。当蝶阀关闭时,全开位置动合触点 SBV1 的 1、2 断开(见图 8-17 回路 1),就地控制箱上蝶阀全开位置红色信号灯 H1 熄灭(见图 8-17 回路 2),全开位置重复继电器 K11 复归,其动合触点断开(见图 8-17 回路 19、20),机旁屏上和集控台上的红色信号灯 H5 和 H6 熄灭,蝶阀关闭完毕。

若蝶阀有空气围带,其控制系统略有区别。电动控制的主阀(蝶阀)控制系统,主要是电动机的正、反转控制接线。请读者参照有关技术资料和专业教材的有关内容,融会贯通。

知识点五　油压装置自动控制

油压装置主要作为调速器或液压操作主阀的操作能源。对于调速器来讲,一般是一台调速器配一套油压装置,小型调速器的电气控制柜或机械控制柜通常与油压装置合为一体;但对于主阀油压装置来讲,若小型水电站的机组台数较少,电站中的几台主阀通常是合用一套油压装置的。

一、油压装置自动控制的要求

(1)应保持油压稳定。油压装置自动控制系统应能自动保持油压的变化不超过规定的范围,以保证油压装置储存的压力油有一定的能源。

(2)油泵工作应能轮换。油压装置自动控制系统应能使油压装置的两台油泵自动或通过人工切换轮换工作。

(3)油压装置自动控制系统应能独立工作。油压装置自动控制系统中是根据压力油罐的油压来自动控制油泵运行的。因此,油压装置自动控制系统是能独立工作的。

(4)油压装置应具有事故动作、报警的功能。当油压装置出现油压下降过低时,油压装置自动控制系统应能启动备用油泵,使两台油泵同时工作,并发出备用泵启动信号;当油压装置油压下降至事故低油压时,自动控制系统应进行相应的动作,并发出报警。例如,调速器油压装置油压下降至事故低油压时,应能向机组控制系统发出事故停机信号并报警。

二、油压装置自动控制的工作方式

油压装置自动控制接线应根据油压装置自动控制的要求而定,本书介绍的油压装置自动控制接线图及开关与油压装置工作位置触点图,如图 8-19、图 8-20 所示。

(一)自动运行

将 1#、2# 油泵运行方式控制开关 SAC1、SAC2 拨向"自动运行"方向时,其触点③、④接通(见图 8-19 回路 2、7),这样 1#、2# 油泵均处于自动运行方式。

1.轮换启动工作油泵的工作方式

在图 8-19 的控制接线图中,将控制开关 SAC1 先拨向自动位置,再将控制开关 SAC2 拨向自动位置,这时继电器 K1 先动作,其动合触点闭合(见图 8-19 回路 2),为 1# 油泵先运行做好准备,同时继电器 K1 的动断触点断开继电器 K2 的回路(见图 8-19 回路 10)。

当油压装置的油压降低到工作油泵启动压力时,压力信号器 SP1 的动合触点闭合(见图 8-19 回路 11),使中间继电器 K3 动作,其动合触点闭合(见图 8-19 回路 2),接通 1# 油泵电动机的接触器 KM1 回路,启动 1# 油泵,KM1 的动合触点闭合,自保持(见图 8-19 回

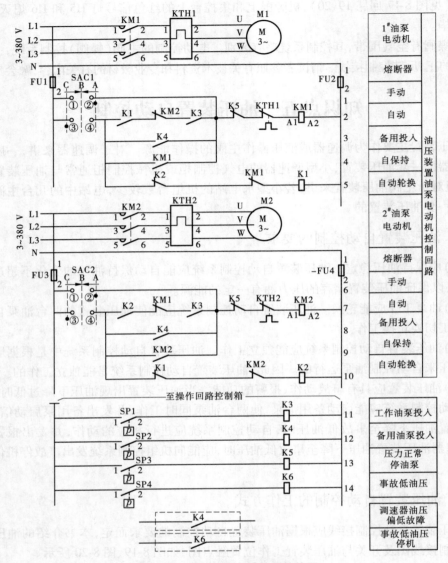

图 8-19　油压装置自动控制接线图

路 4),KM1 的动断触点断开自动轮换继电器 K1 的回路,使继电器 K1 复归(见图 8-19 回路 5),使自动轮换继电器 K2 回路接通,K2 动作,其动合触点闭合(见图 8-19 回路 7),为 2#油泵运行做好准备,以实现油泵轮换运行。同时,K2 动断触点断开自动轮换继电器 K1 的回路(见图 8-19 回路 5)。

通过油泵向油压装置的压力油罐泵油,使油压装置的油压逐渐回升,当压力油罐中的油压到达正常值(停泵油压值)时,压力信号器 SP3 动作,其动合触点闭合(见图 8-19 回路 13),继电器 K5 动作,其动断触点断开(见图 8-19 回路 2、7),断开 1#油泵运行接触器 KM1 回路,使接触器 KM1 复归(见图 8-19 回路 2),让 1#油泵停止运行。

当油压装置中的油压再次下降时,压力信号器 SP1 的动合触点闭合(见图 8-19 回路

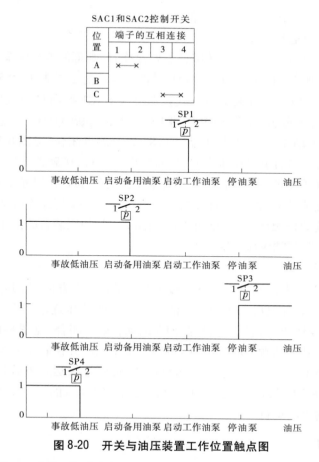

图 8-20　开关与油压装置工作位置触点图

11)，使中间继电器 K3 动作，其动合触点闭合(见图 8-19 回路 7)，接通 $2^{\#}$ 油泵电动机接触器 KM3 回路，启动 $2^{\#}$ 油泵，KM2 的动合触点闭合，自保持(见图 8-19 回路 9)，KM2 的动断触点断开自动轮换继电器 K2 的回路，使继电器 K2 复归(见图 8-19 回路 10)。继电器 K2 复归后，其动断触点闭合(见图 8-19 回路 5)，使自动轮换继电器 K1 回路接通，K1 动作，其动合触点闭合(见图 8-19 回路 2)，为 $1^{\#}$ 油泵运行做好准备，同时，K1 动断触点断开自动轮换继电器 K2 的回路(见图 8-19 回路 10)。两台油泵实现轮换运行。

2. 启动备用油泵的工作方式

当油压装置的油压降低后，假定 $1^{\#}$ 油泵已在工作，但由于某种原因，例如管路漏油等，使得油压装置的油压继续下降，当油压下降到备用油泵启动压力时，压力信号器 SP2 的动合触点闭合(见图 8-19 回路 12)，使中间继电器 K4 动作，其动合触点闭合(见图 8-19 回路 3、8)。由于 $1^{\#}$ 油泵已启动运行，则再启动 $2^{\#}$ 油泵运行，控制 $2^{\#}$ 油泵电动机的接触器 KM2 动作(见图 8-19 回路 7)，其动合触点 KM2 闭合自保持(见图 8-19 回路 9)。当油压装置中的油压逐渐回升，压力油罐中的油压到达正常值(停泵油压)时，压力信号器 SP3 的动合触点闭合(见图 8-19 回路 13)，使中间继电器 K5 动作，其动断触点断开(见图 8-19 回路 2、7)，断开控制油泵运行的接触器 KM1、KM2 的回路，使接触器 KM1 和 KM2 复归

（见图 8-19 回路 2、7），于是，1#、2#油泵停止运行。

3. 单台油泵自动运行

当两台油泵中的一台油泵出现故障或需要检修时，则可使该台油泵停止运行，让另一台油泵自动运行。如 2#油泵停止运行，应将 2#油泵运行方式控制开关 SAC2 拨到停止位置；1#油泵自动运行，应将 1#油泵运行方式控制开关 SAC1 拨向自动位置。此时，自动转换继电器 K2 的回路被断开（见图 8-19 回路 10），K2 的动断触点闭合（见图 8-19 回路 5），自动轮换继电器 K1 动作（见图 8-19 回路 5），K1 动合触点闭合（见图 8-19 回路 2）。当油压装置压力降低到工作油泵启动压力时，1#油泵启动运行，接触器 KM1 动断辅助触点断开继电器 K1 回路（见图 8-19 回路 5）。当油压装置的油压上升到停泵油压时，1#油泵停止运行，1#油泵接触器 KM1 的动断辅助触点闭合（见图 8-19 回路 5），又重新使自动轮换继电器 K1 动作，其动合触点闭合（见图 8-19 回路 2），为油压装置的油压降低到工作油泵启动油压时再次启动 1#油泵做好准备。

（二）手动运行

当 1#油泵运行方式控制开关 SAC1 拨向"手动运行"方向时，其触点 1 和 2 接通（见图 8-19 回路 1），1#油泵启动运行。当油压装置中的油压逐渐回升，压力油罐中的油压达到正常值（停泵油压）时，压力信号器 SP3 的动合触点闭合（见图 8-19 回路 13），使中间继电器 K5 动作，其动断触点断开（见图 8-19 回路 2），断开控制油泵运行的接触器 KM1 的回路，1#油泵停止运行，在 1#油泵停止运行前，也可将油泵运行方式控制开关 SAC1 拨到断开位置（见图 8-19 回路 1），使 1#油泵停止运行。2#油泵的手动运行，其操作及动作过程也与 1#油泵的手动运行一样。

三、接线说明

（一）油泵轮换工作的工作方式

图 8-19 所示的油压装置自动控制接线图，使两台油泵自动轮换工作。其优点在于两台油泵的工作时间基本相同，使油泵的运行磨损基本相同；两台油泵自动轮换工作，避免定期切换工作油泵和备用油泵的日常维护工作，防止备用油泵因长期不工作而造成电动机受潮。

国内也有许多水电站，油压装置的工作油泵和备用油泵是通过选择开关进行定期切换的，其自动控制接线图与图 8-19 的接线图会有一些不同之处。

（二）事故低油压启动方式

当调速器油压装置出现事故低油压情况时，事故低油压压力信号器 SP4 动作，其动合触点闭合，接通事故低油压中间继电器 K6，K6 动作后，作用于机组事故停机（见图 8-19 回路 14）。

（三）油泵电动机的保护

油泵电动机的保护由热继电器 KTH1 和 KTH2 来完成，当油泵电动机过载时，热继电器延时动作，由热继电器 KTH1 和 KTH2 的动断触点断开控制油泵电动机的接触器 KM1 和 KM2 的回路（见图 8-19 回路 2、7）。

知识点六　压缩空气系统自动控制

水电站中,空气压缩机(简称空压机)是全厂公用的辅助设备。空气压缩机可分为高压空气压缩机和低压空气压缩机两种。在小型水电站中,高压或低压空气系统通常是由两台空气压缩机与一个储气罐及相关的管路组成的。在储气罐上装有压力信号器,用来监视储气罐的压力和自动控制空气压缩机的运行。

在小型水电站中,高压或低压空气压缩机的自动控制系统基本上相同。

一、空气压缩机自动控制的要求

(1)应保持气压稳定。空气压缩机自动控制系统应能自动保持储气罐中的气压不超过规定的范围,即应基本保持稳定。

(2)空气压缩机工作应能轮换。空气压缩机自动控制系统应能使气系统的两台空气压缩机自动或通过人工切换轮换工作。

(3)空气压缩机自动控制系统应能独立工作。空气压缩机自动控制系统是根据储气罐中的气压高低来自动控制空气压缩机运行的,与使用压缩空气的设备是否运行无关。其自动控制系统的工作是独立的。

(4)当储气罐压力异常时应能自动报警。当储气罐出现压力过高或过低等异常情况时,自动控制系统可根据气压异常而自动发出报警信号。

二、空气压缩机自动控制的工作方式

空气压缩机自动控制接线应根据气系统自动控制的要求来确定,本书介绍的空气压缩机自动控制接线图和开关与空气压缩机工作位置触点图如图 8-21 和图 8-22 所示。

(一)自动运行的工作方式

将 1#、2#空气压缩机运行方式控制开关 SAC1、SAC2 拨向"自动运行"方向,触点 3 和 4 接通(见图 8-21 回路 2、7),这样 1#、2#空气压缩机均处于自动运行方式下运行。

轮换启动工作空气压缩机。其工作原理与油压装置的油泵工作原理相同。

启动备用空气压缩机。其工作原理与油压装置的油泵工作原理相同。

单台空气压缩机自动运行。其工作原理与油压装置的油泵工作原理相同。

(二)手动运行的操作方式

手动运行的操作方式与油压装置的油泵操作方式相同。

三、接线说明

(一)空气压缩机轮换工作的工作方式

图 8-21 所示的空气压缩机自动控制接线,使两台空气压缩机自动轮换工作。其优点在于让两台空气压缩机的工作时间基本相同,使空气压缩机运行磨损程度基本相同;让两台空气压缩机轮换工作,避免定期切换工作空气压缩机和备用空气压缩机的日常维护工作,防止备用空气压缩机因长期不工作而造成电动机受潮。

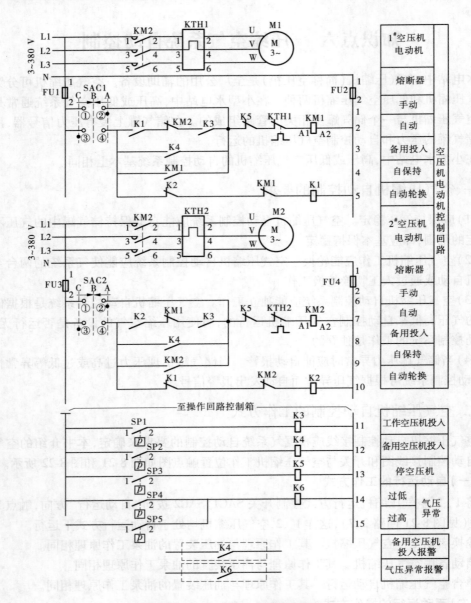

图 8-21　空气压缩机自动控制接线图

国内也有许多电站的气系统,其工作空气压缩机和备用空气压缩机是通过选择开关定期切换的,自动控制接线与图 8-21 所示的接线略有区别。

(二)储气罐压力异常启动的工作方式

当储气罐中压力过低时,压力信号器 SP4 的动合触点闭合(见图 8-21 回路 14);当储气罐中压力过高时,压力信号器 SP5 的动合触点闭合(见图 8-21 回路 15)。压力过低或压力过高,信号器动作后,启动气压异常中间继电器 K6,发出气压异常的报警信号。

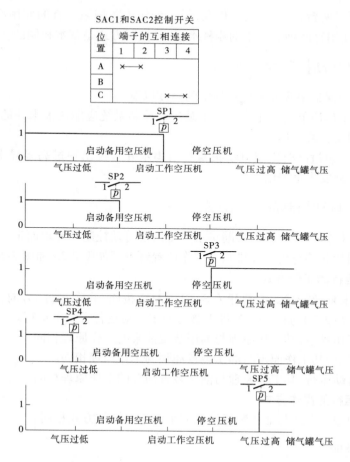

图 8-22　开关与空气压缩机工作位置触点图

（三）空气压缩机电动机的保护

空气压缩机电动机的保护是由热继电器 KTH1 和 KTH2 来完成的。当空气压缩机电动机过载时，热继电器延时动作，热继电器 KTH1 和 KTH2 的动断触点断开，切断控制空气压缩机电动机的接触器 KM1 和 KM2 回路（见图 8-21 回路 2、7）。

知识点七　水泵自动控制

在水电站中主要有技术供水水泵、渗漏集水井排水泵以及检修排水泵等。技术供水水泵的控制是通过技术供水管路上的示流信号器发出的信号及机组开停机信号自动进行的。渗漏集水井排水泵的控制是由集水井中的水位信号器发出的信号自动进行的。在小型水电站中，检修排水泵一般是通过运行人员人工控制的。

下面以渗漏集水井排水泵的自动控制来说明水泵的自动控制接线。在水电站中，渗漏集水井处于水电站的最低位置，用以收集厂房的渗漏水及部分生活用水。当集水井中的水位到达一定高度时，就必须用水泵抽出排至下游，否则会造成淹没厂房的事故。集水井排水泵一般设置两台,一台作为工作泵,另一台作为备用泵。有的使用离心泵,有的使用深井泵,不管使用这两种水泵中的哪种水泵,其控制方式是基本相同的。

一、排水泵自动控制的要求

(1)应能自动保证集水井水位在规定的高度以下。

(2)排水泵工作应能自动轮换。排水泵自动控制系统应能使集水井的两台排水泵自动或通过人工切换轮换工作。

(3)集水井水位过高时应能自动报警。当集水井水位出现过高等异常情况时,自动控制系统应能自动发出报警信号。

二、排水泵自动控制的工作方式

排水泵自动控制接线应根据渗漏集水井排水泵自动控制的要求而定。典型的排水泵自动控制接线图和开关与集水井排水泵工作位置触点图如图8-23和图8-24所示。

(一)自动运行的工作方式

将1#、2#排水泵运行方式控制开关SAC1、SAC2拨向"自动运行"方向,触点3和4接通(见图8-23回路2、7),这样1#、2#排水泵均处于自动运行方式下运行。

轮换启动工作水泵,其工作原理与油压装置油泵的工作原理相同。

启动备用水泵,其工作原理与油压装置油泵的工作原理相同。

单台水泵自动运行,其工作原理与油压装置油泵的工作原理相同。

(二)手动运行的操作方式

手动运行的操作方式与油压装置油泵的手动运行操作方式相同。

三、接线说明

(一)排水泵轮换工作的工作方式

图8-23所示的集水井排水泵自动控制接线,能使两台排水泵自动轮换工作。其优点在于让两台排水泵的工作时间基本相同,使排水泵在运行中的磨损程度也基本相同;让两台排水泵轮换工作,可避免定期切换工作排水泵和备用排水泵的日常维护工作,防止备用排水泵因长期不工作而造成电动机受潮。这一点对排水泵来说特别重要,因为渗漏集水井排水泵电动机所处的位置一般均较潮湿。

国内也有许多电站渗漏集水井工作排水泵和备用排水泵是通过选择开关进行定期切换的,其自动控制接线与图8-23所示的接线略有区别。

(二)集水井水位异常自动报警

当集水井水位升高至启动备用排水泵时,即水位信号器SL2的动合触点闭合(见图8-23回路12),备用水泵投入中间继电器K4动作,K4动作后投入备用排水泵,同时K4向水电站中央音响信号系统发出"备用排水泵投入运行"的信号,以提醒运行人员注意。当由于某种原因,集水井的水位继续升高至报警水位时,水位信号器SL4的动合触点闭合,启动中间继电器K6(见图8-23回路14),发出"集水井水位过高"的自动报警信号,让运行人员检查发生的原因,并采取相应的措施,予以消除。

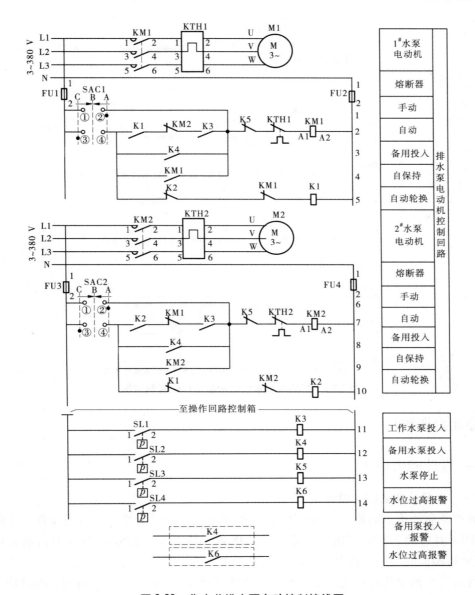

图 8-23 集水井排水泵自动控制接线图

（三）排水泵电动机的保护

排水泵电动机的保护是由热继电器 KTH1 和 KTH2 来完成的。当排水泵电动机过载时，热继电器延时动作，热继电器 KTH1 和 KTH2 的动断触点断开，切断控制排水泵电动机的接触器 KM1 和 KM2 的线圈回路（见图 8-23 回路 2、7），使排水泵电动机自动停止运行。

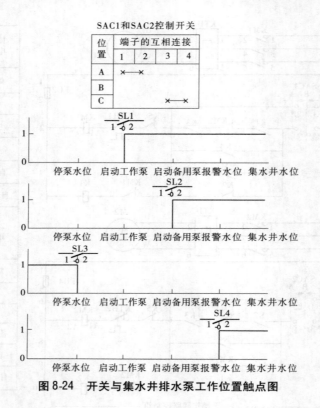

图8-24 开关与集水井排水泵工作位置触点图

【核心能力训练】

一、设计能力训练

(一)油泵的自动控制设计要求

调速器回油箱上部装设有两台压油泵,提高了供油的可靠性。一台油泵在油压降至5.80 MPa 时启动运行补充机组正常波动的耗油。当油压降至 5.60 MPa 时启动备用油泵,压油罐油面高度一般占总高度的1/3,其余 2/3 为高压气。

每台机组轴承润滑系统各设两台润滑油泵、两台高顶油泵,均互为备用。润滑油泵是以高位润滑油箱的油位来启动的,当油位降低至备用启动值时,备用油泵启动。高顶油泵是以开停机令及高顶压力来启动的。

机组的各轴承由高位润滑油箱供给润滑油。两台润滑油泵向高位润滑油箱供油,以保证机组各轴承运行时正常用油。

(二)空压机的自动控制设计要求

高低压气机各设两台,正常运行时两台的运行方式均"自动",当高压气压力降至5.90 MPa 时启动主用高压气机;当高压气压力降至 5.7 MPa 时启动备用高压气机。当高压气压力达到 6.1 MPa 时停高压气机。当低压气压力降至 0.62 MPa 时启动主用低压气机;当低压气压力降至 0.60 MPa 时启动备用低压气机。当低压气压力达到 0.73 MPa 时停低压气机。空压机的冷却方式为风冷。低压气机有下列保护及警告装置：

（1）电动机超载保护。

（2）排气温度过高保护。

（3）空气滤清器阻塞、油过滤器阻塞、油气分离器阻塞三种警告装置。

（三）技术供水和排水系统的自动控制设计要求

技术供水采用高位水箱供水，通过两台技术供水泵将上游水抽到▽118.0 m供水箱，技术供水与消防水有独立的取水口，通过各自滤水器过滤后分别进入各自系统。机组空气冷却器用水采用上游取水，由两台机组空冷水泵加压，经自动滤过器后送入，交换完热量后热水直接排入下游。排水系统设置渗漏排水泵两台，检修排水泵两台，均为深井泵。

（四）设计能力训练任务

任务1：油压装置的自动控制的设计。

任务2：技术供水和排水系统的自动控制的设计。

二、检修能力训练

（一）辅助设备自动控制系统巡视检查的项目

1. 油压装置的巡视检查

在运行过程中，应按规定的时间对油压装置进行巡视和检查。巡视检查的内容主要有：

（1）检查油压装置压油罐内油气比正常（油气比为1/2），油压在正常范围内。

（2）检查油质无异常。合格的透平油呈透明和橙黄色，如油色变黑，说明油温过高并含有大量碳化物；油呈乳白色或轴承有生锈现象，则说明油中含有水分。

（3）检查油泵运转声音无异常，启动间隔时间正常，磁力启动器无跳跃现象。

（4）检查压力继电器接点动作正常，无卡滞或失灵等现象。

（5）检查整个油系统无漏油、甩油现象。

2. 空压机的巡视检查

（1）空压机正常运行时采用压力信号器控制，按工作压力自动启动和停机，工作时应加强监视，使其压力在工作范围内。

（2）空压机出现启动过频或连续运行时间过长现象，应引起注意，找出原因。

（3）空压机停机时间过长或检修后，应先作试运转。

（4）检查润滑油油位及油质正常，空压机曲轴箱油温低于70 ℃。

（5）每月清扫滤过器一次，定期放出储气筒内油水沉淀物。

（6）每年作一次分解检修，每半年校正一次安全阀及压力调节阀。对全站辅助设备系统进行巡视检查，并记录情况。

3. 集水井水泵的巡视检查

（1）集水井一般装有两台水泵，一台自动，一台备用，并由液位信号器控制水泵自动启动或停止。运行中值班员必须加强对集水井水位的监视。

（2）注意检查水泵能否正常上水。

（3）检查电动机的电流不得超过额定值，无异常响声及过热。水泵轴承油位、油色正常,无漏油。水泵出水正常,真空水压表的指示稳定。

(二)辅助设备自动控制系统的故障现象及处理的方法

1.空压机事故处理

1)过电流

故障现象:电动机响声异常且温度过高,空压机未达到额定压力运行就自动停止。

处理方法:立即切断电源;检查空压机动力箱电源,注意检查熔丝是否烧断,检查电动机和空压机有无卡阻或异常情况,如一切正常,可复归接触器热元件,手动启动运行;若发现异常情况立即停止运行,通知检修处理。

2)空压机响声异常

故障原因:①进气阀有故障;②汽缸活塞和进排气阀间隙不合适;③活塞环松弛。

处理方法:停机检修。

3)出风量不足或明显下降

故障原因:①进排气故障;②进排气阀片和阀座不严密或有沙粒和碎物;③进排气阀片折断;④活塞与汽缸的配合间隙过大;⑤空气过滤器堵塞。

处理方法:①检查进气阀;②检查滤过器被阻情况;③请检修人员处理。

在运行中遇到下列情况之一者,应立即停止空压机运行:

(1)自动减载装置或安全阀失灵,或储气罐压力超过规定值。

(2)电动机非全相运行或温升超过65 ℃。

(3)电动机发出异常金属撞击声或靠背轮连接螺栓及地脚螺栓松动,电动机强烈振动及有焦味、冒烟。

(4)管路有严重漏气或阀门连接螺栓松动脱扣。

(5)风扇断裂。

2.水泵故障处理

1)过电流

故障现象:电动机响声异常、温度过高,水泵启动后集水井水位未达到正常水位下限即自动停止。

处理方法:将操作开关切至"断开"位置,检查动力盘车内熔丝有无松动,如熔丝正常,手动启动检查;如有异常情况立即切断电源检修处理。

2)集水井水位过高

故障现象:发集水井水位过高告警信号;集水井水位过高。

原因:①液位信号器失灵;②备用泵未启动;③水泵空转不出水;④渗漏水过大。

处理方法:

(1)手动启动两台水泵,检查渗漏水过大原因。

(2)检查水泵内是否进气,若是则打开充水阀充水排气。

(3)若为吸入管道接头处漏气,应检查管道连接螺栓。

(4)若为底阀漏水严重,可打开充水阀。

3.水泵的检修

水泵检修前应做下列安全措施:

（1）水泵控制把手投"切"。

（2）断开电源开关，将开关抽屉拉至"检修"位置。

（3）在电源开关操作把手上挂"禁止合闸，有人工作"标示牌。

（4）全关水泵预润水阀门（深井泵）。

（5）全关水泵进、出水阀门，并在阀门手轮上挂"禁止操作，有人工作"标示牌。

（6）水泵经过检修，在启动前应查看下列事项：

①水泵周围场地应清洁，无妨碍其运转的工具和杂物。

②水泵进、出水阀全开。

③轴承油位、油色正常。

（7）水泵检修后水泵预润水投入、阀门全开（深井泵）。

（8）电动机与水泵连接的靠背轮完好。

（9）电动机与水泵地脚螺栓不应松动。

（10）测量电动机绝缘合格。

（11）将开关抽屉由"检修"位置推至"运行"位置，合上电源开关。

（12）水泵控制把手投至所需运行位置。

4. 空压机的检修

空压机检修的安全措施：

（1）空压机控制把手投"切"，并在控制把手上悬挂"禁止合闸，有人工作"标示牌。

（2）断开空气开关，并在其把手上悬挂"禁止合闸，有人工作"标示牌。

（3）关闭空压机出气阀，在其阀门手轮上悬挂"禁止操作，有人工作"标示牌。

（4）气机在运行中如发现异常响声、转速突然降低或轴承过热、振动等现象，应立即停止空压机运行，如未找出原因，不准投入使用。

（5）空压机必须保持空载启动条件，若启动频繁或时间过长应查明原因。

（6）手动盘车前，必须将空压机控制把手投"切"，电源空气开关断开。

（7）空压机检修完毕，验收时，进行启动负荷试运转，运行人员确认各部正常及检修场地清洁后给予注销工作票，并投入运行。

5. 储气罐的检修

（1）储气罐上装有自控压力表，应断开压力表电源。

（2）两台空压机控制把手投"切"，并在控制把手上悬挂"禁止合闸，有人工作"标示牌。

（3）断开空气开关，并在其把手上悬挂"禁止合闸，有人工作"标示牌。

（4）关闭该储气罐进、出气阀和隔离有关阀门，在其阀门手轮上悬挂"禁止操作，有人工作"标示牌。

（5）开启储气罐排污阀。

（三）检修能力训练任务

任务 1：空压机声响异常，未达到额定压力运行就自动停止，请分析原因并进行处理。

任务 2：压油装置油泵不能自动启动，请分析原因并处理。

【知识梳理】

(1)水电站自动化元件主要分为信号元件、执行元件和电动单元组合仪表。信号元件主要有转速信号器、温度信号器、压力信号器、液位信号器、液流信号器、剪断销信号器等。执行元件主要有电磁阀、电磁空气阀、电磁配压阀、液压操作阀等。

(2)水电站辅助设备的自动控制包括机前主阀以及油、水、气系统的控制。

(3)掌握蝶阀的开启条件,开启、关闭操作过程。

(4)掌握油气水系统的控制要求及控制流程,能根据电气原理接线图说明其工作过程。

(5)油泵、空压机、技术供水和排水系统自动控制设计的要求。

(6)油、气、水系统自动控制系统巡视检查的项目。

(7)辅助设备自动控制系统常见的故障现象及处理的基本方法。

【应知技能题训练】

一、填空题

1.水轮发电机组中的115%转速信号继电器用于_____。

2.示流信号器用于_____。

3.水轮发电机组中用于监视导叶运行状态的信号器是_____。

4.当储油罐中的气压下降时,说明油罐中的_____下降,这时必须进行_____的操作。

5.水轮发电机组中的温度信号继电器用于监视_____。

6.示流信号器用于监视_____。

7.辅助设备的液位控制系统是利用_____来监视的。

8.冷却装置出入口风温差不大于_____,最大不超过_____。

9.压油罐油面高度一般占总高度的_____,其余_____为高压气。

二、判断题

1.当线路跳闸、机组甩负荷或使机组转速剧烈上升至额定转速的140%时,要紧急事故停机和关闭快速闸门。 (   )

2.当水轮机导叶连杆的剪断销断裂时,要事故停机。 (   )

3.机组制动闸的管道上的压力信号器,用于监视制动闸是否在合闸状态。 (   )

4.渗漏集水井排水泵的控制是由集水井中的示流信号器发出的信号自动进行的。
(   )

三、选择题

1.根据用水设备的技术要求,要保证一定的(   )。

　A.水量、水压、水温和水质　　　　B.水量、水压、水温

　C.水压、水温和水质　　　　　　　D.水量、水温和水质

2.关于高压气系统的供气对象,说法正确的是(   )。

　A.供给机组停机时制动装置用气

B. 供给维护检修时风动工具及吸污清扫设备用气

C. 供给水轮机空气围带用气

D. 油压装置压力油罐充气

3. 深井水泵停止后如扬水管中的水尚未全部流回集水井,不得重新启动水泵,以免轴功率过大,引起水泵轴扭断。一般应在水泵停止(　　　)后再次启动。

A. 1~2 min

B. 3~5 min

C. 10~15 min

D. 20 s

4. 合格的透平油呈透明和橙黄色,如油色(　　　),说明油温过高并含有大量碳化物;油(　　　)或轴承有生锈现象,则说明油中含有水分。

A. 变黑　呈乳白色

B. 呈乳白色　变黑

C. 变蓝　呈白色

D. 呈白色　变蓝

【应会技能题训练】

1. 何谓信号元件? 何谓执行元件? 你知道的水电站自动控制执行元件有哪些?

2. 简述磁翻板式液位计的工作原理。

3. 油压装置的巡视检查的内容有哪些?

4. 蝶阀开启前应具备哪些条件?

5. 简述油压装置自动控制的要求。

6. 当集水井水位过高时会有什么现象? 如何处理?

7. 当空压机出现出风量不足或明显下降时,试查找原因。相应的处理方法是什么?

8. 试分析蝶阀的开启操作过程。

项目九 发电厂的操作电源

知识目标

　　了解操作电源、发电厂中直流负荷的分类及发电厂对操作电源的要求；掌握发电厂常用的蓄电池类型及蓄电池的常用充电方式、充电装置,直流系统典型接线方式,直流绝缘监察装置、操作电源运行与维护。

情景导思

　　为了实现对一次系统设备的测量、控制、监视和保护功能,二次系统需要能源。其中测量和计量系统的能源直接来自一次系统经过变换后的电源;而控制、保护回路和自动调节装置以及计算机监控系统所需的能源却需要由专门的电源装置提供。在水电站中,为水电站电气二次系统提供电源的装置称为操作电源装置,由操作电源装置及相关电路组成的系统称为操作电源系统。操作电源系统一般由电源装置、供电网络及为其服务的控制、监察和信号回路等组成。从广义上来讲,操作电源系统还包括由其供电的负载。

【教材知识点解析】

知识点一　发电厂操作电源的分类

　　发电厂的操作电源可分为交流操作电源和直流操作电源两大类。大多数采用直流操作电源作为控制、保护和信号回路以及自动调节装置的能源。

一、交流操作电源系统

　　交流操作电源就是直接使用交流电源作二次接线系统的工作电源。采用交流操作电源时,一般由电流互感器供电给反映短路故障的继电器和断路器的跳闸线圈;由电压互感器供电给断路器合闸线圈;由电压互感器(或自用变压器)供电给控制与信号设备。这种操作电源接线简单、维护方便、投资少,但其技术性能尚不能完全满足大中型水电站的要求。

二、直流操作电源系统

　　直流操作电源系统为二次系统提供的是直流电源。直流操作电源系统的核心是一套将交流电源转换为直流电源的装置,其输入的能源仍然是交流电源,一般由水电站站用电源作为其输入电源。直流操作电源分为不带蓄电池的和带蓄电池的两类。

（一）不带蓄电池的直流操作电源

不带蓄电池的直流操作电源是一个非独立的操作电源系统,必须依赖为其提供能源的交流电源系统才能正常工作。若为其提供能源的交流电源系统出现故障,该操作电源系统就不能为二次系统提供能源或提供的能源不能保证重要负荷的需要,因此其供电可靠性比带蓄电池的直流操作电源低,只能用在一些不太重要的场合。

（二）带蓄电池的直流操作电源

带蓄电池的直流操作电源是一个独立的操作电源系统,即使在为其提供能源的厂用交流电源消失的情况下,也能利用其自身所带的蓄电池中储存的电能继续对重要负荷进行供电。发电厂或变电所一般采用带蓄电池的直流操作电源系统。

知识点二　发电厂中直流负荷的分类及对操作电源的要求

一、发电厂中直流负荷的分类

发电厂中直流负荷,按负荷性质的不同一般分为三类:经常性负荷、事故性负荷和冲击负荷。

（一）经常性负荷

经常性负荷是指连续使用直流电源的负荷,它要求直流操作电源系统连续不断地提供直流电源。二次系统的控制、保护和信号回路以及自动调节装置等属于经常性负荷。

（二）事故性负荷

事故性负荷是指当发电厂发生全站停电事故,即失去交流电源情况下需要直流操作电源系统供电的负荷。事故性负荷在正常情况下由交流电源供电,如事故照明、直流润滑油泵、汽轮机的润滑油泵、水轮机的油汽水系统的自动控制及载波通信设备用的电源等。

（三）冲击负荷

冲击负荷是指直流操作电源系统短时承受的最大电流。在计算时冲击负荷的电流应包括经常性负荷。在水电站中,冲击负荷往往发生在断路器合闸瞬间。

二、对操作电源的基本要求

操作电源承担着为发电厂电气二次系统提供电源的任务。操作电源系统发生故障将直接导致二次系统的工作失常,从而影响水电站的一次设备。为了保证水电站一次设备的正常运行,对操作电源提出基本要求如下:

（1）保证供电的可靠性。为了保证操作电源供电的可靠性,最好装设具有储电功能的独立的直流操作电源,以免交流电源系统发生故障时影响对二次系统的正常供电。

（2）具备足够的电源容量。电源容量从以下三方面考虑。

①当一次系统正常运行时,应满足控制、信号和自动装置正常工作的需要。

②当一次系统发生故障时,应满足保护、控制和信号系统的供电,保证保护装置的正

确动作。

③当厂用交流电源消失时,应满足事故照明、直流润滑油泵和交流不停电电源的供电需要。

(3)不影响对直流负荷的正常供电。具有蓄电池的直流操作电源系统,当进行蓄电池充电或核对性放电时,应不影响对直流负荷的正常供电。

知识点三　蓄电池直流操作电源

蓄电池是一种可多次充电使用的化学电源、由多节蓄电池组成一定电压的蓄电池组、作为与电力系统运行状态无关的独立可靠的直流操作电源,即使发电厂或变电所交流系统全部停电,仍能在一段时间内可靠地给部分重要设备供电,是最稳定、最可靠的直流电源。蓄电池的数目取决于直流系统电源的工作电压。根据电站的容量和断路器控制方式的不同,其工作电压有 220 V、110 V、48 V 和 24 V 等几种。220 V 和 110 V 直流电源应采用蓄电池组。48 V 及以下的直流电源可采用由 220 V 或 110 V 蓄电池组供电的电力变换装置。

优点:与交流电网无关,供电可靠性高,电压稳,容量大。

缺点:价格贵,寿命短,运行维护量大。

一、发电厂常用的蓄电池类型

按电极材料和电解液的不同,蓄电池可分为酸性蓄电池和碱性蓄电池两种。

(一)酸性蓄电池

酸性蓄电池电解液是硫酸水溶液,电极是以二氧化铅为正极板和绒状铅为负极板的特制绒状铅板,所以又称为铅酸蓄电池。此种蓄电池端电压也相对较高、冲击放电电流大,因而很适用于断路器跳、合闸的冲击负荷。

(1)固定型排气式铅酸蓄电池。由正极板、负极板、电解液、隔板、蓄电池槽、蓄电池盖、防酸帽等组成。蓄电池槽与蓄电池盖之间应密封,使蓄电池内产生的气体不得从防酸帽以外排出。

(2)阀控式铅酸蓄电池。带有阀的密封蓄电池,在电池内压超出预定值时,允许气体逸出。蓄电池在正常情况下无需补加电解液。按电解液的不同,阀控式铅酸蓄电池可分为贫液型和胶体型两种。

(二)碱性蓄电池

镉镍碱性蓄电池电解液是氢氧化钾水溶液,电极用氢氧化镍作正极,用镉作负极时叫镉镍蓄电池,用铁作负极时叫铁镍蓄电池。此种蓄电池额定电压为 1.2 V,体积小、使用寿命长(可达 20 年左右)、占地面积小,无有害气体污染。

二、蓄电池的常用充电方式分析

(一)充电—放电的运行方式

对运行中的蓄电池组进行定期的充电,保持蓄电池组的良好工作状态。其工作特点是,当正常工作时,充电设备退出运行,由充好电的蓄电池组向直流负荷供电。通常蓄电池组放电时必须保证有一定的裕量,当放电到容量的 60% ~ 70% 时,应停止放电,蓄电池组重新进行充电,以保证在事故状态下蓄电池组能可靠工作。放电时蓄电池组每个蓄电池的端电压由 2 V 下降到 1.75 ~ 1.8 V;充电时由 2.1 V 升高到 2.6 ~ 2.7 V。通常用端电池调节器来调节接到直流母线上的蓄电池的数量,以达到调节直流母线电压的目的。定期充、放电应按照厂家或规程规定的说明书的要求进行。

这种运行方式操作比较复杂,同时影响蓄电池的使用寿命。

（二）浮充电

在交流电源正常时,充电设备的直流输出端和蓄电池及直流负载并接,以恒压充电方式对蓄电池组进行浮充电以保持容量,同时,充电设备承担给经常性负荷供电。当交流系统发生故障或整流设备断开时,蓄电池组承担给全部的直流负荷供电,直到交流电压恢复,再用整流设备给蓄电池组充好电,将浮充电整流设备投入运行,转入正常的浮充电状态。

蓄电池组除事故放电后要及时充电外,平时每个月要进行一次充电,每三个月必须进行一次核对性的放电与均衡充电,以使各个蓄电池电解液的密度、容量、电压等都达到均衡一致的状态。浮充电电流为 $0.03Q/30$,Q 为蓄电池的容量。在浮充电的状态下,每个蓄电池上的电压约为 2.15 V。当浮充电的整流设备发生故障断开时,蓄电池组转入放电状态,为了维持母线电压要随时调节放电手柄,调节放电的蓄电池组的个数。

三、充电装置的组成及功能分析

目前,充电装置主要有高频开关型充电装置和晶闸管型充电装置两种类型。高频开关型充电装置,单块额定电流通常为 5 ~ 40 A,该装置体积小,质量轻、效率高、使用维护方便、可靠性高、技术性能指标先进、自动化水平高,因此应用广泛。晶闸管型充电装置接线简单,输出功率较大,价格较便宜,技术性能满足直流系统要求,应用也较普遍。所以,直流系统中,充电装置可采用高频开关型,也可选用晶闸管型。充电装置回路设备包括直流断路器、隔离开关、熔断器以及相应的回路检测仪表。

高频开关电源基本构成如图 9-1 所示。

（1）交流输入。三相 380 V 交流电源。

（2）整流滤波输入。将滤波后的交流电压直接整流为平滑的直流电压,供直流 – 直流（DC – DC）变换。

（3）DC – DC 变换。该部分电路由功率变换和高频整流两部分组成。将交流电网预整流后的直流电源变换为符合电力工程要求的直流电源,它是高频开关电源的核心部分。

（4）滤波输出。将 DC – DC 变换后的直流电压,经二次滤波后获得满足负荷要求的直流电压。该电路是高频整流模块和负载的界面,即为输出端口。

（5）控制电路。通过检测、设定电路进行比较、放大并控制直流变换器,进而调节脉冲宽度或频率,达到输出电压稳定的作用。同时,根据检测数据,经保护电路鉴别,供控制电路对主回路实施保护作用。

（6）检测电路。从输出电路采样，得到反映电源运行工况的信息数据，进而反馈给控制电路和保护电路，实施对主电路的控制或调节功能。

（7）辅助电源。向开关电源提供可靠工作电源的电路。

（8）时钟振荡器。产生恒定频率的脉冲，作为时间比较的基准。

此外，为了提高和改善功率因数，在高频开关电源的主回路中，在预整流部件之后、DC‑DC变换单元之前应增设功率因数校正回路。设置功率因数校正电路后，高频开关电源的功率因数可提高到 0.95 以上。

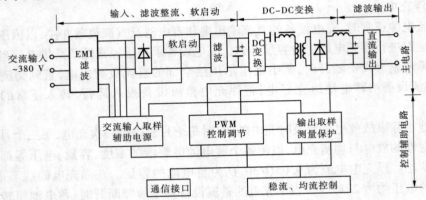

图 9-1　高频开关电源基本构成框图

知识点四　直流系统的典型接线方式

直流系统接线方式的基本原则是安全可靠、简单清晰、操作方便，在任何运行方式下，除接线设计上允许外，蓄电池不得与直流母线解列，因此直流母线采用单母线或单母线分段接线，尽量避免因接线复杂、操作烦琐而造成运行和操作事故。为提高运行的可靠性和便于在故障情况下电源设备互相支援，母线之间应设联络电器。联络电器一般为隔离电器，必要时也可为隔离、保护电器。

一、1 组蓄电池、1 套充电装置的工作方式

1 组蓄电池和 1 套充电装置的接线方式，充电装置接于交流电源上，一般交流电源采用两路电源，互为备用，通过切换开关实现两路电源的切换。图 9-2 所示为一蓄一充型直流系统接线方式。该直流系统运行方式为，1 套充电装置带 1 组蓄电池分别通过开关 QK3、QK4 与直流总母线相连，再经过 QK1 和 QK2 分别与直流 I 段和直流 II 段母线相连接。这种接线方式实现起来相对比较简单，而且只需要 1 套充电装置和 1 组蓄电池，因此投资小。但是由于其 1 套充电模块和 1 组蓄电池的结构，使得可靠性大为降低，当蓄电池出现故障时，将会使直流系统失去可靠的后备支撑。若此时充电模块出现故障，那么将会导致直流系统失去电压，从而引发故障。

二、1 组蓄电池、2 套充电装置的工作方式

为了提高一蓄一充型直流系统的可靠性,可以对一蓄一充蓄电池接线方式提出改进策略,配置 1 套或 2 套充电装置:直流母线采用单母线接线方式时配置 1 套充电装置,直流母线设置 2 段母线时配置 2 套充电装置,并且在任何运行时刻,蓄电池不能退出运行。一蓄两充型直流系统接线方式如图 9-3 所示。

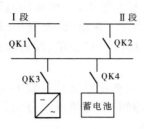
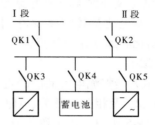

图 9-2 一蓄一充型直流系统接线方式   图 9-3 一蓄二充型直流系统接线方式

三、2 组蓄电池、2 套充电装置工作方式

如图 9-4 所示,每一段直流母线上连接 1 套充电装置和 1 组蓄电池。直流 I 段母线通过 QK1、QK3、QK4 与第一组充电装置和蓄电池相连接,直流 II 段母线通过 QK2、QK5、QK6 与第二组充电装置和蓄电池相连接,两段直流母线通过母联开关 QK7 实现互为备用。当一组充电装置和蓄电池由于故障退出运行时,另一组充电装置和蓄电池则通过母联开关 QK7 给失压直流母线提供电能。一般情况下,直流 I 段和 II 段母线分列运行,母联开关 QK7 在断开位置,两组充电装置和蓄电池都接入运行。这种接线形式的直流系统,能够在一组直流模块故障的情况下自动切换至另一路电源工作,从而实现了直流电源的互为备用。若直流充电装置或者蓄电池需要检修退出运行,蓄电池与充电装置采用交叉原则运行,即开关 QK3 和 QK6 闭合,QK4 和 QK5 开关断开,母联开关 QK7 闭合运行;或者 QK3 和 QK6 开关断开,QK4 和 QK5 开关闭合,母联开关 QK7 闭合运行。当只有 1 组蓄电池运行时,直流系统如果发生故障,将会造成系统可靠性降低。

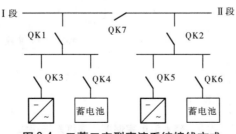

图 9-4 二蓄二充型直流系统接线方式

知识点五　整流直流操作电源

在正常运行时,水电站站用交流电源经硅整流设备变为直流电源,作为全站的操作电源并向电容器充电。在事故情况下,将电容器储存的电能向继电保护、自动装置以及断路器跳闸回路供电,以确保继电保护及断路器可靠动作。操作器械、调节器械传动装置的电源,事故照明电源及断路器合闸电源无法供给。比起蓄电池组,这种操作电源的可靠性较差,但它没有蓄电池及其附属设备,因而具有价格便宜、寿命长、投资小、运行维护简便,易实现自动化和远动化等优点,所以一般应用在主接线比较简单、没有复杂保护的中小容量的水电站中。

图9-5所示为硅整流电容储能的直流系统接线图,由两组硅整流装置1U、2U,两组储能电容器组1C、2C及相关的开关、电阻、二极管、熔断器组成,直流母线分为2段,构造简单,体积小。图9-5中只绘出1段直流母线的充电状态。

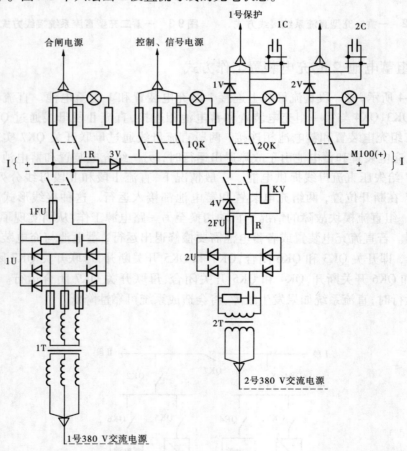

图9-5　硅整流电容储能的直流系统接线

一、整流器及直流母线的功能

整流器 1U 采用三相桥式整流,容量大,接于母线Ⅰ,供断路器合闸用,也兼向母线Ⅱ供电;2U 容量较小,仅用作向控制和保护及信号回路供电,变压器 1T、2T 分别向整流器 1U、2U 提供交流电源。两组硅整流装置分别与直流母线Ⅰ和Ⅱ相连接,其间用电阻 1R 和二极管 3V 隔开。3V 的作用相当于逆止阀,只允许合闸母线Ⅰ向控制母线Ⅱ供电,而不能反向供电,以确保控制、保护及信号系统供电的可靠性。电阻 1R 用以限制控制母线Ⅱ侧发生短路时流过 3V 的电流不会过大,起保护 3V 的作用。

二、储能电容器组

1C 和 2C 为两组储能电容器组,又称为补偿电容器组。电容器组所储存的能量,仅在事故情况下向保护和跳闸回路放电,作为事故电源。二极管 1V、2V 的作用是防止事故时电容器向母线上其他回路(如信号灯等)用电。设两组电容器组,一组供给 10 kV 线路的继电保护和跳闸回路放电,另一组供给主变压器和电源进线的继电保护和跳闸回路用电。这样,当 10 kV 出线上发生故障,继电保护动作,而断路器操作机构失灵而不能跳闸(此时由于跳闸线圈长时间通电,已将电容器组 1C 的储能耗尽)时,起后备保护作用的主变压器过流保护仍可利用 2C 的储能将故障切除。

三、保护和发信号

整流器 1U、2U 输出端的熔断器 1FU、2FU 为快速熔断器,起短路保护作用。2U 输出端的电阻 R 起保护 2U 的作用(限流)。电压继电器 KV 监视 2U 的端电压,当 2U 输出电压降低或消失时,KV 返回,其动断触点闭合,发出预告信号。4V 为隔离二极管,防止在 2U 的输出电压消失后,由 1U 向 KV 供电,误发信号。

知识点六 直流绝缘监察装置

水电站的直流供电网络分布范围较广,而且工作环境比较恶劣,通过电缆沟与室外配电装置的端子排、端子箱、操作机构箱等相连接,因电缆破损、绝缘老化、受潮等原因发生接地的可能性较大。

当发生一点接地时,由于没有形成短路电流,不会影响直流系统的正常工作,但此时的直流系统已处于不正常状态,若直流系统再发生另一点接地,则可能引起二次设备不正确地动作,甚至使直流回路的自动空气开关跳开、熔断器熔断等,造成直流系统供电中断。例如在图 9-6 所示的控制回路中,当正极 A 点接地后,又在 B 点发生接地时,断路器跳闸线圈 YT 中就有电流流过,这将引起断路器误跳闸;当负极 E 点接地后,又在 B 点发生接地的情况下,当保护动作(触点 K 闭合)时,由于跳闸线圈 YT 被两个接地点(E 点和 B 点)短接,则断路器拒绝动作且熔断器熔断。因此,在直流系统中必须装设直流系统绝缘监察装置。

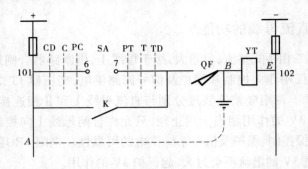

图 9-6 直流系统两点接地时的"误动"和"拒动"

一、常规直流绝缘监察装置

图 9-7 所示为常规直流绝缘监察装置,由信号和测量两部分电路组成。

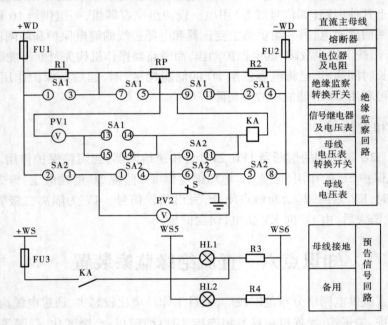

图 9-7 常规直流绝缘监察装置

(一)信号电路的分析

信号电路是利用电桥平衡的原理来发信号的。正常运行状态时控制开关 SA2 在"母线"位置,触点 1 - 2、5 - 8、9 - 11 为接通状态。切换开关 SA1 在"信号"位置,其触点 5 - 7、9 - 11 接通状态,此时两个阻值相等的电位器 R1、R2 和直流母线正极对地的绝缘电阻 R +、直流母线负极对地的绝缘电阻 R -,构成电桥的四个桥臂,当母线绝缘良好时,电桥平衡,继电器 KA 不发信号。当某极绝缘电阻下降时,平衡被打破,KA 有电流通过,发出绝缘下降或直流接地的预告信号。

（二）测量电路的分析

为了判断故障的极性,利用电压表 PV2 和控制开关 SA2 分别测量正极母线对地的电压和负极母线对地的电压。如果正极母线对地的电压升高或等于母线电压,则为负极绝缘降低或接地;如果负极母线对地的电压升高或等于母线电压,则为正极绝缘降低或接地。

二、微机型直流绝缘监察装置

微机型直流绝缘监察装置基于低频探测法的工作原理,可以对直流系统各分支回路的绝缘进行扫查,其原理接线如图 9-8 所示。

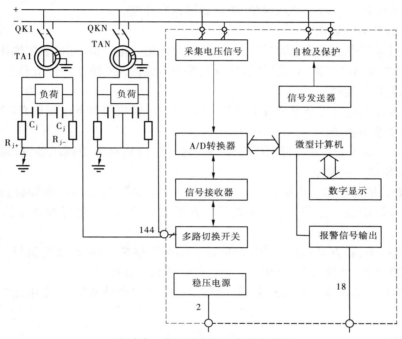

图 9-8　微机型直流绝缘监察装置

（一）常规监察回路

通过两个分压器分别从直流电源正、负母线采集正对地和负对地电压,送入 A/D 转换器,经微机作数据处理后,数字显示正、负母线对地电压值和绝缘电阻值,其监视无死区;当电压过高或过低、绝缘电阻过低时发出报警信号,报警整定值可自行选定。

（二）各分支回路绝缘的扫查回路分析

该回路包括各分支电流输入回路及低频信号发送回路。各分支回路的正、负出线上都套有一小型电流互感器,其二次绕组一端接地,另一端接多路切换开关,并用一低频信号源作为发送器,通过两隔直耦合电容向直流系统正、负母线发送交流信号。由于通过互感器的直流分量大小相等、方向相反,它们产生的磁场相互抵消,而通过发送器发送至正、负母线的交流信号电压幅值相等、相位相同。这样,在互感器二次侧就可反映出正、负极对地绝缘电阻)和分布电容的泄漏电流相量和,然后取出阻性(有功)分量,送入 A/D 转换器,经微机作数据处理后,数字显示阻值和支路序号。整个绝缘监察是在不切断分支回路的情况下进行的,因而提高了直流系统的供电可靠性,且无死区。在直流电源消失的情况下,仍可实现扫查功能。

【核心能力训练】

一、直流系统的日常维护

(一)直流母线绝缘状态监视

运行中的直流母线对地绝缘电阻值应不小于 10 Ω。值班员每天应检查正母线和负母线对地的绝缘状况。若有接地现象,应立即寻找和处理。

(二)电压及电流监视

值班员对运行中的直流电源装置,主要监视交流输入电压值、充电装置输出的电压值和电流值、蓄电池组电压值、直流母线电压值、浮充电流值及绝缘电压值等是否正常。

(三)信号报警监视

值班员每日应对直流电源装置上的各种信号灯、声响报警装置进行检查。

(四)自动装置监视

(1)检查自动调压装置是否工作正常,若不正常,应启动手动调压装置,退出自动调压装置,通知检修人员修复。

(2)检查微机监控器工作状态是否正常,若不正常,应退出运行,通知检修人员调试修复。微机监控器退出运行后,直流电源装置仍能正常工作,运行参数由值班员进行调整。

(3)在运行中,若直流断路器动作跳闸或者熔断器熔断,应发出报警信号。运行人员应尽快找出事故点,分析出事故原因,立即进行处理和恢复运行。

(4)若须更换直流断路器或熔断器,应按图纸设计的产品型号、额定电压值和额定电流值选用。

二、蓄电池的维护

对防酸蓄电池组,值班员每日应进行巡视,主要检查每只蓄电池的液面高度,看有无漏液,若液面低于下线,应补充蒸馏水,调整电解液的比重在合格范围内。

防酸蓄电池单体电压和电解液比重的测量,发电厂两周测量一次,变电所每月测量一次,按记录表填好测量记录,并记下环境温度。

若有陈旧的防酸蓄电池,应通过均衡充电方法进行处理,不允许长时间保留在蓄电池组中运行,若处理无效,应更换。

三、充电装置的维护

(一)运行参数监视

运行人员及专职维护人员,每天应对充电装置进行如下检查:三相交流输入电压是否平衡或缺相,运行噪声有无异常,各保护信号是否正常,交流输入电压值、直流输出电压值、直流输出电流值等各表计显示是否正确,正对地和负对地的绝缘状态是否良好。

（二）运行操作

交流电源中断,蓄电池组将不间断地供出直流负荷,若无自动调压装置,应进行手动调压,确保母线电压的稳定。交流电源恢复送电,应立即手动启动或自动启动充电装置,对蓄电池组进行均衡充电、浮充电（正常运行）。若充电装置内部故障跳闸,应及时启动备用充电装置代替故障充电装置,并及时调整好运行参数。

（三）日常维护检修

运行维护人员每月应对充电装置做一次清洁除尘工作。大修时应将电子元件的控制板及硅整流元件断开或短接后,才能做绝缘和耐压试验。若控制板工作不正常,应停机取下,换备用板,启动充电装置,调整好运行参数后,投入正常运行。

四、微机监控器的维护与检修

（一）运行中的操作和监视

微机监控器是根据直流电源装置中蓄电池组的端电压值、充电装置的交流输入电压值、直流输出电流值和电压值等数据来进行控制的。运行人员可通过微机的键盘或按钮来整定和修改运行参数。现场的直流柜上有微机监控器的液晶显示板或荧光屏,对一切运行中的参数都能进行监视和控制,在水电站的上位机、显示屏上同样能监视,通过键盘操作同样能控制直流电源装置的运行方式。

（二）微机监控器的维护

（1）微机监控器直流电源装置一旦投入运行,只有通过显示按钮来检查各项参数,若均正常,就不能随意改动整定参数。

（2）微机监控器若在运行中控制不灵,可重新修改程序和重新整定,若都达不到需要的运行方式,就启动手动操作,调整到需要的运行方式,并将微机监控器退出运行,交专业人员检查修复后再投入运行。

五、直流系统故障检修的方法

当直流系统发生接地的预告信号时,运行人员必须迅速地找到接地点并排除,以防止事故扩大。

（一）接地极性的判断

利用直流绝缘监察装置的电压表 PV2 和 SA2 分别测量正、负极对地电压。SA2 置于正极对地电压的位置,触点 1－2、5－6 接通,SA2 置于负极对地电压的位置,触点 1－4、5－8 接通,正常时,正、负极对地电压均为零。如果正极对地电压升高或等于母线电压,说明负极绝缘下降或接地;如果负极对地电压升高或等于母线电压,说明正极绝缘下降或接地。

（二）故障点的查找

接地点的寻找采用轮流短时切断直流供回路的方法。经常发生接地情况的是控制回路。检测各馈线的次序是先非重要负荷线路、后重要负荷线路,先室外线路、后室内线路。

（1）切断不重要的、容易发生接地的回路。

（2）检查电源,主要是检查蓄电池组有无问题。

（3）暂时解除信号回路的电源进行检查。

（4）断开 6～10 kV 输电线路的控制电源。

（5）对于不重要负荷的直流馈线，可以采用试拉法。如在拉开某一回路时接地信号消失和各极对地电压指示正常，则说明接地点就在该回路。

（6）对于重要直流负荷，必须先将其负荷转移到另一母线上运行，再查找接地点。

六、任务实施

任务1：直流回路绝缘下降并发出"直流接地"信号，作为检修人员如何利用常规直流绝缘监察装置进行故障判断。

任务2：微机监控器直流电源装置如果直流输出电压值下降，作为检修人员如何进行故障判断。

任务3：完成模拟电站操作电源系统图的设计。

【知识梳理】

（1）发电厂的操作电源可分为直流操作电源和交流操作电源两大类。大多数采用直流操作电源作为控制、保护和信号回路以及自动调节装置的能源。交流操作电源用于小型变电所，以给所用变压器、电压互感器及电流互感器供电。

（2）作为操作电源的蓄电池组，具有很高的可靠性，蓄电池的常用充电方式有充电—放电及浮充电的运行方式。浮充电运行方式的蓄电池组经常处于充满电的状态，只有当整流设备故障时，才转为放电状态。蓄电池组的使用寿命长，同时减少了运行维护工作量，因此得到了广泛的应用。

（3）当直流系统中发生一点接地或绝缘下降时，可能使直流回路的断路器、继电保护及自动装置拒动或误动，造成直流系统供电中断。为了及时发现直流系统的故障，发电厂装设了直流绝缘监察装置，当直流系统发生一点接地或绝缘下降时，发出预告信号，运行人员迅速地进行排查。

【应知技能题训练】

一、单选题

1. 蓄电池采用充电—放电的运行方式时，通常蓄电池组放电时必须保证有一定的裕量，当放电到容量的（　　　）时，应停止放电，蓄电池组重新进行充电。

  A. 60%～70%   B. 50%～80%   C. 40%～50%   D. 20%～40%

2. 为了保证在事故状态下蓄电池组能可靠工作，放电时蓄电池组每个蓄电池的端电压由 2 V 下降到 1.75～1.8 V；充电时由 2.1 V 升高到（　　　）。

  A. 2.5～2.8 V   B. 2.6～3 V   C. 2.1～2.7 V   D. 2.6～2.7 V

3. 蓄电池在浮充电的状态下，每个蓄电池上的电压约为（　　　）。

  A. 3.15 V   B. 2.15 V   C. 1.8 V   D 2.0 V

4. 当浮充电的整流设备发生故障断开时，蓄电池组转入放电状态。为了维持母线电压，要随时调节放电手柄，调节（　　　）的蓄电池组的个数。

A.放电　　　　　　　B.充电　　　　　　　C.端电池　　　　　　D.所有

　　5.在硅整流电容储能的直流系统中,1C 和 2C 为补偿电容器组,只在事故情况下向
(　　)放电,作为事故电源。

　　　A.保护回路　　　　　　　　　　　　B.跳闸回路

　　　C.保护和跳闸回路　　　　　　　　　D.所有直流回路

　　二、判断题

　　1.事故性负荷是指在发电厂发生全站停电事故,即失去交流电源的情况下需要直流
操作电源系统供电的负荷。事故性负荷在正常情况下由蓄电池组供电。　　　　　(　　)

　　2.蓄电池在充电—放电的运行方式下通常用端电池调节器来调节接到直流母线上的
蓄电池的数量,以达到调节直流母线电压的目的。　　　　　　　　　　　　　(　　)

　　3.为了判断发电厂直流系统的故障的极性,利用电压表 PV2 和 SA2 分别测量正极母
线对地的电压和负极母线对地的电压,如果正极母线对地的电压升高或等于母线电压,则
为正极绝缘降低或接地。　　　　　　　　　　　　　　　　　　　　　　　(　　)

　　4.当直流系统发生接地的预告信号时,运行人员必须迅速地找到接地点并排除,接地
点的寻找采用轮流短时切断直流回路的方法。如果切断该直流回路,故障现象消失,则说
明故障点在该直流回路中。　　　　　　　　　　　　　　　　　　　　　　(　　)

　　5.检测各馈线的次序是先非重要负荷线路、后重要负荷线路,先室外线路、后室内
线路。　　　　　　　　　　　　　　　　　　　　　　　　　　　　　　　(　　)

　　三、填空题

　　1.当直流系统发生接地的预告信号时,运行人员可利用直流绝缘监察装置的电压表
PV2 和 SA2 分别测量正、负极对地电压,如果负极对地电压升高或等于母线电压,说明
_____绝缘下降或接地。

　　2.发电厂的操作电源可分为直流操作电源和交流操作电源两大类。大多数采用直流
操作电源作为控制、_____和信号回路以及_____的能源。

　　3.微机型直流绝缘监察装置的常规监察回路是通过两个分压器分别从直流电源正负
母线采集正对地和负对地电压,送入 A/D 转换器,经微机作数据处理后,数字显示
_____和_____。

　　4.直流绝缘监察装置由信号和测量两部分电路组成。信号电路是利用_____的
原理来发信号的。

　　5.在直流系统中发生一点接地时,直流系统已处于不正常状态,若直流系统再发生另
一点接地,则可能引起二次设备的_____和_____。

【应会技能题训练】

　　1.发电厂的直流负荷有哪些?

　　2.蓄电池的浮充电的运行方式工作状态分析。

　　3.当直流绝缘监测装置发出预告信号时,运行人员如何处理?

　　4.如何查找直流系统的接地点?

　　5.作为运行人员,直流系统运行监视的项目有哪些?

参考文献

[1] 钱武,李生明.电力系统自动装置[M].北京:中国水利水电出版社,2004.

[2] 许克明,田怀智.电力系统自动装置[M].重庆:重庆大学出版社,1995.

[3] 章品勋.水电自动装置检修[M].北京:中国电力出版社,2003.

[4] 虞放.怎样读新标准水电站电气图[M].北京:中国水利水电出版社,2002.

[5] 甘齐顺,陈金星.电力系统自动装置[M].郑州:黄河水利出版社,2008.

[6] 卢文鹏,吴佩雄.发电厂变电所电气设备[M].北京:中国水利水电出版社,2005.